寛保2年の千曲川大洪水

「戌《いぬ》の満《まん》水《すい》」を歩く

増補改訂版

信濃毎日新聞社出版部 編
国土交通省千曲川河川事務所 協力

まえがき（初版所収）

長野県千曲川流域の歴史的な洪水としては、仁和４（８８８）年の洪水、弘化４（１８４７）年の善光寺地震の後の洪水がよく知られている。ところが、寛保２（１７４２）年の洪水「戌《いぬ》の満水《まんすい》」は、全国的にも近世以降最大の水害といわれているのに知らない人が多い。

その理由の一つとして、昭和16（１９４１）年に連続堤防（内務省堤防）が完成、大きな水害が激減し、流域住民の洪水への恐れ・関心が急速に薄れてきていること――が挙げられる。しかし、寛保の洪水が「未曾有の水害」「前代未聞の満水」といった表現のまま、流死者など具体的な被害実態が集計されてこなかったため、訴える力が弱かったこともある。

国土交通省千曲川工事事務所では平成13年から、長野県立歴史館と共催で「千曲塾」を始め、千曲川の見直しに取り組んでいる。その一つとして、「寛保の洪水」も3回にわたって取り上げている。寛保の洪水「戌の満水」は、どのようなものだったのか。「千曲塾」の講義や現地研修を中心に、流域の被災地を訪ね、流死者数や、災害環境などをまとめてみた。

その結果、流死者は２８００人前後に達することがほぼ明らかになった。最近、長野県内で被害が大きかった伊那谷の「三六災害」（昭和36年）の死者は１０７人、不明が29人である。現在の約3分の1の人口だった江戸時代中期に千曲川流域だけで２８００人に達した死者数は、当時の社会に相当な打撃を与えたに違いない。

連続堤防の完成、戦後の急速な経済発展で、災害環境が大きく変わっている。今回、流域の被災地を歩いてみて、かつての洪水常襲地や土石流跡が、住宅団地や工業団地、さらに新幹線基地、高速道インターとして開発され、施設の建設が進んでいることを再確認できた。洪水常襲地などが、まとまって残っていた空間として、開発されたのだ。

その一方、地面や道路のアスファルト化、用水路のコンクリート三面張り、水田の減反、里山の開発、森林の荒廃などで、降った雨が地面に染み込まず、短時間に川に流れ出すため、記録的な雨量でなくても、河川の氾濫・堤防の決壊の危険が高まっている。万一、堤防が決壊すれば、流失しなくても、浸水・冠水で膨大な経済的損失を受ける。

昭和57、58年と千曲川下流の飯山市で連続して起きた、堤防の決壊は、その具体的な例だった。国土交通省では、2000年9月の名古屋市の水害の反省から、水防対策を見直し始めた。私たちも、身の周りの災害環境がどのように変わっているのか、もう一度、見直したい。

増補改訂版　刊行にあたって

本書は歴史的な洪水「戌の満水」のうち、千曲川流域で起きた水害の全容を明らかにする狙いで、当時の国土交通省千曲川工事事務所のご協力の下、２００２年に初版刊行しました。信濃毎日新聞社元編集委員が被災各地を訪ね、災害の痕跡をたどって資料や証言を掘り起こし、住民らに息づく「防災への教訓」や、「満水」当時やその後の洪水被害の実情を浮き上がらせ、評価を得ました。

長期間品切れとなっていましたが、そんな折の２０１９（令和元）年10月、台風19号が長野県内の千曲川流域に甚大な被害をもたらしました。特に千曲川堤防が決壊したのは１９８３（昭和58）年以来。広大な田園地帯に濁流が流れ込む様子に加え、新幹線車両の水没や鉄道橋梁の落下といった衝撃的な光景を、テレビやインターネットで幾度も目にすることになりました。

この災害は、忘れかけていた大洪水の恐ろしさをあらためて感じさせる機会となり、「戌の満水」にも再び関心が寄せられました。そして本書の復刊を求める声も届くようになりました。20年前の本のため、編集や条件整備に時間を要しましたが、ここにお届けすることができました。

「戌の満水」に関わる部分は基本的に初版底本の内容のままですが、若干デザインや表記（漢数字→算用数字、市町村名の変更など）を見直しました。また、巻末には写真を中心に構成した２０１９年台風19号の災害記録などを17ページ分追加しました。

台風19号災害が暮らしや経済に与えた痛手は大きく、治水対策が動き出した今でも、復興はまだ道半ばです。本書が再び、過去の洪水に学び、災害に強い地域づくりの一助になれば幸いです。本書の刊行にあたり、資料等の再使用をご快諾いただいた千曲川河川事務所、多くの提供者の皆様に御礼申し上げます。

２０２１年６月

信濃毎日新聞社出版部

目次

佐久地方

上田・小県地方

更級・埴科地方

長野盆地

＊おことわり

▶本書は、2002年8月1日初版の「寛保2年の千曲川大洪水『戌の満水』を歩く」の原版を使い、造本の変更や本文内容の修正・追加を施した増補改訂版です。▶本文内は、タイトル部分のデザイン変更、文中の数字の漢数字から算用数字への変更（引用部は原則除く）、市町村名の表記整理などを行っています。▶市町村名は、初版刊行以降に合併で大きく変わりましたが、本文は取材当時のものであることを考慮し、文脈に応じて現市町村名に変えたり、「旧」「当時」など使い分けています。▶そのほか、本文中に登場する事実、人物の肩書き・年齢、団体名（資料提供元）などは、原則として取材当時（初版）のままとしました。▶本文中の事実、数値などは、現在では変わっている場合もあります。

第1章　「戌の満水」とは

「寛保二戌年小諸洪水変地絵図」(1742年、小諸市・小山隆司氏蔵、NPO長野県図書館等協働機構許諾)。北国街道・小諸宿の本町、六供、田町などがすっかり土石流の下になっている。小諸藩が、幕府に被害状況を報告するために描いた絵図の下絵。49ページの小諸市街図と対比するとよく分かる

千曲川流域の死者は2800人

阪神大震災の時、死者の数が分かるまでに半年近く、かかった。大きな災害ほど、被害実態がなかなか、つかめない。

近世以降、最悪といわれる寛保2（1742）年の大洪水「戌《いぬ》の満水」も、その一つである。千曲川流域の死者は2800人前後（表1）と推定でき、比較的分かってきているが、関東平野の死者は6000人～1万4000人といまだに漠然としている。

江戸時代中期以降になると、過度の新田開発に、小氷河期の異常気象が重なり、水害や冷害が頻発する。長野県内でも、天竜川流域で正徳5（1715）年の「未《ひつじ》の満水」が起き、昭和36（1961）年、伊那谷を襲った集中豪雨「三六災害」の時、「未の満水」以来の洪水といわれた。この南信の「未の満水」と対比されるのが、東北信の寛保の洪水「戌の満水」である。

「戌の満水」に続いて、長野県内では天明3（1783）年の浅間山の噴火、弘化4（1847）年の善光寺地震と大きな自然災害が続いたため、「戌の満水」は、それら自然災害の陰になりやすい。しかし、忘れてはならない水害である。

旧暦の7月27日から8月1日、今日の太陽暦でいえば、8月27日から30日にかけての豪雨によるものである（注1）。

「被害は、信州と上州、武州、いまの長野、群馬、埼玉、東京の四都県に集中している。雨域の中心は浅間山地にあった。浅間山地の南西斜面に降った雨は千曲川流域に、北東斜面に降った雨は荒川・利根川流域に流れ出し、大きな被害を出した」（注2）と元・新潟大学教授の丸山岩三さん。「さまざまな数字があって難しいが、関東地方の死者は1万4000人（6000人以上）、千曲川流域は3000人と概算した」という。丸山さんは、古文書、各県史、市町村史・誌などの被害状況や幕府が出した各藩への災害救援金（注3）などを調べ、研究雑誌「水利科学」に「寛保2年の千曲川洪水に関する研究」を4回にわたって発表している。

【表1】寛保２年の大洪水「戌の満水」
千曲川流域の死者・建物被害の概略

	流死者	建物被害
幕府領		－
南相木村	6人	
高野町知行所		
上畑村（佐久穂町）	248	140戸
本間村（小海町）	2	19
小諸藩	584	476
祢津知行所		
金井村（東御市）	130	62
祢津東町（同）	60	－
上田藩	158	1121
幕府領		
大門村（長和町）	11	28
刈屋原（坂城町）	20	－
寂蒔村（千曲市）	158？	93
塩崎知行所		
塩崎村（長野市）	83	30
松代藩	1220	2914
須坂藩	0	－
幕府領		
長沼各村（長野市）	168	307
牛出村（中野市）	8	21
飯山藩	16	1112
合　計	2872人	6323戸

この表は流死者を中心にまとめたもので、建物被害には三河奥殿藩（田野口藩）、岩村田藩や幕府領の不明分などが入っていないため、総数はかなり増える

【写真１】ランドサット撮影の浅間山地を中心とした千曲川流域から関東平野の空中写真。中央のやや上、黒い山が浅間山。浅間山地の北東斜面に降った雨は関東平野に、南西斜面に降った雨は千曲川流域に流出、大きな被害をもたらした。右下方の白い山は富士山（Ⓒ（一財）リモート・センシング技術センター）

【表2】「戌の満水」千曲川流域5藩の石高被害

	損耗高	石高	損耗率	当年損耗	当年損耗率
小諸藩	7888石	15000石	52.6％	2897石	19.3％
上田藩	27000	53000	50.9	－	－
松代藩	61624	116403	52.9	27273	23.4
須坂藩	6380	12109	52.7	3295	27.2
飯山藩	11769	23216	50.7	－	－

千曲川流域5藩は各藩とも損耗率50％を超えている。当年損耗は冠水水腐れ被害で、下流の洪水常襲地ほど高く、飯山藩の19カ村だけの被害では61％に達している。上流は、川欠けや土石流で長年荒れ地となる田畑被害が多く、後年への影響が大きい

死者のほか、田畑の被害も大きかった。千曲川流域では、被害高が50％以上に達する藩が相次ぎ（表2参照）、藩財政を一層、苦しくした。長野市誌編纂主任の古川貞雄さんは「死者の数も多かったが、千曲川の氾濫で田畑が荒廃、松代藩では、4万石の被害を受けた。藩財政は、すっかり窮乏する。幕府から国役金（注4）の分担を迫られるが、その都度、『10万石といっても、実質は6万石。そんなに負担はできない』と明治維新まで減免を繰り返し申し立てている。寛保の大洪水『戌の満水』の影響は明治まで続いた」という。

　財政改革の書「日暮《ひぐらし》硯《すずり》」（注5）で有名な松代藩家老・恩田木工が、藩の財政立て直しに活躍したのは、この時である。

Column

関東平野の死者の算出

丸山岩三さんは、東京府社会課「日本の天災・地変」に、「八月二日より甚雨、江戸大水、近国並に信州地に溺死者数万人、前代未聞之事なり（万平記一三）（柳表）本所筋死人二九五〇人、葛西筋二〇〇〇人、越谷町三七〇〇人、粕壁町一八〇〇人、杉町一八〇〇人、幸手町一五〇〇人、栗橋下二五〇〇人、救済船六〇艘、救済米二一四石、武州、上州、上総、流潰家一八〇〇軒、死人五〇〇人、斃馬五〇匹。別に武・上両州、流家一七〇〇軒、死人一二〇〇人、甲州下野潰家一八〇〇軒、甲州の地支配、死人四〇〇〇人程（談海続編三）、一日関東諸国大洪水、江戸、赤坂見付まで水溢る、人三千九百、馬三百七十匹其他田家人馬流失数を知らず（年代著問集下）」とあることから、合計して1万4000人と推定している。畠山久尚「気象災害」の6000人も参考にしている。死者数は出典によって、大きな差がある。

　大谷貞夫著「江戸幕府治水政策史の研究」では、「寛保2年は稀に見る大洪水であった。江戸時代を通じて最大のものであったといえる」とし、「徳川実記」「寛保洪水記録」「大水記」などによって流域別に被害状況を紹介している。しかし、史料の引用に留め、合計数字は出していない。

　流域別に見ると、利根川上流域では、倉賀野町（現・高崎市）付近の村々の史料から累計すると死者458人に達している。利根川下流域では、田畑の被害を中心に紹介。荒川流域では、「大水記」の「村数四〇九四ヵ村、水死人数一〇五八人」を引用。江戸町方では「寛保江戸洪水記」にある「下谷・浅草・本所あたりで、八月五日から七日にかけて水死した者が三九一四人出た」を引用している。

（注1） 旧暦と新暦の関係

寛保2年の7月は、旧暦（太陰暦）では29日までで、次は8月1日になる。だから、豪雨の降った寛保2年の7月27日から8月1日を、現在の新暦（太陽暦）に換算すると8月27日から30日にかけて――となる。

（注2） 「戌の満水」の豪雨域

「徳川実記」に「寛保弐年八月風雨はげしく、そのうえ信濃国浅間山、武蔵国秩父三国峠よりも山水多く湧出て、関八州水害をびただしくわきて、絹川（鬼怒川）、利根川あふれ出」とある。

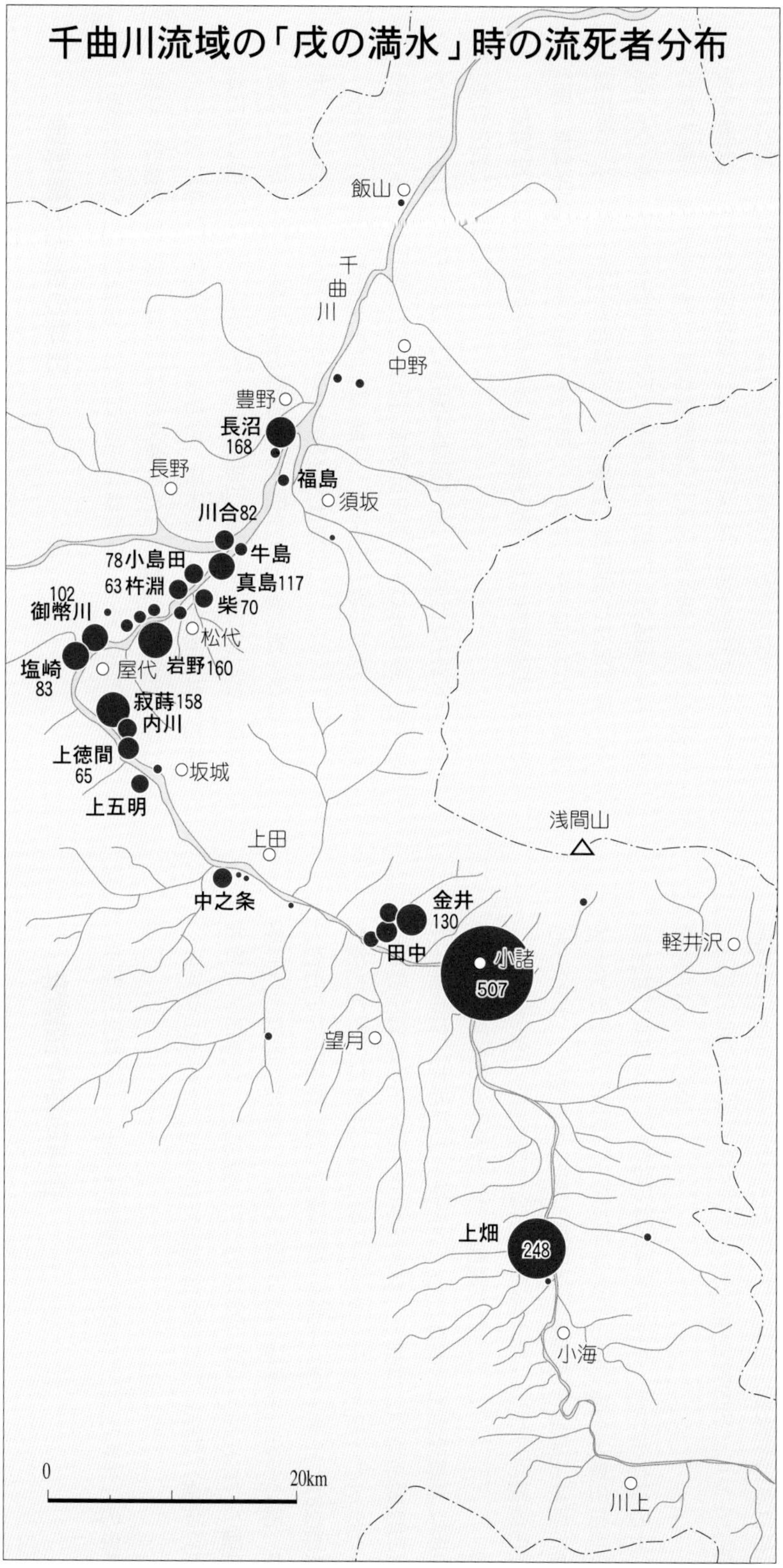

【図１】上流では、支流の土石流による1カ所集中の死者が目立ち、下流では本流沿いに氾濫、満遍なく死者が出ている

Column

長野県の死者の算出

長野県内の「戌の満水」における流死者数は、県史、市町村史・誌が、各藩の古文書や地元に残る文書などから調べ、比較的分かっている。しかし、各藩の間に幕府領、旗本領、他県の藩領などが複雑に入り組んでいて（15ページの図参照）、史料が欠けており、全体数はつかみにくい。幕府領の寂蒔村（千曲市）の流死者150人余も、どうして今まで知られなかったのかとも思う。

上流から大きな被害を拾うと、**表1**、**図1**のとおりだが、祢津領（東御市）や、上田藩、松代藩の死者数は史料により異なる。松代藩の村別死者数（116ページの**表1**参照）も、真島村が欠けており、「長野史料」で補った。

「長野史料」（信濃教育会教育博物館所蔵）は、長野高等女学校（現・長野西高）の初代校長・渡辺敏（1847〜1930年・福島県出身）が、後の郷土史編纂のために集め、書き写した史料集。天、地、人、神、仏の五項目に分け、その「天」編に「松城満水記」「埴科郡水難」「更級郡水難」「高井郡水難」「水内郡水難」「松城四郡水害荒廃高調」「同水難諸届書」など「戌の満水」関係史料がまとめられている。その存在は知られていたが、原典が記載されていないため、二次史料とみなされ、顧みられなかった。

渡辺敏は、科学教育、女子教育、障害児教育、社会教育に貢献、信州教育に大きな影響を与えた。

Column

供養塔と夜泣き石

千曲川流域には、溺死者供養塔があるが、「戌の満水」の供養塔が多い。

上流からみると、248人の死者を出した上畑村（南佐久郡佐久穂町）の自福寺、小諸城下だけで死者507人を出した小諸市の無縁堂と光岳寺、死者113人の金井村（東御市）の小公園、死者68人を出した田中宿（同）の薬師堂、死者160人を出した岩野村（長野市松代町）にある。流れ着いた死者を弔った塔としては、上田市秋和の正福寺の千人塚・石造地蔵尊、中尾村（長野市豊野町）の流死人菩提碑、柳新田村（飯山市）の地蔵尊と溺死萬霊等がある。大島村（上高井郡小布施町）に地蔵尊もある。

「未の満水」の伊那谷では、土石流で押し出した花崗岩の巨石を「夜泣き石」と呼んでいる。飯田市上郷別府の野底川左岸に長さ7メートルの夜泣き石、下伊那郡高森町市田駅近く大島川右岸の出砂《ださ》原《ら》地籍に高さ3メートルの夜泣き石があり、それぞれ石の上に地蔵尊をまつっている。

「三六災害」で押し出した石も、飯田市伊賀良の「JAみなみ信州」入り口にある。長さ2メートルの石には「災害を忘れぬために。この石は一九六一年六月二十七日の夕方、建物の中まで流れてきたものです」と刻まれている。

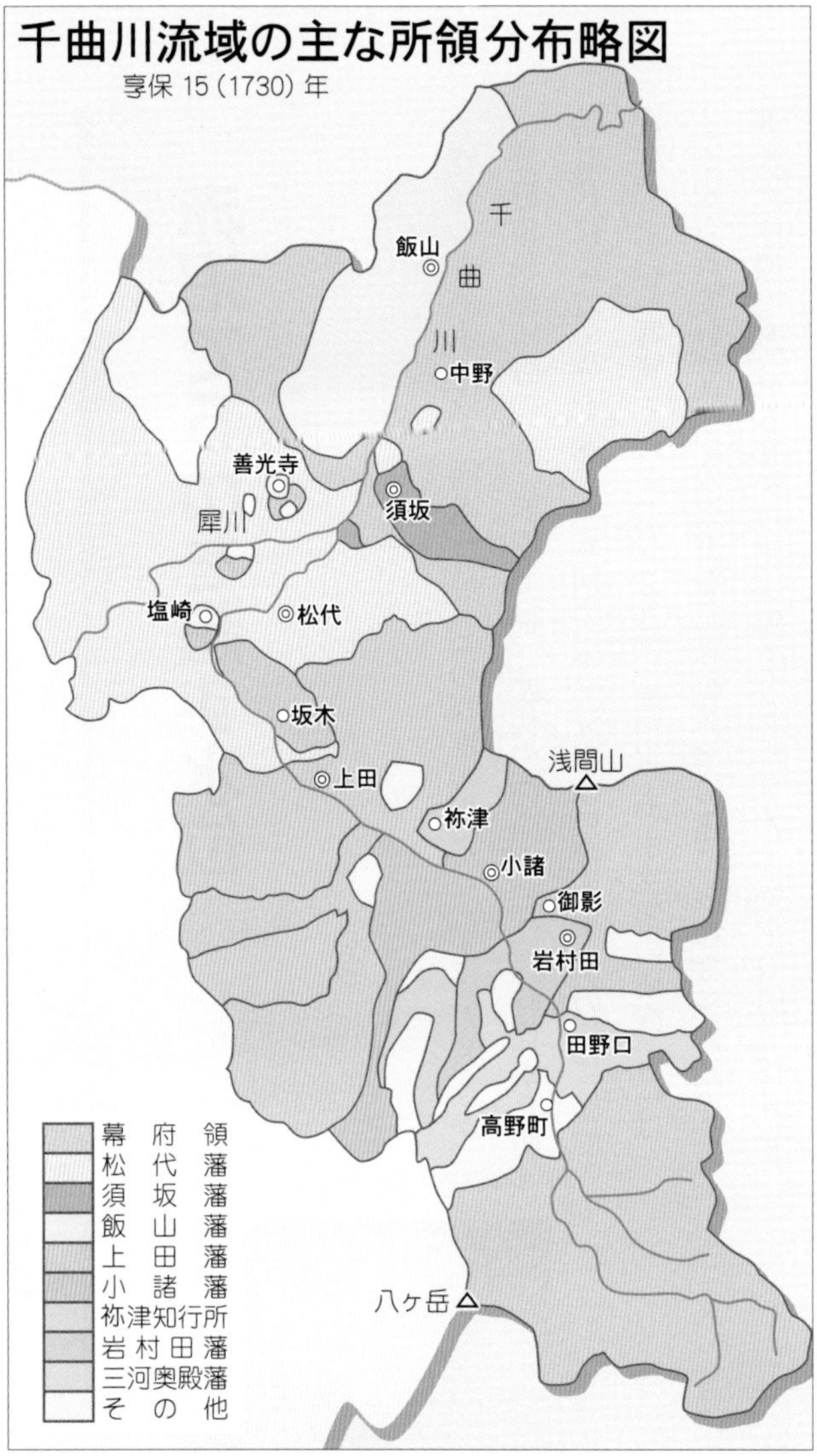

千曲川流域の主な所領分布略図
享保15（1730）年

（注3）　各藩の拝借金

各藩は、大災害の時は幕府から金を借りて、災害復旧・救済に当たった。

寛保2年の水害では、千曲川と利根川流域の10藩が拝借している。

金1万両　真田豊後守（信州・松代藩主、10万石）
金1万両　阿部豊後守（武州・忍藩主、10万石）
金7千両　牧野民部少輔（越後・長岡藩主、7万2千石）
金5千両　秋元摂津守（武州・川越藩主、6万石）
金5千両　松平伊賀守（信州・上田藩主、5万3千石）
金5千両　太田摂津守（上州・館林藩主、5万石）
金3千両　永井伊賀守（武州・岩槻藩主、3万2千石）
金2千両　牧野内膳正（信州・小諸藩主、1万5千石）
金2千両　米津相模守（武州・久喜藩主、1万2千石）
金2千両　堀　長門守（信州・須坂藩主、1万石）

浅間山地を挟んで、千曲・信濃川流域で、松代・長岡・上田・小諸・須坂の5藩が、利根川流域で忍（行田）・川越・館林・岩槻・久喜の5藩が借りている。拝借金の額は、石高に応じたもので、被害実態を反映したものではない。

また、西国の10藩が、利根川・荒川流域の堤防などの復旧工事を命じられている。

幕府は、「戌の満水」の前から、元禄大地震（1703年）、宝永大地震・富士山宝永大爆発（1707年）と続き、災害復旧に追われていた。

（注4）　国役金

江戸幕府が、大河川の堤防工事や、道路の復旧工事などを臨時に行う時、関係する藩などを決めて、税金を徴収して進めた。これを国役普請といい、徴収する税金を国役金と呼んだ。普請費用が一定額以上になると、10分の1を幕府が負担し、残りを関係各藩などの村々から徴収した。

（注5）「日暮硯」から

「信州真田家の知行所川中島は水損の場所にて、年々損亡多ければ、段々御勝手御不如意故、御取続き成り難き由にて、寛保年中の頃、公儀より金一万両拝借仰せつけられ候ほどの御事ゆえ、次第に御勝手御不如意につき、当御城主の御代になり、去る宝暦五年の頃、江戸在府の砌、御親類家中参会の節、君仰せられ候は『……恩田木工へ勝手向き取直しの役儀仰せつけられ下され候やうに頼み奉る』と仰せられ……」

「日暮硯」は、恩田木工民親（1718〜1763年）の事績を詳しく記録したもの。

赤沼で5mを超す水位

寛保の大洪水「戌の満水」は、どの程度の大水だったのだろうか。長野市長沼津野の妙笑寺《みょうしょうじ》では、歴代の住職が、江戸時代から明治時代にかけて寺を襲った6回の床上浸水の水位を本堂の柱に墨で記していた（写真1）。このことは、河川学や水文学の研究者には、よく知られている。その貴重な記録を基準に建てられた「善光寺平洪水水位標」が妙笑寺から北へ約1・5キロメートルの国道18号赤沼交差点の100メートル西にある。

6回の洪水水位の中で、飛び抜けて高いのが、寛保の洪水で5メートル余にも達する。見上げるような高さに誰もが驚く。平成13年7月23日に実施された第3回「千曲塾」現地見学会の参加者も、思わず見上げた（写真2）。

この水位標は昭和16（1941）年、地元・赤沼の篤農家・深瀬武助さんが、豊野駅に向かう県道沿いの自分の水田の入り口に建てた。その狙いは「長沼村は、ようやくリンゴの村として暮らせるようになったが、かつては毎年のように洪水が襲った。その暴威に屈せず悪戦苦闘して、今日をもたらした先祖の労苦を忘れてはならない」と願ったものだ。「最初は、今より50メートルほど北にあった。

【表1】歴史洪水の最高水位の標高
（千曲川工事事務所調べ、1cm以下四捨五入）

妙笑寺（332.7m）	
寛保 2(1742)年	336.5m
明治29(1896)年	334.9
弘化 4(1847)年	334.8
明治43(1910)年	333.6
明治44(1911)年	333.7

【表2】「戌の満水」全国の出水状況（丸山論文に加筆）

地域				河川	出水状況		出典
国(当時)	郡	村	現市町村		最高水位	浸水状況	
関東諸国				利根川	2丈		寛保洪水記録
武蔵	秩父	樋口	(長瀞町)	荒川	60尺		埼玉県史
甲斐		石和	(石和町)	笛吹川		床上3~4尺	山梨県水害史
信濃	小県		(上小地方)	千曲川	32尺		上田小県誌
〃	〃		(〃)	〃		上田盆地は一面、川	上田市史
〃	更級	栄	(長野市)	〃		床上3~4尺	千曲川治水誌
〃	埴科	松代	(長野市)	〃	1丈余		埴科水害誌
〃	水内	津野	(長野市)	〃	1丈1尺余		妙笑寺水位標
〃	高井	立ヶ花	(中野市)	〃	36尺		小布施町史
〃	〃	木島	(木島平村)	〃		飯山盆地、一大湖水	木島平村誌
〃	水内	飯山	(飯山市)	〃	24尺	町家中一面の水	下水内郡誌

【写真1】長野市津野の妙笑寺本堂の柱に記されてきた洪水位。現在は、本堂の建て替えで、庫裏に移されている。寺を訪れた人が、いつでも洪水水位を知ることができるように、境内に同じ高さの「千曲川大洪水水位標」が建てられている

【写真２】「善光寺平洪水水位標」を見上げる第３回「千曲塾」現地見学会参加者。後ろの建物は新幹線の車両基地

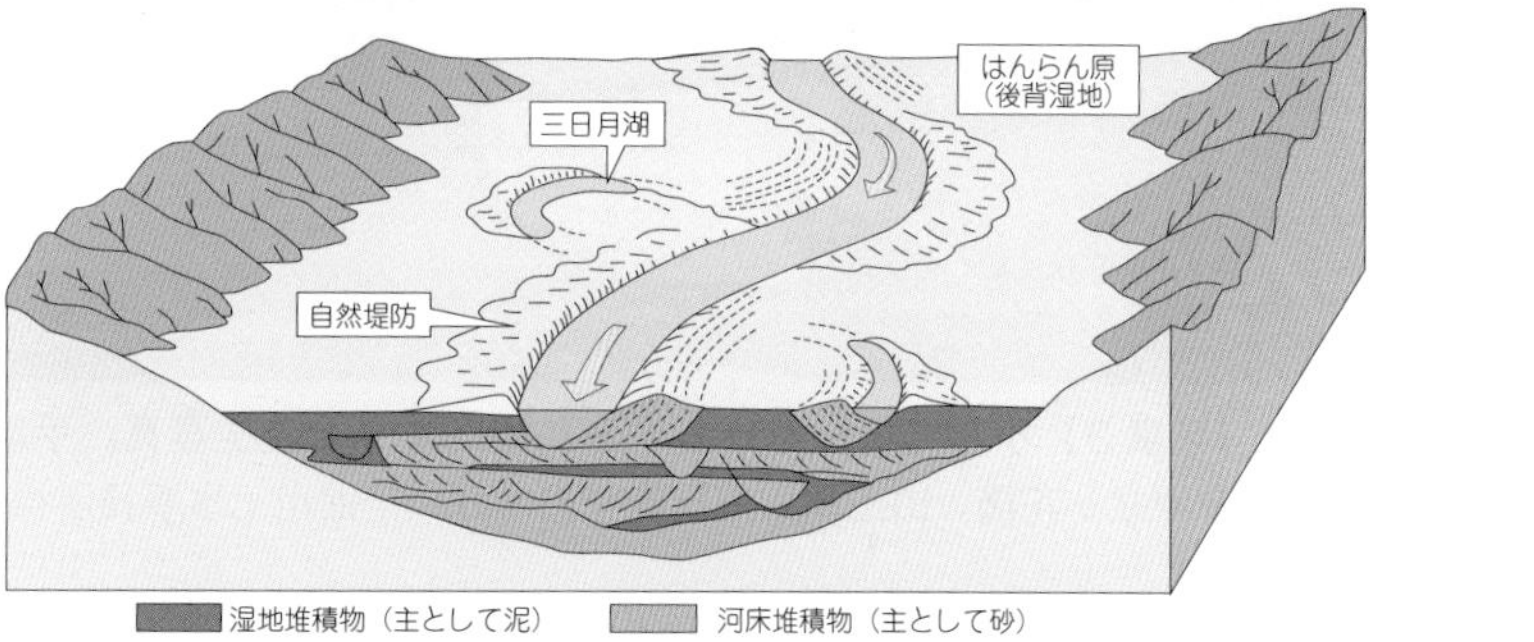

【図１】自然堤防と後背湿地

新幹線の車両基地の建設で今の位置に移った」と孫の深瀬堅太郎さん。平成4年に建て替えられた。

妙笑寺は千曲川左岸の堤防のすぐ脇にある（143ページ参照）。住職の笹井義英さんは「寺の建っている場所は、この辺では一番高い。堤防のすぐ向こうが千曲川。千曲川が一番高いように思われますが、千曲川からだんだん高くなって、寺が一番高い。西へ行くにつれて低くなる。100メートル西の県道は1メートルも下がり、アップルライン（国道18号）は約2メートル低い。寺の創建は天正8（1580）年。当時はもちろん堤防はないから、この地域で一番高い場所を選んだ」という。妙笑寺は千曲川流域で一番大きい自然堤防（図1参照）の真上にある。寺の柱に記されている「戊の満水」の記録は地面から1丈1尺余（3・38メートル余）である。

赤沼の「善光寺平洪水水位標」の「戊の満水」の水位が5メートル余の高さになるのは、妙笑寺より標高が約2メートル低く、洪水になると、最後まで湛水している後背湿地に建っているからだ。

5メートル余も湛水したのは、記録的な雨で降水量が多かったことが一番だが、ここの地形が、立ヶ花で千曲川の流れをせき止めるようになっていることにある。長野盆地を流れる千曲川は川幅が広く、近くの小布施橋が

【写真３】小布施橋上空から立ヶ花方向を見た航空写真。手前が長さ960mの小布施橋、奥が立ヶ花橋。山王島上方が延徳田んぼ（千曲川工事事務所提供）

寛保２年の大洪水・出水の経時的変化模式図

（丸山論文から）

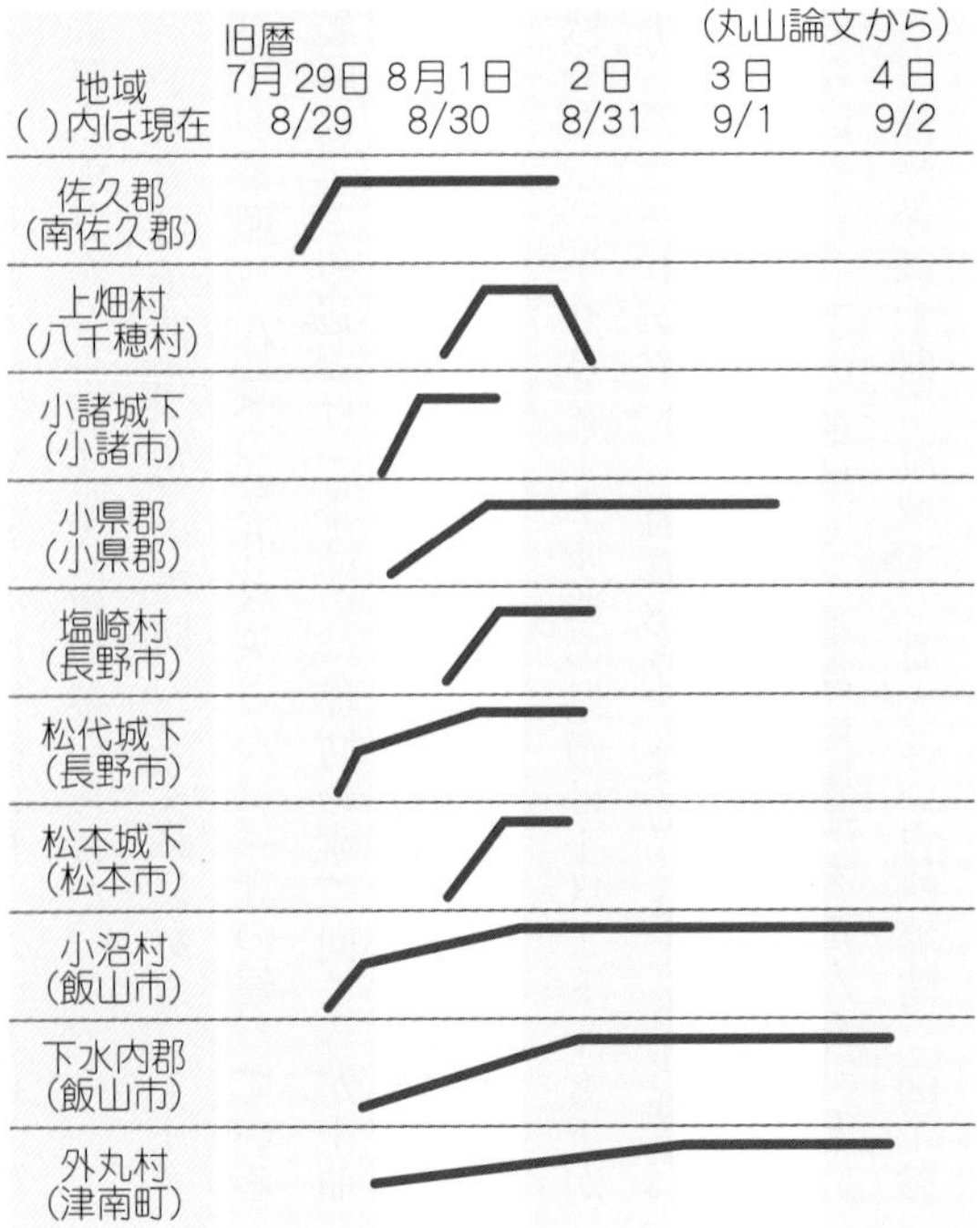

長さ960メートルと長野県内2位だ。ところが、橋からわずか3キロメートル余り下流の立ヶ花橋旧橋は長さ203メートルと約5分の1で急に狭くなる（写真3参照）。のど首のような立ヶ花を流れ下らなければ、日本海へ流れて行かない。ここに、長野県の北半分に降った雨が、千曲川と犀川によって集まってくる。

このため、大雨が降ると、流れ切れず、左岸の長沼田んぼと豊野田んぼ、右岸の延徳田んぼへ溢れ、氾濫を繰り返してきた。長野県でも代表的な水害常襲地なのだ。

甲武信ヶ岳から流れ出す千曲川は、一直線に流れ下って

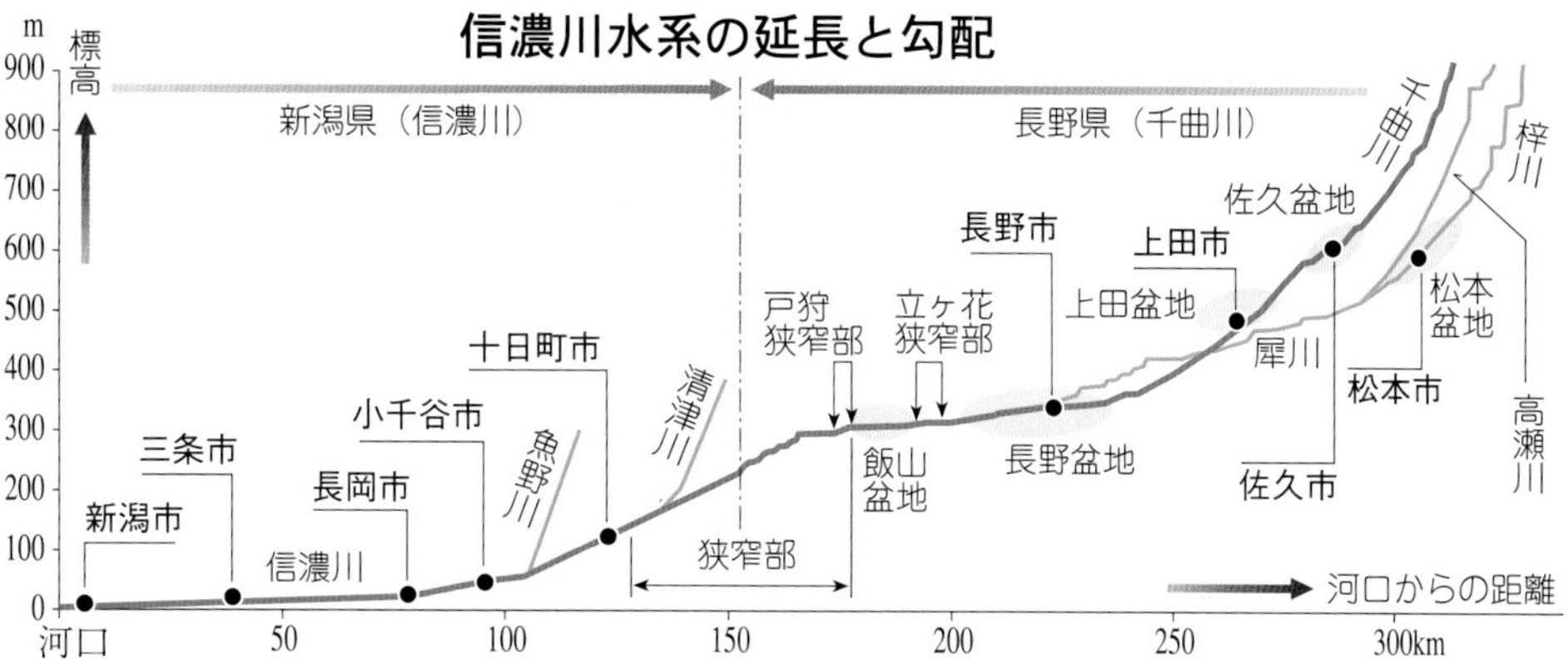

【図2】千曲川河川勾配図

いるのではない。のど首のような狭窄部で流れをせき止められ、氾濫を繰り返して土砂を堆積、佐久平・上田盆地・長野盆地・飯山盆地を造り、踊り場のある階段を下るようにして、新潟県に向かって行く（図2、図3参照）。このため、「戌の満水」では、千曲川は、卵を何個も飲んだヘビのように各盆地に湖水をつくった。特に、長野盆地の立ヶ花狭窄部近くは、河床勾配が河口近くのように緩やかなため、湖水は大きくなり、水位も深くなった。

そうと分かっていても、「善光寺平洪水水位標」の前に立つと、飛び抜けて高い「戌の満水」の水位には驚く。このような水害常襲地を造ったのは、基本的には、立ヶ花狭窄部の上流で、千曲川を横断している長野盆地西縁活断層（157ページ図1参照）の活動である。西上がり東落ちの逆断層で、立ヶ花地点で下流が高くなって天然ダムを造るような動きを地質時代から繰り返してきたからだ。善光寺地震も、この活断層の活動による。

【図3】千曲川の盆地と狭窄部

Column

長瀞の寛保洪水位磨崖標

「寛保の洪水」の時の最高水位は、武蔵国秩父郡樋口村（埼玉県長瀞町滝の上）の荒川の記録で、60尺（約18メートル）。水面から18メートルの岸壁に掘られた「水」の字は「寛保洪水位磨崖標」として埼玉県指定史跡になっている。

上流は林業の村で、丸太を江戸の木場に流していた。その丸太や立ち木が洪水で流出、岩畳で有名な長瀞上流の谷間で詰まり、水が逆流して、60尺の高さにまで達したという。

南岸通過の台風が秋雨前線を刺激？

「本州で最も雨の少ない千曲川流域で（図1参照）、どうして寛保2年の大洪水『戌の満水』が起きたのか」――。

国土交通省千曲川工事事務所調査課長の杉本利英さんは「県外の出身だからか、素直に疑問に思い続けてきた」という。

「豪雨をもたらした雨域の中心は、浅間山地にある。ここに降った雨が分水嶺を境に、日本海側に流れて千曲川流域に、太平洋側に流れて利根川・荒川流域に被害を集中させた。そうと分かれば、浅間山地に豪雨を降らせるシステムを考えればよい。ここに雨を降らせる雨台風が『戌の満水』の元凶ではないか」と考えた。

これまで、どの歴史書・地方史も「この洪水は台風が運んだ集中豪雨によるものである。台風は大坂周辺に上陸して東北方向に進み、中部・関東をへて東北地方に出、三陸沖に抜けたと見られる。そのため、関東一帯にも大被害をあたえ、わが国災害史上でも記録的なものといわれる」（『長野県史通史編　近世二』）と書いている。

これは、「泰平年表」の寛保2年に「同七月廿七日より八月朔日ニ至、五畿内大風雨、洛三条大橋流落、堀川石垣崩、淀・伏見洪水、同八月関八州・北国筋洪水、江戸赤坂御門御堀水溢、本所・深

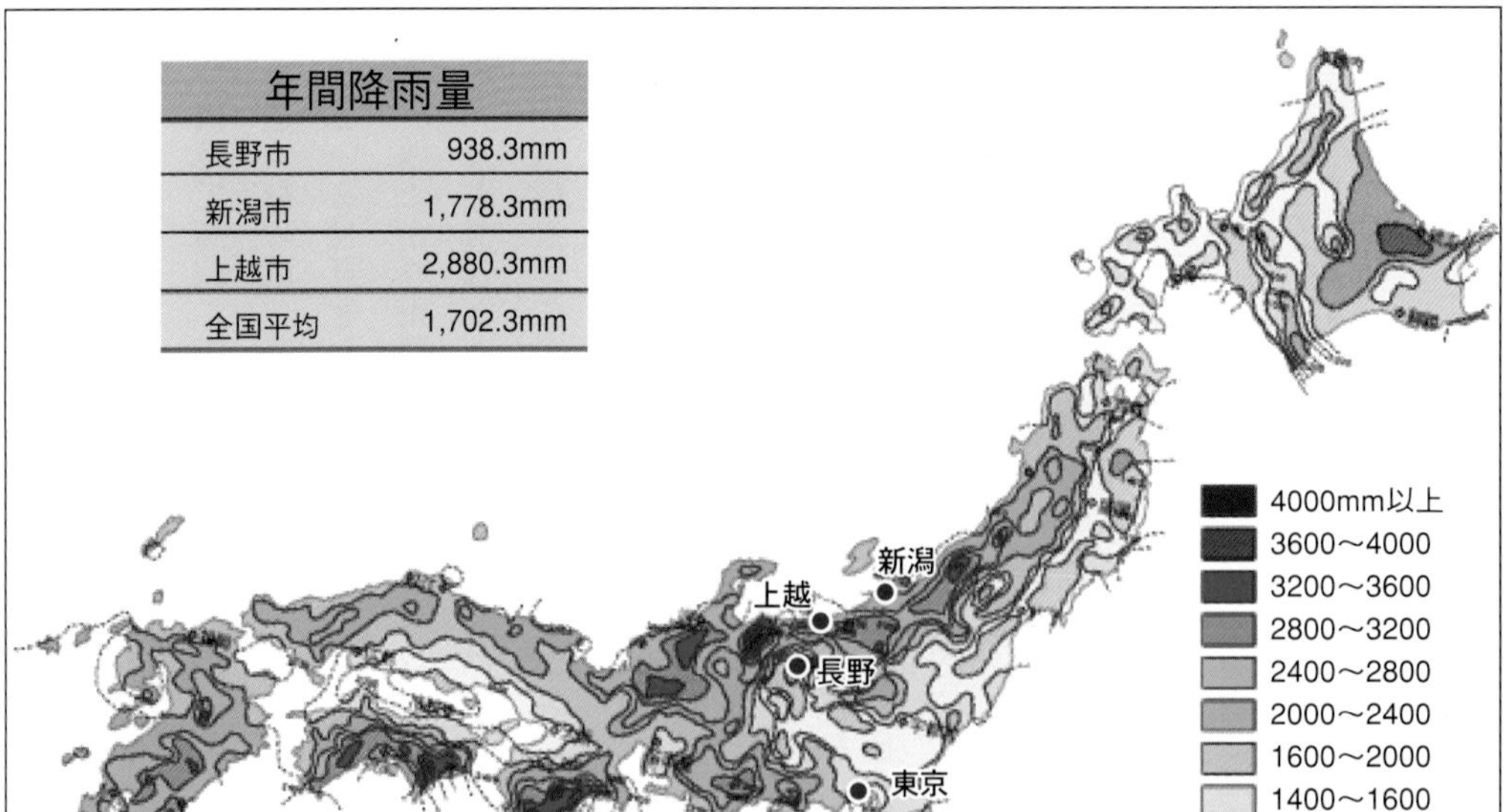

【図1】年間降雨量分布図

川町支配の諸村・町家漂没人多死、○信州川中島・善光寺辺水高き事二丈余、上野　下野・武蔵等の田畑水損、凡八十万石余、東海道神奈川辺、其外中山道・北陸道筋田畑流失」とあり、素直に被害地域をたどれば、大阪上陸・本州横断のコースとなる。この見方が採用されてきた。

長野県に洪水をもたらす台風の代表的なコースとしては、▽中央部縦断コース、▽東側北上コース、▽南岸東進コースの三つが挙げられる（図2参照）。ところが、大阪上陸・本州横断コースでは大雨を降らせた例がなく、「戌の満水」は被害の大きさから中央部縦断コースを通ったのではないか――という研究者もいる。

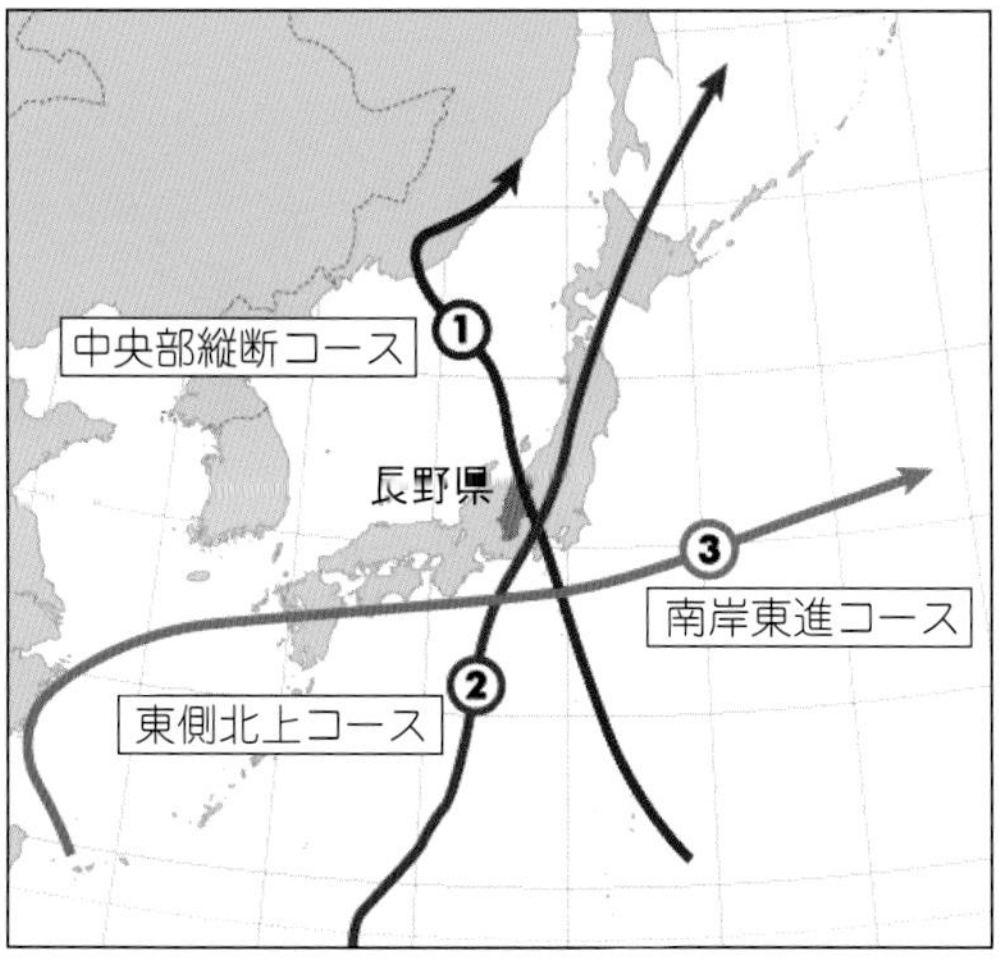

【図2】長野県を襲う台風の代表的なコース

そこで、江戸時代の古い日記などに記載されている毎日の天気などから、「小氷期」後半の18世紀～19世紀の気候変動を調べている東京都立大学の三上岳彦名誉教授を訪ねた。

三上さん「江戸時代には各藩で日記をつけていて、そこには毎日の天気や風向き、暑さや寒さに関する記述などが書かれています。藩の日記だけではなく、個人の日記にも天気の情報が克明に記されていたりします。例えば、東京都八王子市浅川の養蚕農家である石

Column

台風の動きと洪水の関係

長野県では、大雨による被害要因の多くは台風。それもコースによって、被害の状況が大きく違ってくる。主なコースは三つある。

①中央部縦断コース。短時間で県内全域に大雨と暴風をもたらし、大打撃を与える最悪のコース。昭和34年8月14日の台風7号が代表例。13日朝からの24時間雨量は、軽井沢272ミリ、八ヶ岳207ミリ、志賀高原294ミリ。死者・不明71人、重軽傷382人。

②東側北上コース。東側を通過する台風は、吹き返しの風で被害が大きくなり、特に千曲川上流で風雨が強くなる。昭和57年9月12、13日の台風18号が代表例。千曲川の支流・樽川の堤防が決壊。約3800戸が床上浸水した。

③南岸東進コース。典型的な雨台風で、千曲川・犀川上流では一様な雨が降る。昭和58年9月28日の台風10号が代表例。飯山市で千曲川の堤防が決壊。約3900戸が床上浸水した。1日雨量が、諏訪161ミリ、松本153ミリ。

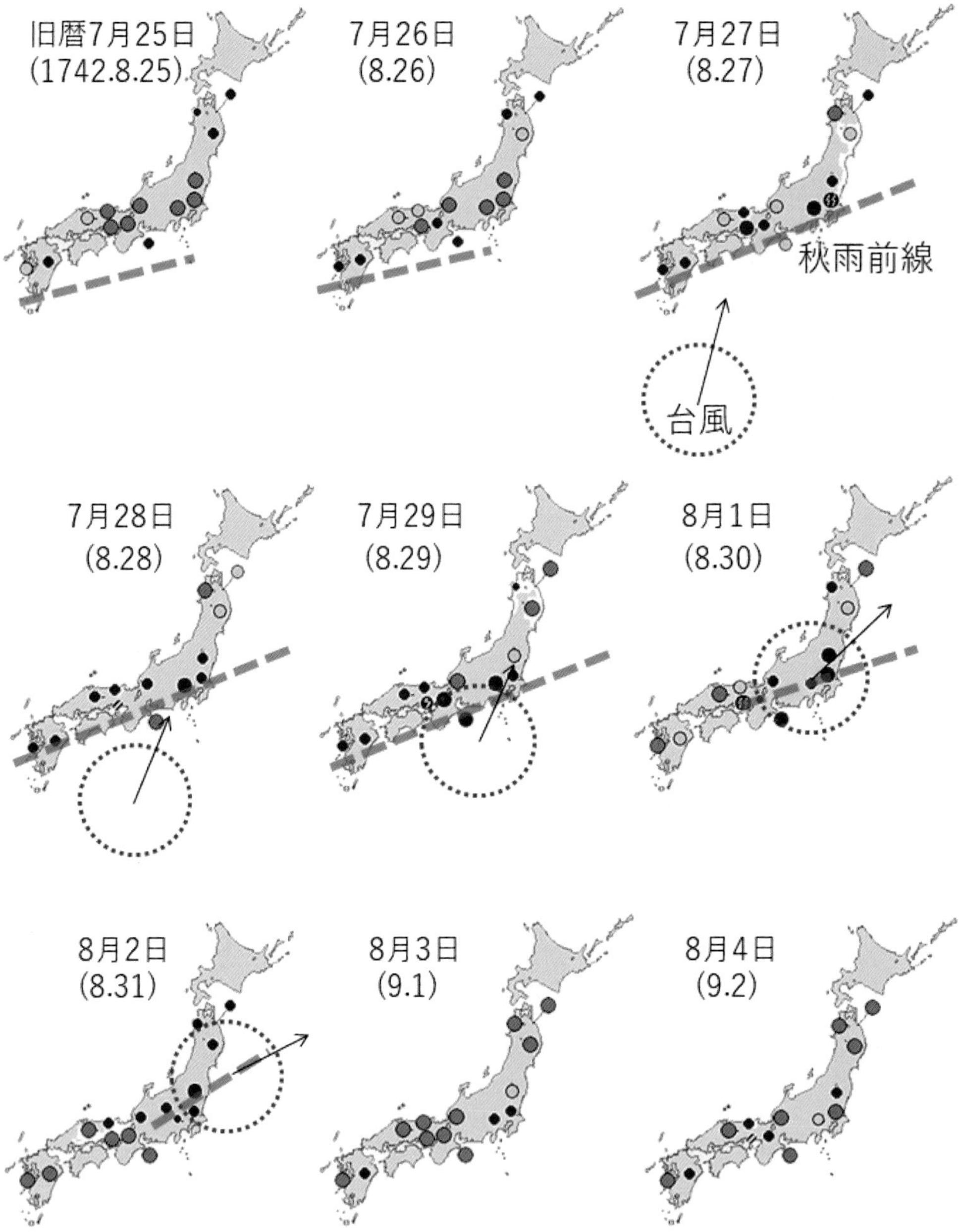

【図3】「歴史天候データベース」による「戌の満水」前後の全国の天候。青色の○が雨（大きな青色の○は大雨）、白色の○が曇り、オレンジ色の○が晴れ。縦の波線は雷の発生。太い破線は秋雨前線、点線で囲んだ円と矢印は台風とその進路についての推定位置を示す。東京都立大学・三上岳彦名誉教授作成

川家では、１７２０年代から代々引き継がれた日記があり、江戸時代以降の東京の気候変動を知るための貴重な資料となっています。また、弘前藩の日記は１６６０年代～１８６０年代の２００年間にわたり、弘前と江戸の両方で毎日の天気がほぼ連続的に記載されていますが、その原本が弘前市立図書館にきちんと整理・保存されています。

　このような江戸時代の天気が記された日記は全国約50地点で見つかっていますが、私たちの研究グループが最初にそうした日記を集め始めたのは40年ほど前になります。手分けをして集められた全国各地の日記天気情報をコンピュータに入力して、データベースを構築しようというプロジェクトも同時に始まり、吉村稔・山梨大学名誉教授が中心となって「歴史天候データベース」（図３参照）が構築されました」

――「戊の満水」の8月1日（新暦8月30日）前後はどうですか。

三上さん「7月25日（新暦8月25日）から8月4日までの9日間について毎日の天気分布図（図３）をみると、戊の満水が発生した8月1日より数日前の7月25日頃以降に九州から東海の太平洋側で雨が降り始め、27日には中部・関東地方までの広い範囲で降雨（青い◯）が見られます。さらに28日から29日にかけてもほぼ同じ場所で雨が降り続いているのがわかります。8月1日になると、雨の範囲が東に移動し、2日には関東・中部以北に降雨域が広がっています。しかし翌日3日には、一部の地域を除いてほぼ全国的に天気が回復して晴れています（オレンジの◯）。

7月25～29日に見られる南岸沿いの降雨は、秋雨前線（破線）の停滞によるものと考えられます。そこに、九州の南の海上から接近してきた台風（点線で囲まれた円）が前線活動を活発化させて大雨を降らせたと考えられます。台風は、おそらく7月29日から8月1日にかけて関東・東海地方に上陸した可能性が高いと思われます。その後、東京の西部から埼玉県・茨城県を通過して3日には太平洋に抜けたと考えられます」

――長野県に洪水をもたらす台風のコースとしては、三つ考えら

Column

秋雨前線と大雨

秋雨は、台風シーズンと重なる。秋雨前線が停滞しているところへ、台風が近づくと、高温で湿った南からの空気が続いて流れ込み、前線を刺激して大雨となる。

日本における日降水量の最大記録を各気象台、測候所などの記録で見ると、1位が尾鷲（三重県）の８０６ミリで１９６８年の9月26日、2位が高知（高知県）の６２８・５ミリで１９９８年9月24日。いずれも9月で、秋雨前線が横たわっているところに、台風が近づいたり、通過して、大雨を降らせた。台風自体の雨量は、台風の中心が通っても１００ミリ前後といわれるが、秋雨前線と重なると、記録的な雨量となる。

昭和36年の「三六災害」は、停滞した梅雨前線に、次々と南の湿った空気が流れ込んで、伊那谷に大雨を降らせ、土石流と山崩れにより長野県内の死者は１０７人、不明29人となった。

れています（図2）。①中央部縦断コース、②東側北上コース、③南岸東進コースです。「戊の満水」は記録的な被害を出したことから、中央部縦断コースを通ったのではないか——という研究者もいますが。

三上さん「確かに、7月29日〜8月1日の台風進路に関しては、それまで北東方向に進んでいた台風が8月1日に突然北西方向に向きを変えて神奈川付近に上陸し群馬県から長野県東部、新潟県を通過して日本海に抜けたのではないかとする研究（町田尚久「寛保2年災害をもたらした台風の進路と天候の復元」地学雑誌２０１４年3号）もあります。ただ、台風のコースで言えば、③南岸東進コースが近いと思います。関東中部地方では8月1日に暴風雨が激しかったという日記の記録が各所で残されているので、おそらく上陸したものと考えられます。また、降雨が太平洋岸を中心に数日前から続いていることから、接近する台風が停滞する秋雨前線の活動を強めたといえるでしょう。旧暦の8月1日は、新暦では8月30日ですから、秋雨シーズンの到来時期に相当します」

——このデータベースには、長野県の史料がないようですが。

三上さん「この時代の長野県内の日記はありませんでした」

——「戊の満水」の前後の天気は、県内の記録にも詳しく記されていますが。

三上さん「確かに大きな災害があると、その前後の記録は詳しく残されています。しかし、我々の研究では全国スケールで天気分布を把握し、その時間変動から降雨域や晴天域の動きを追うことで気圧配置の変化などを復元することを目的しているので、視点が異なります」

——小氷期の研究など大きな気候変動から見て、「戊の満水」のような災害は、また来るのでしょうか。

三上さん「地球温暖化にともなって大雨や暴風など異常気象が増えて洪水被害も増えると思いますが、長野県諏訪湖の御神渡が激減していることからも明らかなように、冬の温暖化で春先の雪崩が頻発したり、融雪洪水も増加する可能性があります」

別所温泉（上田市）の「岳《たけ》の幟《のぼり》」は雨乞い行事として全国的に知られている。雨量の少ない東信地方で記録的な水害が起きたことが、「千曲塾」でも関心を集めた。塾長の市川健夫・長野県立歴史館館長は「小諸から上田・長野にかけては、年間降水量９００ミリと、日本でもオホーツク海沿岸に次いで雨の少ない地域。ふだんは災害の少ないところです。しかし、大雨になると、浅間山ろくは火山灰土壌のもろい地質で、大きな被害になる。このことを予測して対策を講じることが欠かせない」と話した。

＊おことわり

本項21ページ下段〜24ページの東京都立大名誉教授・三上岳彦氏の研究に関わる部分は、初版以降の研究成果等に基づき、この増補改訂版のために、22ページの図も含め、本文内容を更新しました。

第2章　被害を受けた村々

1982（昭和57）年９月、台風18号が長野県内を襲い記録的な大雨となった。14日には南佐久郡八千穂村（当時）の八ヶ岳山ろくで大規模な地滑りが発生、土石流となり千曲川の支流大岳川を一気に下った（信濃毎日新聞社撮影）。寛保２年の洪水で八千穂村上畑に大被害をもたらした大石川には、大岳川が流れ込んでおり、当時も八ヶ岳で大規模な土石流が起こり犠牲者を多く出したのではないかと推測される

1村すべて流され死者248人

上畑村（佐久穂町）

平成13年9月23日、南佐久郡八千穂村（現佐久穂町）上畑区では、自福寺に区民30人が集まって、寺の周りの草取りをした後、「流死萬霊等」の前で法要を行った（写真1）。区長の須田一男さんが「今から259年前、寛保2年の『戌の満水』で、現在の福祉センターあたりにあった上畑村は一夜にして流失、溺死者248名の大惨事となりました」とあいさつした。続いて、老人クラブの高橋文人さんが「今年は心配された台風15号も無事、過ぎてホッとしています。さきほど、富田一さんが昭和34年8月14日の水害の貴重な写真を持ってこられた（写真2）。その時、中洲にあった富田さんの家は流失寸前になったが、助かった。私の家はその少し後の伊勢湾台風（9月27日）で、家の中の物をすっかり流されてしまいました」と話した。村の歴史は水害と切り離せない。今も、毎年春と秋のお彼岸に「戌の満水」の犠牲者の供養を続けている。

南佐久地方では、お盆に先駆けて、8月1日に墓参りをする。寛保2年の旧暦の8月1日の「戌の満水」で犠牲になった先祖を供養するためだともいわれている。8月1日は村役場や農協などもお盆並みの休み体制になる。

【写真1】自福寺の「流死萬霊等」の前で行われた平成13年秋の犠牲者追悼法要

【写真2】富田一さんが追悼法要に持参した昭和34年8月14日の千曲川洪水の写真。川の中に残っているのが富田さんの家

八千穂村誌編纂委員の井出正義さんは、黄色になったガリ版刷りの昭和51年度八千穂夏季大学資料「寛保二戌年大洪水災害について」を取り出して来た。

「当時の名主・佐々木家に伝わる古文書を読んでいて涙が止まらなかった。あれだけの災害になると、７０００石や８０００石の旗本ではどうにもならない。直接、江戸へ陳情に行くことになった。ところが、みんな流されてしまって、名主が高利貸から金を借りて行ったほどだった。その後、いくらかの救い米はくれたけれど、流れ残っている物に対しては、税をちゃんと取った」という。昭和61年、この史料をもとに、上畑自治区で「寛保二戌年の大洪水と上畑村　鎮魂の碑・溺死等」を印刷している。

「千曲川上流でも、各地の被害が伝えられているが、上畑村が最大だった。上畑村は佐久甲州街道の宿場で問屋が置かれ、川西47カ村の中心として栄え、戸数１８０軒余の大村だった。当時の上畑宿は現在の村福祉センターを中心に延びていた（写真３）。千曲川は現在、八千穂中学校の西を流れているが、当時は東を流れていた。東側の河岸段丘の下、社会体育館のあたりが一番低く、本流が流れていた（30、31ページ写真２、地図参照）。

８月１日夜、千曲川が御普請場の堤防を押し切って村内に流入し、大石川が宿の裏側に流れ込み、村民は逃げる間もなかった。１４０軒が流され、残った27軒も壁を押し抜かれ、石や砂が押し込んだ。２４８人が流死、助かったのは３７５人。馬も25頭流された。村のあったところは千曲川の本流になってしまった」という。

当時、上畑村は７０００石の旗本・水野忠穀の所領で、陣屋は高野町（佐久穂町）に置かれていた。上畑村名主・佐々木孫之丞は、陣屋では話にならない――と、滞在費を借金して上京、幕府奉行所に直接、救助を嘆願した。幕府から「飢人御救」として夫食金（救済金）が与えられたが、５カ年の年賦返済だった。

翌寛保３年の春、千曲川から離れた山際に、９尺幅の道路と新しい屋敷地を設け、新しい上畑宿の再建に取り組んだ。旧道沿いの今の上畑地区だ。

現在、自福寺境内に、いくつもの供養塔が建っている。一番古い自然石の「溺死等」は、「戌の満水」から50年目の寛政３年８月１

【写真３】かつて上畑宿のあった一帯は、水田や畑、河原になっていたが、河原を埋め立てて福祉センター（右）ができたり、駐車場（中央）に変わったりした

日、全村共同墓碑として建てたものだ。「碑面には『未曾有の大洪水で、家も人も一村すべて流されてしまった。当時は家族も散り散りの者が多く、お墓一つ造ることができなかった。50年たって、念願のお堂（自福寺）と石碑を建てられた。どうか、安らかにお眠りください』と記してある」と井出さん。「本堂内の木牌『流死萬霊等』（写真４）の裏には流死者２００人余の名前が彫ってある。名前の上に他村の名前が書いてある者が目立ちますが、八朔のお祭りで里帰りしていた娘や、上畑宿へ働きにきていた下男、下女です。木牌の最下段に『流死馬二十五匹』と刻んであります。村の人は苦楽を共にした馬への愛情を忘れなかった」という。

年忌ごとに建てられた石塔・石仏が並ぶ中に、真新しい地蔵菩薩がある。２５０年忌の平成４年に建てたものだ（写真５）。

【写真４】町指定文化財の位牌「流死萬霊等」。裏面に200人余の名前が刻まれている。高さ80cm、幅22.4cm。黒塗り

【写真５】自福寺境内に並ぶ供養塔。新しい地蔵尊は250年忌の平成４年に建てた

Column

「萬兵衛覚書」のこと

上畑地区には、「戌の満水」の状況を記した古文書が残っており、災害の様子はかなり分かっているが、さらに萬兵衛さんが記憶を頼りに、当時の宿の配置などを1軒1軒克明に記した被害状況の図面がある――といわれている。「萬兵衛覚書」である。その写しと思われるものを、沖浦悦夫さんが「山窓記」（信濃教育会出版部）に紹介している。道をはさんで、両側に名前が書かれていて、その上に「不残死」「不残死流」という記述が並ぶ。上畑宿には、茶屋が10軒、とうふ屋が5軒、木屋が4軒、染屋、おけ屋が2軒、かじや、わんや、酒屋、薬屋、ちんつき車屋などがあったことが分かる。

支流・大石川が一緒に襲う

上畑村（佐久穂町）

「その時、穂積側へ逃げた人は助かった。上畑側へ逃げた人が流されてしまった」――。

「戌の満水」の流死者追悼法要に自福寺に集まった村民の何人かが、そんな話をした。穂積側とは、今のJR小海線の八千穂駅などのある千曲川右岸。上畑側とは、現在の上畑区や役場八千穂庁舎のある左岸だ（写真2、地図参照）。

「そうなんです。以前の本流の方（東）へ逃げた人が助かった」と井出正義さん。「本瀬の流れが、現在の流れの西の方へ変わったから、従来から流れていた東の本瀬の方が水が少なくなったのでしょう」と八千穂村誌編集室の小林範昭さん。

「大石川は大きな支流で、その押し出した洪水が天神橋たもとの岩に阻まれて、押し返されるような形で、上畑側へ流れ込んだ。千曲川は今は、西側を流れているが、当時は東を流れていた。だから、合併する前の穂積村と畑八村との村境は、東を流れる小さな川だった。かつては、そこを千曲川が流れていた。それが、『寛保の洪水』の時、大石川が現在の清水町の低いところから今の役場あたりに押して来て、ちょうど、背中から襲われたような格好になった。前は増水した千曲川、後ろは大石川。下流には西側から中沢川が流れ込んでいる。それで、逃げ場がなく、深夜で様子も分からず、流死者がたくさん出てしまった」と井出さん。

――当時、堤防はどの程度、あったものですか。

井出さん「古文書など見ると、上畑宿の上流が御普請場（土木工事現場）になっていて、毎年のように堤防の修理をしたり、延ばしたりしていた。村のすぐ上流で、暴れ川の大石川が合流し、以前から危険を感じていた様子が分かります」

――流失した上畑の宿は、具体的には、どこにあったのですか。

井出さん「福祉センターの脇に用水の分流があります。その辺が集落の跡になります。田んぼの中に、石造物が残っています（写真1）。そこが、かつて自福寺があったところだろうと思います」

【写真1】田んぼの中に残る石造物。旧上畑村の自福寺があったところと推定されている（遠く左手に見えるのは浅間山）

【写真２】旧八千穂村役場（現佐久穂町八千穂庁舎）を中心とした航空写真（長野県臼田建設事務所提供）。中央に見えるのが宮前橋。橋の左岸に村福祉センター。そのあたりから田んぼに延びる農道沿いに上畑宿はあった（地図の赤斜線）。千曲川の右岸に中学校・小学校が見える。千曲川は現在、小・中学校の西を流れているが、かつては、東側を流れていた（青点線）。左岸の国道端に白く見える建物が役場。上流西側から大石川が合流。赤枠内が航空写真の撮影範囲

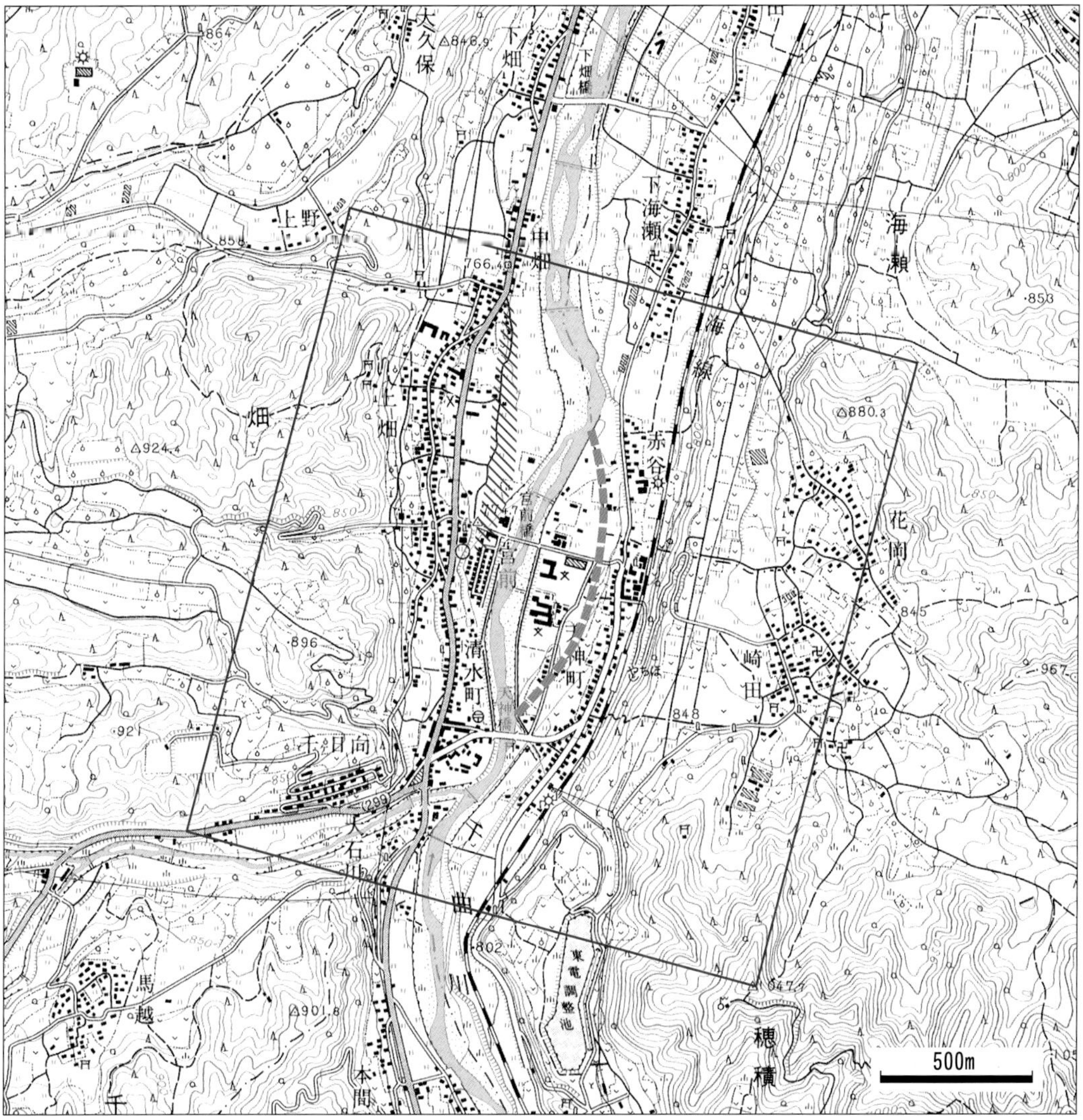

小林範昭さん「四つ残っている石造物の一つに、『願主　佐々木孫之丞　享保五子年……』と読める供養塔があります。寛保2年の洪水の22年前に建てられたものです。その辺や福祉センター、役場の駐車場あたりから下流の田んぼになっているところに集落が延びていた。中畑の信号のある交差点につながる細い道があります。これが、古くからあった道でしょう」

——それにしても、248人という死者は多い。

井出さん「大石川が大きな川なのです。源流は八ヶ岳の白駒池になります。流域面積が広い。雨池の方からは八千穂高原の水を集めて入堂川が流れ込み、双子池の方からは石堂川が流れてきて、みんな大石川に合流してくる。水が豊富で、現在は佐久上水道の主要水源になっている。その大石川と千曲川の増水した水が一緒になって襲った」

現在も、名前のとおり、大石がごろごろ押し出して、堤防や民家の石垣に利用されている（写真3）。千曲川の河床勾配も1000分の14と急で流速が速い。

「村福祉センターのある千曲川の左岸を本川原、千曲川が流れる河川敷一帯を中川原、かつて本流が流れていた右岸一帯を向川原と呼んでいる。左

【写真３】大石川付近の民家は、大石川が押し出した大きな石で、家を守っている

岸の国道端を見ても、みんな千曲川の堆積物。もっと昔は、左岸の山際まで千曲川が来ていたのではないか」と小林さん。長い目でみれば、谷底の平地全体が、千曲川の流れる河原だった。地質時代から、「戌の満水」のような大洪水を繰り返して、現在の地形が出来上がってきた。

富田一さんが持参した写真に登場するつり橋は現在、立派なコンクリートの「宮前橋」に一変。流失した旧上畑村があったあたりも河原を埋め立てて村福祉センターができたり、その上流に宮前団地が造成されたり、再び村の中心地に変わりつつある（写真２参照）。

「今の宮前橋のところには橋が三つ、あった」「川の中に中洲があって、こちらから中洲へ一つ、さらに中洲から対岸へと、つり橋が二つ。その向こうの小川に架かったケタ橋も数えれば3本」「吊り橋はブランブランしてた。中洲では、よくチャンバラをした」

富田さんが持ってきた洪水の写真から、「橋談議」が始まった。千曲川左岸の上畑や役場から、右岸のＪＲ八千穂駅へ行くには、つり橋などを三つ渡った。一帯は河原だった。昭和34年の水害後、一直線に堤防が築かれ、今のように一変したのだ。

Column

水害の発生場所

大雨はどこにも降るが、水害発生場所は限られる。▽山地内谷底平野の洪水は、破壊力が大きい▽扇状地河川は、荒れ川である▽都市化の進んだ台地内の谷底地は水害常襲地▽氾濫平野の洪水は、微地形の影響を受ける（水谷武司「水害対策一〇〇のポイント」）――といわれている。

上畑村の被害は、山地内谷底平野の洪水で、上流の本間村（小海町）の被害も同じタイプだ。両村とも、すぐ上流で大きな支流が合流しており、被害をさらに大きくした。

大岳川の土石流

大岳川は石堂川の別名で、大石川に合流している。昭和57（１９８２）年９月12日の台風で、八千穂村では累計雨量２０２ミリ、１時間の最大雨量15ミリを観測。14日朝９時すぎ、大岳川で土石流が発生（第２章扉写真参照）、中部電力岩村田制御所からの連絡で、川沿いの住民に避難命令が出された。

土石流は7回にわたって流れ下ったが、幸い大被害は免れた。しかし、河川は土砂で埋まり、一時は魚もすまなくなり、復旧に7年ほどかかった（八千穂村誌　今昔編）。

上畑村と同じ災害環境

本間村（小海町）

248人の死者を出した上畑村と、よく似た地理条件で、死者を出したのが、3キロメートル上流の本間村（南佐久郡小海町）だった。

上畑村は、千曲川の左岸にあって、上流で大石川が西から合流、下流では中沢川が西から流れ込み、三つの川によって、コの字型に囲まれ、退路を絶たれて、多くの犠牲者を出した。

本間村も規模こそ小さいが、全く同じ。千曲川の左岸にあって、上流で水量の多い本間川が西から合流、下流で三沢川が西から流れ込み、同じように増水した三つの川に襲われ、2人の流死者を出した。元の村が千曲川の本流になってしまったこと、災害後、西の山側に移住したことも同じだ。

「現在、本間上の集落は、国道141号の山寄りにありますが、寛保2年の大洪水の前は、千曲川左岸の非常に川に近いところにあった。旧集落は、現在の高岩橋のたもとから下流に向かって延び、三沢川が千曲川へ合流するところまで続いていたようです。今は、だいたい田んぼになっていますが、最近、ここに、集落移転の団地ができてきています。本間川と合流して増水した千曲川と支流の三沢川から押し出した水とに挟まれて、被害を大きくした（写真2参照）」と郷土史家の井出正義さん。「本間村も、当時の水野領（旗本領）で、上畑村と同じです。流された後、同じような復興の経過をたどりますが、山際通りに移転する際、本間上宿、河原宿、本間下宿と三つに分散します。河原宿は、名前のとおり河原に近いが、ちょっと高い自然堤防の上に集落をつくった」という。

本間村の被害は、「小海町志　川西編」（昭和43年）に載っている「寛保弐戌年洪水日記」（篠原泉氏文書）で分かる。「八月一日の夜より二日朝まで大満水仕り、千曲川・三沢川一つに罷りなり、表裏両方より水押し掛け、流死の者二人、家を十九軒流失仕り、相残り候家漸く十五軒御座候共、家財穀物残らず押し流し、漸く命ばかり相助かり、只今の村は千曲川本瀬に罷り成り候御事」。死者2人、流家19軒。被害反別は、田1町3反余、畑田成4町1反余、計5町

【写真1】小海町本間下地区に残る大岩。千曲川の河床勾配がきつく、巨岩が多い

【写真２】小海町本間上地区の航空写真（長野県臼田建設事務所提供）。中央が高岩橋。橋の左岸から下流に向かって、かつての本間宿が延びていた（地図の赤斜線）。水害後、山際に移り、旧道沿いに集落が延びている。最近、かつての本間宿のあったところに団地ができた。上流西側から本間川が合流しており、上畑宿と全く似た地理的条件で、災害に遭った。赤枠内が航空写真の撮影範囲

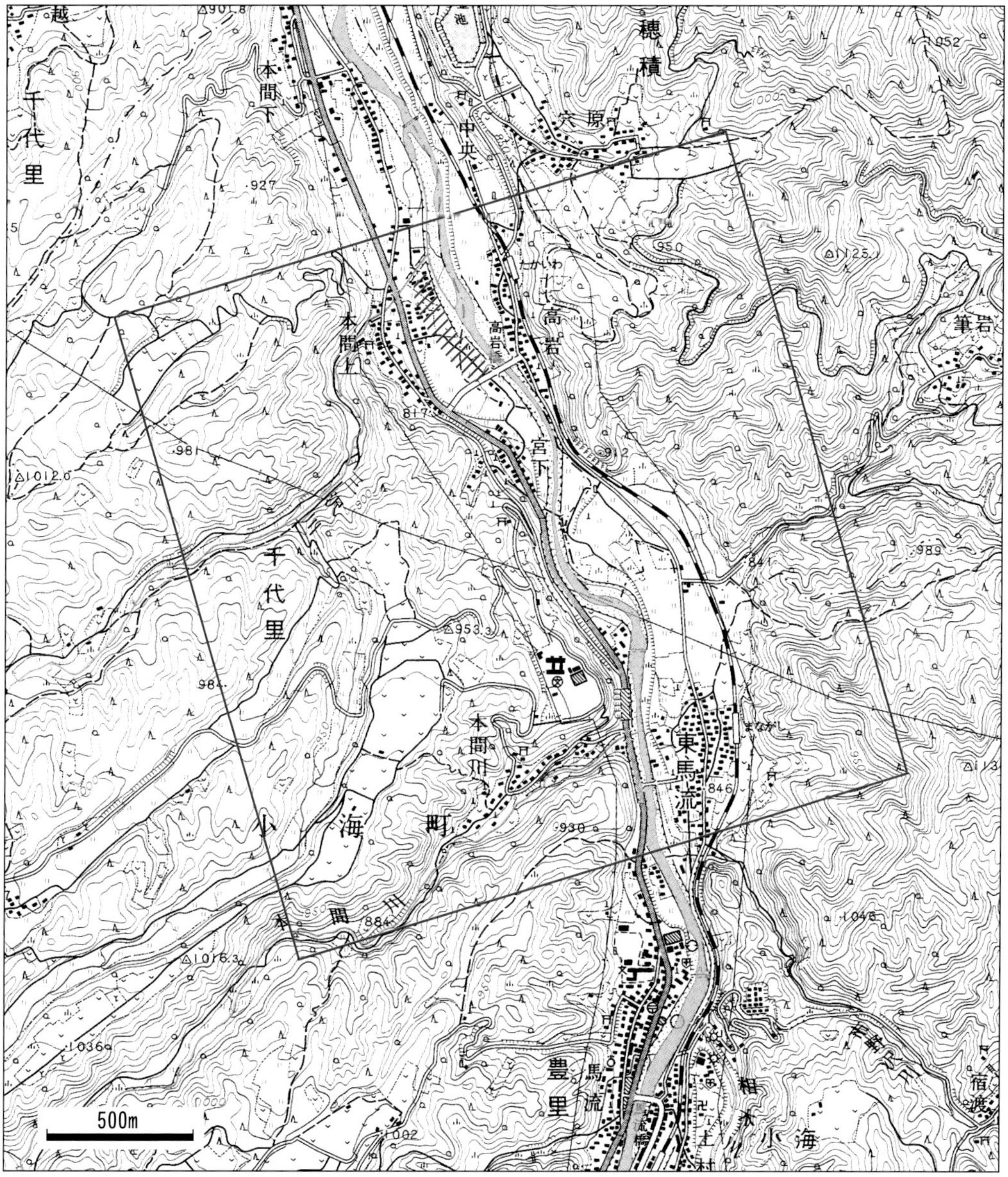

【表１】南佐久郡の主な被害（市町村史・誌などから）

		死者	流家	潰家・半潰	砂入	死馬
川上村					出水	
南牧村		死傷者有り	10数戸			
小海町	本間村	2人	19			
南相木村		6	－			
北相木村			皆押払			
八千穂村	上畑村	248	140		27	25
佐久町	大日向村		27		120	
臼田町	田口村下越		3集落流失			
佐久市	山田村		22			
	下中込村		5	21戸		
	大沢村		10		61	
	太田部村		3分の1流失			
	桜井新田村	田畑の95％流失				

5反歩である。

救済願（篠原泉氏文書）を高野町役所へ出した。

「村西前川原・十二・観音川原・丸山・家裏山根通り屋敷場に仕り度、只今は小屋掛け同然の家を建て、散り散りになっているが、これでは御公儀様は申すに及ばず、諸詮議なども調べ兼ね候。村中相談の上、右山根通りへ屋敷仕り度、なお道台水堰筋台なども歩引きに仰せ付け願

い上げ候」と書き、なお「三沢川床が上がって、耕地が損耗するので、平右衛門・又左衛門両人屋敷うちを掘り割り千曲川に流し、川下に土手を築き上げ、道台にしたいので御見分を乞う」と、村の再建計画を立て、村中連印で願書を提出している。

流された本間村が標高約800メートル、ここから上流に向かってぐんぐん高くなり、松原湖の下の八那池で1000メートルを超す。河床勾配は1000分の37で、滝のような流れだ。「子どものころ、台風が来て、水が出ると、ごーんごーんと石のぶつかる音がする。夜、寝ていても目が覚めた」と、自宅が本間の上流対岸の小海町東馬流の井出さん。「千曲川は、馬流から海尻までの間、大石がごろごろしている。これは、仁和の災害（888年）（注1）以来、千曲川の谷へ、大月川が土石流を流し込むからです」という。「戌の満水」の時も、大月川の押し出しで、佐久甲州街道が不通になり、長期間、遠回りする苦労をしている。

――これから上流の被害は……。

井出さん「南佐久郡誌（大正8年）に、南牧村の大芝で『北方山崩れありて十数戸流失、人畜死傷多かりし』とあるが、言い伝えではっきりしない」

――さらに、上流の川上村は。

井出さん「川上村の地形は、平らで氾濫しても緩やかだ」

県立歴史館保存文書の中に、南相木村で「死者六人、馬三頭流死」とあり、北相木村では「皆押払、御救米を」と請願、川上村では「貯麦を流失」と報告している（注2）。

（注1）　仁和4（888）年の大洪水

長野盆地を襲った三大洪水の一つ。仁和4年に八ヶ岳稲子岳の崩壊により大規模な岩屑なだれが起き、大月川を流れ下って、千曲川をせき止め、決壊して、下流に大洪水をもたらした。南牧村の海尻、海ノ口など谷間にある平地は、その時せき止められてできた地形で、地名もここから付いている。年輪年代学による調査から、仁和3年説もある。

この洪水については、「日本紀略」などに記録されているが、北陸新幹線・高速道の建設に伴う埋蔵文化財調査でも、長野市篠ノ井、千曲市屋代などの遺跡から、9世紀後半の住居跡や水田が洪水による砂で埋没しているのが見つかり、砂の層を「仁和洪水砂層」と呼んでいる。

三大洪水の他の二つは、寛保2年の大洪水「戌の満水」と、弘化4（1847）年の善光寺地震によって、岩倉山の地滑りでせき止められた犀川の天然ダムが決壊して押し出した洪水。

（注2）　県立歴史館保存文書から

○寛保2年8月4日

乍恐以書付御注進申上候御事（南相木村風水害届・南相木村　中島龍雄氏蔵）

「男三人　女三人　馬三疋押埋死失仕候」

○寛保2年8月

乍恐以書付奉願上候御事（北相木村水災飢人御救米願・北相木村　井出二郎氏蔵）

「皆押払……人別書上申候人数八百人余　御救米を……」

○延享2年12月

乍恐以書付申上候（秋山村御貯麦　寛保満水により流失証文・秋山剛太郎氏蔵）

「大満水ニて千曲川通り夥敷　出水仕……」

土地をかき落とす急流

太田部村（佐久市）

「水害については注意して史料を集めたが、佐久平を流れる本流では、死人が出ていない」と佐久市志編纂委員長の木内寛さん。「千曲川の上流では、支流がどこでも荒れた」という。

小諸城下を襲った中沢川・松井川の土石流、金井村・田中宿を押し流した所沢川の土石流、上畑村（佐久穂町）もすぐ上流で千曲川に合流している支流・大石川の大水が大きく影響している。千曲川の上流では、支流で発生した土石流により大きな被害となった。これに対し、下流の被害は千曲川本流の氾濫洪水によるもので、沿川にそって満遍なく被害が出た（13ページの図1参照）。

佐久平は県歌「信濃の国」で「四つの平」の一つ――と歌われるが、千曲川の流れは急だ。臼田橋で標高約710メートル、約10キロメートル下流の佐久橋で標高640メートル。河床勾配は1000分の7。長野盆地の千曲川の1000分の1の河床勾配と比べると、ハッキリする。それだけ川の侵食力も大きく、川沿いの下中込村・桜井新田・今岡村・下県村（以上、佐久市）などは、洪水のたびに多くの田畑を流されてきた。中でも、典型的な例が、太田部村（佐久市太田部）の田畑・集落の流失だ。

佐久市臼田の稲荷山下流から佐久平へ流れ出した千曲川は、太田部村へぶつかって北西へ向きを変える。「千曲川は洪水の度ごとに、太田部村に激しく突き当たって、……土地をかき落としてきた」（平賀村誌）という。

「寛保の洪水」でも、千曲川は「川幅五町」（約545メートル）ほどに広がり、「我等も鍛冶屋村（佐久市）の田畑流失」と三塚村（佐久市）出身の瀬下敬忠《せじものぶただ》は書いている（注1）。太田部村は、鍛冶屋村の対岸にあり、村は一変した。「弁財天……薬師堂や林その他田畑まで川敷きになり、残りの畑はやっと三反歩になり、百姓十八軒の者も追々退転して、宝暦年中（一七五一～一七六三年）にはわずか五軒になってしまった」（平賀村誌）という。

嘉永4（1851）年、太田部村は評定所へ、地図（図1）を添えて水害の歴史を訴えている。「地図は、重ね合わせの地図で、本来の村の姿が一枚の地図に描かれていて、その上に一部張り付け

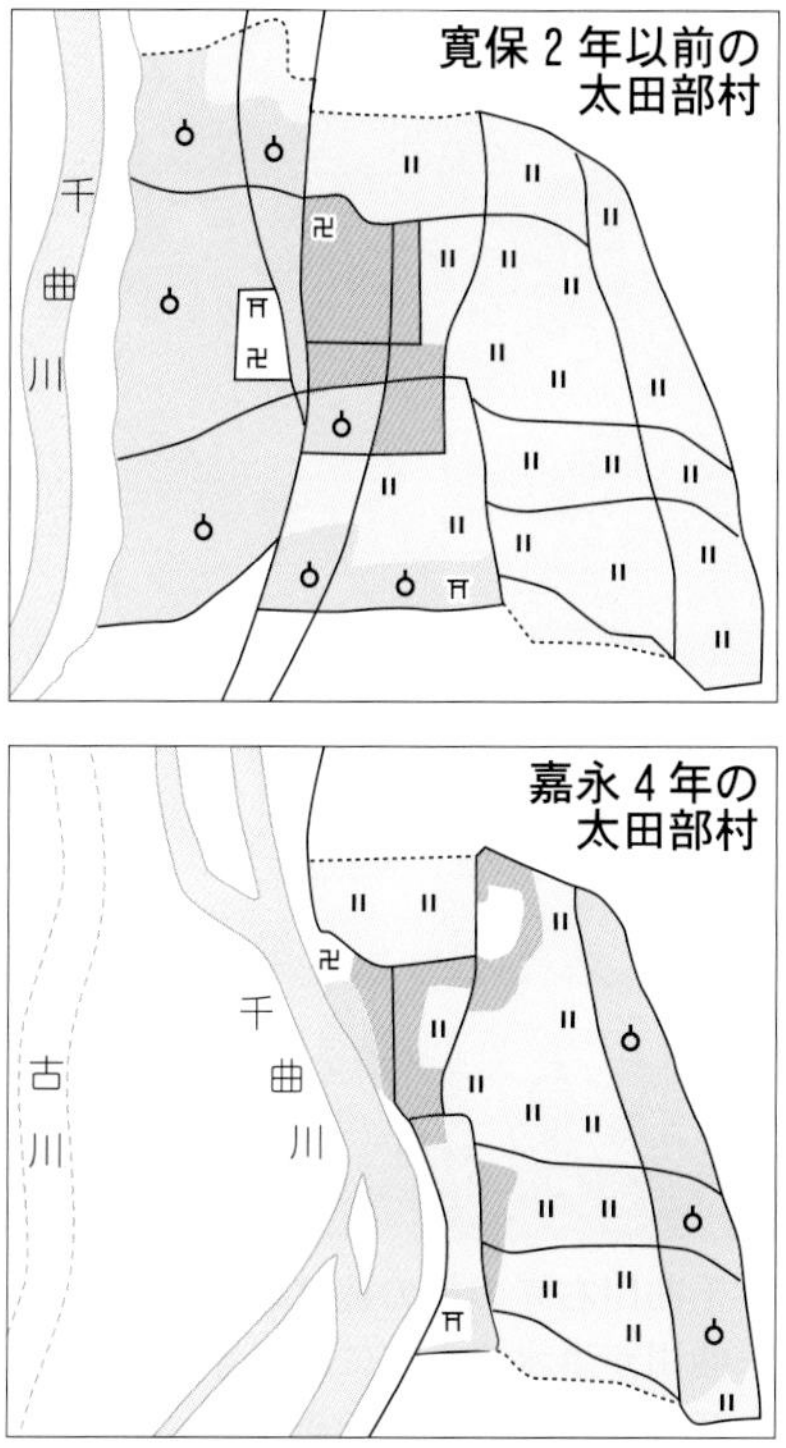

【図１】寛保２年以前と以後の太田部村
（「佐久市志　歴史編（三）」を基に作成，一部省略）

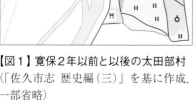

【写真１】佐久市太田部の航空写真（長野県臼田建設事務所提供）。千曲川右岸の緑の塊は離山。その下流に弁財天を中心に太田部村は延びていた（地図の赤斜線）が、千曲川が洪水のたびに右岸を削り取り、集落の足元を洗っている。地図に神社の印があるが、現在は移転して「弁財天の跡」の碑が建っている。対岸の池は長野県水産試験場佐久支場の養魚池。赤枠内が航空写真の撮影範囲

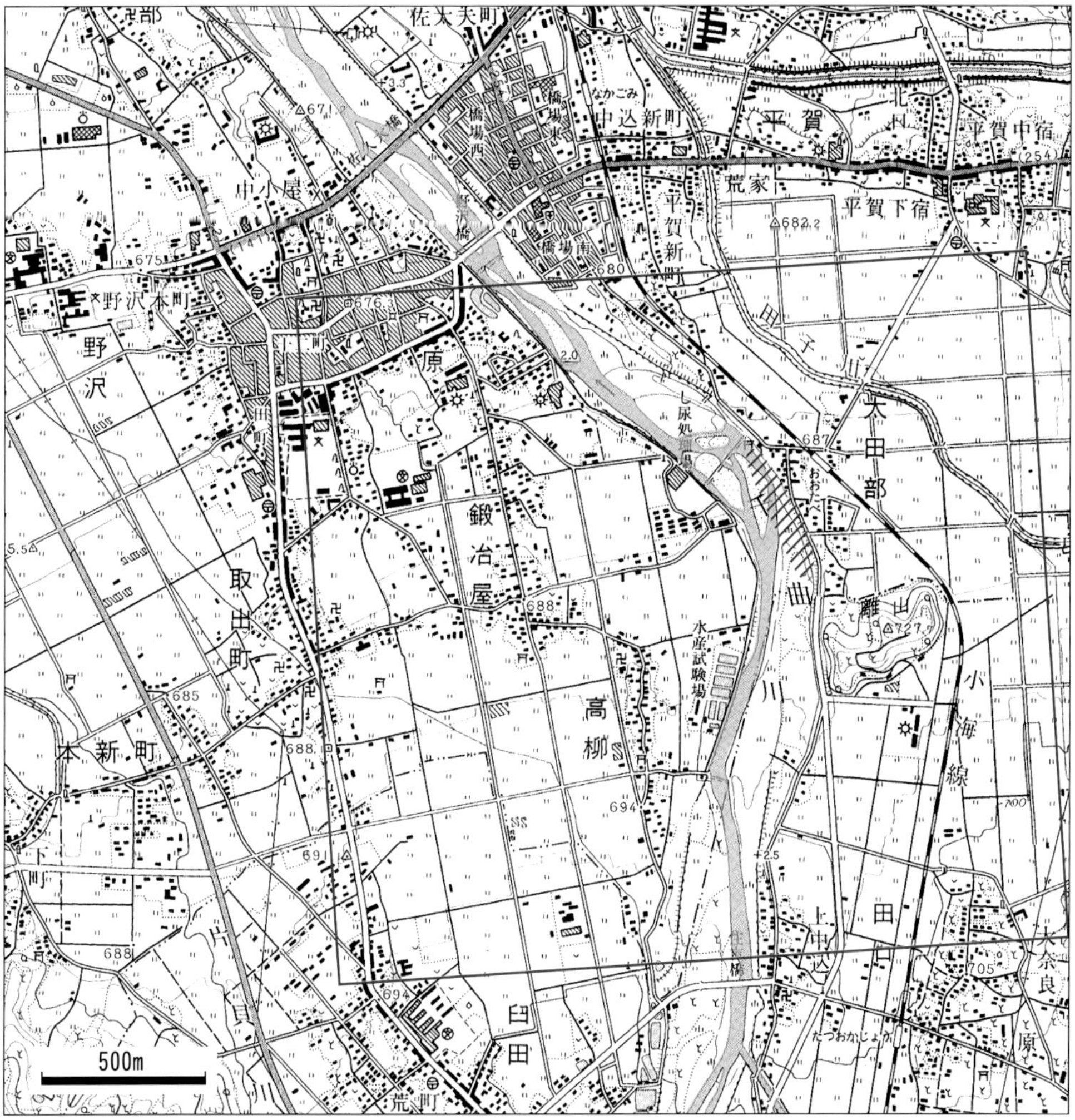

て、災害後の変わった村の様子が地図に描かれていて、比べられるようになっている。古文書の形態の一つです」と「佐久市志」の「寛保の洪水」を執筆した山崎哲人さん（長野県立歴史館総合情報課長）。「『戌の満水』で、村の3分の1の屋敷地・田畑が流失したのが、一目で分かります」という。

かつて、村の中心にあったはずの、神社や寺も流されたり、周囲の田畑や屋敷が削られ、今は墓

【写真2】佐久市太田部地区の墓地のすぐ後ろまで迫っている千曲川。「弁財天の跡」碑は墓地の隣

【写真3】かつて村の中心にあった弁財天が、千曲川の川縁に面し、さらに道路の通過で移転、その跡に建った「弁財天の跡」碑

地が千曲川の川縁に落ちそうに残っている（写真2）。墓地の地続きに最後まで残っていた「弁財天」も平成9年、県道の改修工事で移転した。その跡地に建てられた「弁財天の跡」碑は、前を車の洪水、後ろを千曲川と、二つの流れに挟まれて建っている（写真3）。

千曲川は流れが激しく変わり、対岸の村との境界争いや対立が絶えなかった。「いまの野沢橋の右岸上流、橋場南のあたりに『持添新田』があった。その新田は、向かい合う右岸の下中込村と左岸の原村が、互いに自分たちの土地だ――と主張して譲らず、幕府に没収された土地だ」と木内さん。

Column

境界石

千曲川は村や郡の境界になっているが、洪水のたびに流路を変えたため、両岸の村の境界がはっきりしなくなり、しばしば境界争いが起きた。このため、村々では川岸に動かない大石など目標物を設け、これらを基準として、川中の境界確定につとめた。

佐久市臼田の住吉橋から千曲川の河川敷の中を佐久市と旧臼田町との境界線が一直線に走っている。「それは、離山の北側登り口にある境界石から、巽の方向に60間来たところと、住吉の三石を結んだ線が、田口村（旧臼田町）と高柳村（佐久市）との境界になっていたからだ。三石は、直径3メートルほどの大石（**写真4**）だが、最近、取り除かれて、今は一つしかない」と飯田求さん。

その上流の上中込村と高柳村も長年、対立してきた。左岸の高柳地区に住む佐久養殖漁業協同組合長の飯田求さんは「こっちで、牛（牛枠・注2）を入れたり、沈床（写真5）を入れると、対岸は反対し、向こうがやると、こっちが反対した。両地区が和解したのは昭和45（1970）年、臼田町長、佐久市長、上中込と高柳の両区長が寄って、まとまった。つい最近まで争っていた」と話した。

【写真4】境界石「三石」の一つ

【写真5】牛（大聖牛）、沈床（木工沈床）の模型（千曲川工事事務所水防資料室）

「戌の満水」はまた、激しい侵食により千曲川の河床を低下させた。「洪水の少し前、宝永2（1705）年に、善光寺用材を川下げしているが、寛保2年の大洪水以後は、木材・薪の川下げはできなくなる。用水堰の関係する村々が強く反対するようになったからだ。河床低下で、用水の取入口が高くなり、石積みして川の水をたたえなければ、取水できなくなった。そのため、用水堰の関係者は、木材などの川下げで石積みを崩されるのを警戒したためです」と木内さん。

佐久平の千曲川は、流れが急で侵食力が大きく、特に大洪水では激しく、平地を縦横に削った。

（注1）　当時、33歳だった瀬下敬忠は、自伝的な記録「こよみくさ」で、「戌の満水」について「七月二十八日・二十九日、終日終夜大雨少しも止まず、誠に以って盃を傾るごとし。八朔（八月一日）百年来もなく大出水。小諸本町をはじめ、田中宿・金井村・上畑村など流失、人馬数知らず溺死。千曲川向の岸と此方と一面に成り、幅五町ばかりに及び、我等も鍛冶屋村の田畑流失する。この大変古今未曾有、関東筋はなお以って大変、人死すること員うるにいとまあらず」と書いている。

瀬下敬忠（1709～1789年）は佐久郡三塚村（現・佐久市）生まれ。郷土研究に力を注いだ。歴史書「千曲之真砂」は有名。

（注2）　牛（大聖牛）・沈床などは、河川の護岸工法の一つ（**写真5**）。

【写真6】河床の低下で、上流へ移動する野沢用水の取水口

Column

野沢用水取水口の変遷

野沢地区を潤す野沢用水の取水口は最初、佐久市高柳地籍にあり、さすり又と呼ばれていたが、寛保の洪水以後、千曲川の河床の低下で取水が難しくなり、苦労していた。明治以降、上流の現在の佐久総合病院近くで取水していたが、現在はさらに上流の発電所下で取水している（**写真6**）。この間、取水口は上流へ2キロメートル以上移動している。

土石流が小諸城下を直撃

小諸宿（小諸市）

「関東の国々あまた所出水し。浅間山崩れ。松代。小諸。忍。河越。古河。関宿の城みな大破しぬ。」（「徳川実記」から）――。

小諸藩は江戸の藩邸へ「朔日辰の刻（午前8時）過、浅間山続きの山より水押出し、城下町本町と申す所両側押出し、城内へも水入り候」と一報した。この報告を受けた幕府は、大きな災害を出す山は浅間山――と受け止めたのか、それとも単純に「浅間山続きの山」を「浅間山」と省略したのか、「浅間山崩れ、小諸城大破」と広まった。

実際は、幕府への被害届「寛保二戌年小諸洪水変地絵図」（第1章の扉写真参照）のように、町の上流・車坂峠から流れてくる中沢川と松井川が一つの土石流となって押し出し、小諸城下を直撃した。

中沢川と松井川は、古くから町の用水路として利用されてきた。二つの川は上流へさかのぼると、野馬取地籍で一緒になり、ここに現在、小諸市の上水道水源地がある。そのような住民に身近な川が土石流を起こしたから、町は壊滅的な被害を受けた（表1参照）。

その様子を記した古文書はたくさん残されている。「小諸市誌」は、「小諸洪水流失改帳」（小山隆司家文書）と、「領内水害書留」（与良義昭家文書）を中心に、23ページにわたって紹介している。

小諸市誌編纂委員の飯塚道重さんは「小諸市誌の歴史編（三）」が発行されてから、『洪水覚書』が見つかった。藩士の河合某が書き残したもので、全容をよくまとめてあるので、よく利用している」という。それによると、

「七月二十九日夜六つ半時ころより雨降り始め、夜中大雨となり降り続け申すこと少しも渇き間なく、翌八月一日朝六つ時時分より、小川共満水にて則ち太田彦右衛門、成瀬番右衛門、山本治右衛

【表1】小諸藩の人・建物被害
（「小諸市誌 歴史編（三）」の古文書から）

		死者			死馬	流家	潰家	流土蔵
		男	女	計				
家中		37人	42人	79人	0	33軒	4軒	0
町方		200	228	428	14	193	33	28
郷中	川東	51	26	77	8	54	0	0
	川西	0	0	0	1	93	5	0
	小計	51	26	77	9	147	5	0
合計		288人	296人	584人	23	373軒	42軒	28

小諸藩の郷中では、各町村誌によると、望月町の望月宿で20軒、望月新町で47軒流失、春日村でも21軒流失、潰家35軒。芦田村（立科町）も20軒余流失。田畑や用水路の被害は全面的である。

門検分され、与良板橋（蛇堀橋）へ罷出候ところ、満水にてもはや橋板落ち候故、則ち太田彦右衛門罷り帰り候ところ、もはや筒井の川満水にて橋も落ち申し候えども、落ち残りの橋木を渡り城代門前へ参り候ところ、本町は黒水にて誠に大火事のように見え、しばらくの間見合わせおり候間に、たちまち本町を押し流し広庭へ出候。

水、鉄砲のごとく速く、この節右半時より四つ時までの内なり。水の引く事たちまちなり。水高さ二、三丈にも及び候えども、これを見届け申候者これなく、まず二川は第一出候は中沢入より水出候こと、六供、成就寺、尊立寺、託応寺、実大寺まで、東は光岳寺門脇まで押し破り、それより六供、田町、丸家一軒も残さず本町へ押し出し、両町たちまちの内に押し破り、それより城内に入り候節は四瀬となり、一瀬本町喜右衛門脇より大手番所を押し落とし広庭より足柄門を打ち破り、三の門に入り候（中略）。

第一かようなる満水の急なること知りたる者これなく、前後の計らい方もこれなく殊更泥水にて十間も流れては目を明き得る者なき位にて、その上、大石大木、山のごとく流れかかり水浅にも上がるべき様もなく、子を抱き親を助けながらたちまち死する者もあり、あるいは大木に乗って流れ行くもあり、その様々な死乱何程の人損じ候哉知らざる位にて、格別なるは本町より袋町まで家共流れくる内に、木に当たり候哉、岩に当たり候哉、川中にてみじん押し倒れ二、三十人ただ一度に流死の有り様、目を驚かせ候ことこれなく候。

その時、半時ばかりも過ぎ候えば、何方にも水は一切これなく候えども、水通り候所泥になり、二、三尺あるいは五、六尺もたまり候故、早速通ることも適わず。殊に雨降り続き候えば、役人はじめ駆け付けに及ばず、所々屋敷崩れ木共水の回り候所々は山のごとくこれあり。その内にて、人々の泣き声所々にこれあり。何卒助けたき時節なれども山の様に重なりたることなれば、早速成り兼ね候うちに死ぬ者もその数を知らず候。

その数は、足柄門並びに三の門少しも残さず押し流し、殊に三の

最上流にあった成就寺は、次の水害に備えて、流れ出してきた石で寺の周りを囲んだ。あまりに立派な石垣で、「小諸藩から『城構えのようだ』と叱られたそうです」と住職の福島俊誉さん

成就寺近くの中沢川沿いにある流死者の供養塔群。無縁堂と呼ぶ

門はそのままにて水矢倉の下まで流れて打ち崩され、三の門の広庭、山のごとく本町筋の家並みに諸道具流れ、その内に死人二十五人これあり。皆、三、四日までのうち掘り出し、その外諸処に死人数多くこれあり候えども、その夜右の水筋また出水候故大方流れ、これに応じて千曲川の満水何十年にもこれなき大水にて、二丈程もこれある哉、これまた川筋水損甚だしき事なり」（「洪水覚書」訳文）と記している。

小諸城は、城下町より低い位置にある穴城であるため、押し出した土石流は、入口の三の門前の広場に堆積、その中から25人もの死者が掘り出されたと書き記している。

最上流にあって最初に土石流の直撃を受けた成就寺の住職・福島俊誉さんは「本堂から庫裏、観音堂、何から何まで全部、流されてしまった。寺のご本尊・阿弥陀さんは戸倉町（埴科郡）で拾われてきた――と聞いています。寺の後ろが30メートルほどの小山になっていますが、山へ逃げた53人は助かった。後はすべて流されてしまった」と話した（表2参照）。

「洪水覚書」はさらに、災害後の物価高騰、食糧不足、飲み水不足、流言飛語におびえる町人の様子などを書き、最後に「八月十一日までに之を書く」とある。

「田畑の損耗も大変でした。ほとんどの田んぼが全滅しています。この年、小諸藩では年貢の徴収はできません。結局、幕府から2千両のお救い拝借金を受ける。幕府では、千曲川と利根川・荒川沿いの10藩にお救い拝借金を出しています。小諸藩は1万5千石だから2千両、松代藩は10万石だから1万両。救援金は、各藩の石高に応じたもので、被害実態に見合ったものではなかった」と飯塚さんはいう（表3参照）。

【表2】小諸藩の寺の被害

塩野真楽寺（御代田町）
・庫裏など12軒流失（本堂だけ残り）
・出家弟子ら8人流死
・田畑残らず押し流し河原になる
布引釈尊寺（小諸市）
・山崩落、本堂押し潰れ、庫裏大被害
・下男1人流死
・田畑、残らず押し流す
小諸本町の寺、全滅
・成就寺
・実大寺
・託応寺
・尊立寺

【表3】小諸藩の田畑被害

石高		1万5000石
被害高		7888石余
（内訳）	永荒	4991石余
	損耗	2897石弱
堰崩れ	2万6882間余（48.4km弱）	
山崩れ	661カ所	
落橋	269カ所	

小諸の死者、500人を超す

小諸宿（小諸市）

御家中町郷中共々惣都合
流家　三百七拾三軒
同土蔵　弐拾八軒
潰家　四拾弐軒
流死　五百八拾四人
内
弐百八拾八人　男
弐百九拾六人　女
流馬　弐拾三疋

『小諸洪水流失改帳』の最後の部分に数字が並んでいます。『御家中、町、郷中共々惣都合』とあります。御家中は武士、町は小諸城下、郷中は今でいえば農村部。小諸藩すべての被害はこの数です――というわけです」と飯塚道重さんは、第2回「千曲塾」（平成13年5月31日）で解説。「この数字の末尾に9月6日と書いてあります。9月6日まで、ぎりぎり延ばして、『流死五八四人……』を最終決定として、この数字が載っているわけです。しかし、私は、まだまだ、この数字には問題があると思います。どうしようもなくて、この数字で最終結果とした――としか取れません」という。

阪神大震災やニューヨークの同時多発テロでも、そうだったが、大きな災害ほど、実態がつかめず、数字が大きく増減する。

「とにかく、被害を知らせよう――と、小諸から江戸藩邸へ飛脚を飛ばしています。8月の2日、7日、13日と。2日の飛脚は7日に、7日の飛脚は9日に着いています。しかし、これには、具体的な数字は一つも載っていません。13日になって、ようやく死者が男女合わせて401人と出てきます。

ところが、8月13日の記録の最後の部分に『右の通り、相違無しとは申されず。以上』とあります。『右の通り相違ありません』とは書けません。正確な数は分かりませんというわけです」と飯塚さん。

「北国街道は、小諸城下を、江戸方面から与良町、荒町、本町、市町、新町と続き、現在もこの町名は残っています。この本町を中心に、六供、田町が完全に流失。『改帳』には、町ごとに、1軒、

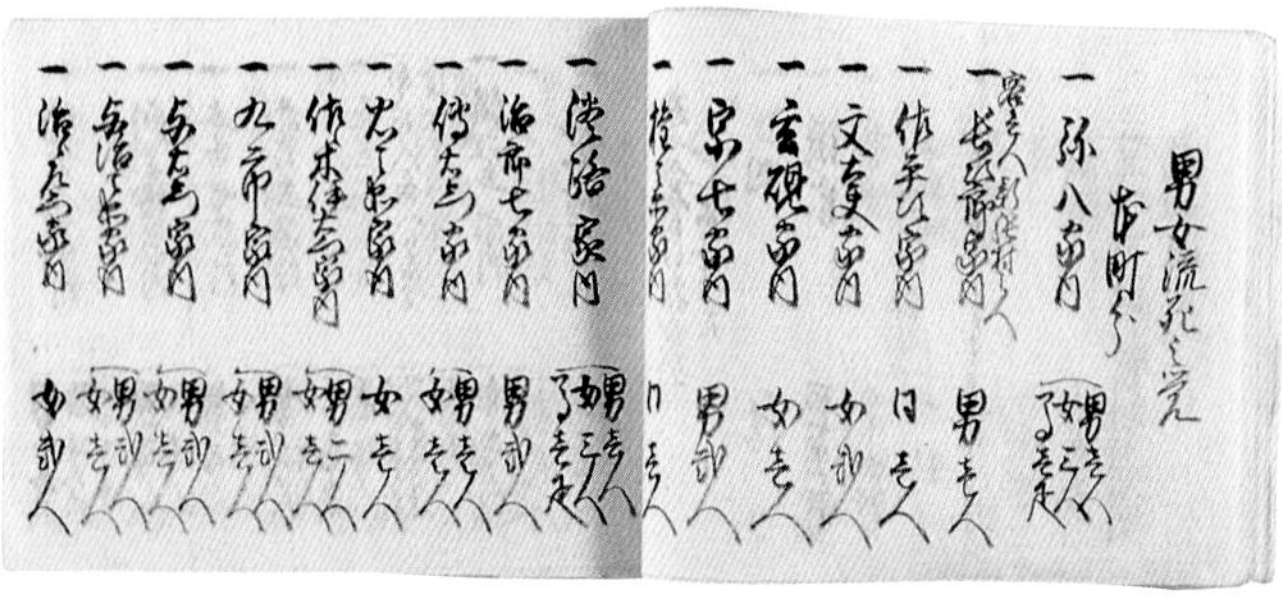

【写真1】「小諸洪水流失改帳之写」（小山隆司家文書）の「男女流死之覚」の一部

1軒の死者の人数が書いてあります。流れ家、潰れ家も書いてあります。そして、和紙70枚になったわけです。

『改帳』の『男女流死之覚』（**写真1**）の最初の方に、名主、問屋、本陣の死者が書いてあります。小諸宿は本町を中心に発展しています。ところが、寛保の大洪水で、本町が壊滅、市町へ本陣が移るわけです。現在、市町に、旧本陣の建物（国重要文化財・**写真2**）が残っているのは、そのためです」という。

【写真2】市町にある重要文化財「旧小諸本陣」。「戌の満水」で本町から移った

Column

小諸・町屋の被害

「男女流死之覚」「流家之覚」は、中間報告の数字で、その後、増えて、町の死者は428人（男200人、女228人）となる。中間報告の**表1**からでも、町別の死者の傾向は知ることができる。本町、田町、六供、仲町の本町区で計292人と、町屋の死者の92％を占めている。

【表1】小諸・町屋の被害（「小諸市誌 歴史編（三）」の「男女流死之覚」「流家之覚」を集計）

	死者			死馬	流家	半流	水押込	被害建物計
	男	女	計					
本町	92人	98人	190人	0	58軒	21軒	9軒	88軒
田町	12	19	31	0	19	2	4	25
六供	33	29	62	4	55	0	0	55
仲町	7	2	9	0	4	8	0	12
市町	0	0	0	11	0	3	0	3
荒町	11	13	24	0	5	1	0	6
計	155人	161人	316人	15	141軒	35軒	13軒	189軒（ほかに、流れ土蔵28）

明和3（1766）年の「本町屋敷数職人数書上」によると、人口は男が563人、女が545人で、計1008人。町の死者は最終的には428人に達し、「本町では、一口に半分近く亡くなった——という。問屋、庄屋、本陣の当主が水死して、問屋は休役になった。問屋場、本陣もこの後、市町に移った」と本町区まちづくり推進協議会町屋館委員長の掛川俊雄さん。『ほんまち町屋館』のある場所も、流れる前は問屋場だった。二軒隣に本陣があった」（**写真3**）という。

【写真３】一口に「町の半分が亡くなった」といわれた小諸市の本町通り。
左手前が「ほんまち町屋館」。突き当たりが光岳寺

土石流で壊滅状態の上、小諸は北国街道の要衝で、通りがかりの旅人や宿へ働きにきていた下男下女が多かったことが死者の集計を困難にした。8月13日現在の中間報告では「流死御家中共々都合四〇一人」としているが、「但し他所者（よそもの）は除き申候」と断っている。町中の死者をまとめた「男女流死之覚」の中には、「房州（千葉県）の者男弐人　是は善光寺参り当町へ参かかり流死」とか、「上州（群馬県）高崎宿の者男弐人彦左衛門方にて流死」のほか、「本町彦左衛門宿に原口村女壱人流死申す」「六供助九郎方にて高坂の者壱人流死」「本町藤右衛門方にて望月宿女弐人流死」「同町弥八方にて原口村女客壱人流死」などとある。「他所者」は把握しきれなかったようだ。

小諸藩の江戸藩邸は、幕府へ7回にわたって被害状況を報告、現地視察や救援をお願いしている。その11月19日付の「口上之覚」の中に、「此節に至り土砂の下より掘り出し候人数共に相改候に付、再び御届仕候」とある。土石流の下になった死者の確定は容易でなかった。飯塚さんは「十数年前、松井川の下流の河川改修工事の際、数体の人骨が出てきて、見に行った。『寛保の大洪水』の犠牲者ではないか――と話題になった」と話した。行方不明者も、かなりあったのだろう。

Column

町続きの「市町」が死者ゼロの理由

市町は北国街道に沿って、本町と続いていたが、死者はゼロだった。本町と市町との境にちょっとした丘があって、この丘のために、街道が逆コの字型に曲がり、「鍋曲輪（鍋蓋曲輪）」と呼ばれていた。土石流は、街道の通りに沿って押し出し、本町を一のみにしたが、「鍋曲輪」にぶつかって、二つに分かれ、市町は「鍋曲輪」の陰になり、死者はゼロ、建物も半流3軒で済んだ（下図参照）。

「鍋曲輪」には、小諸城の前身の城があった。道路の開削などで、現在の地形・通りはすっかり変わっている。

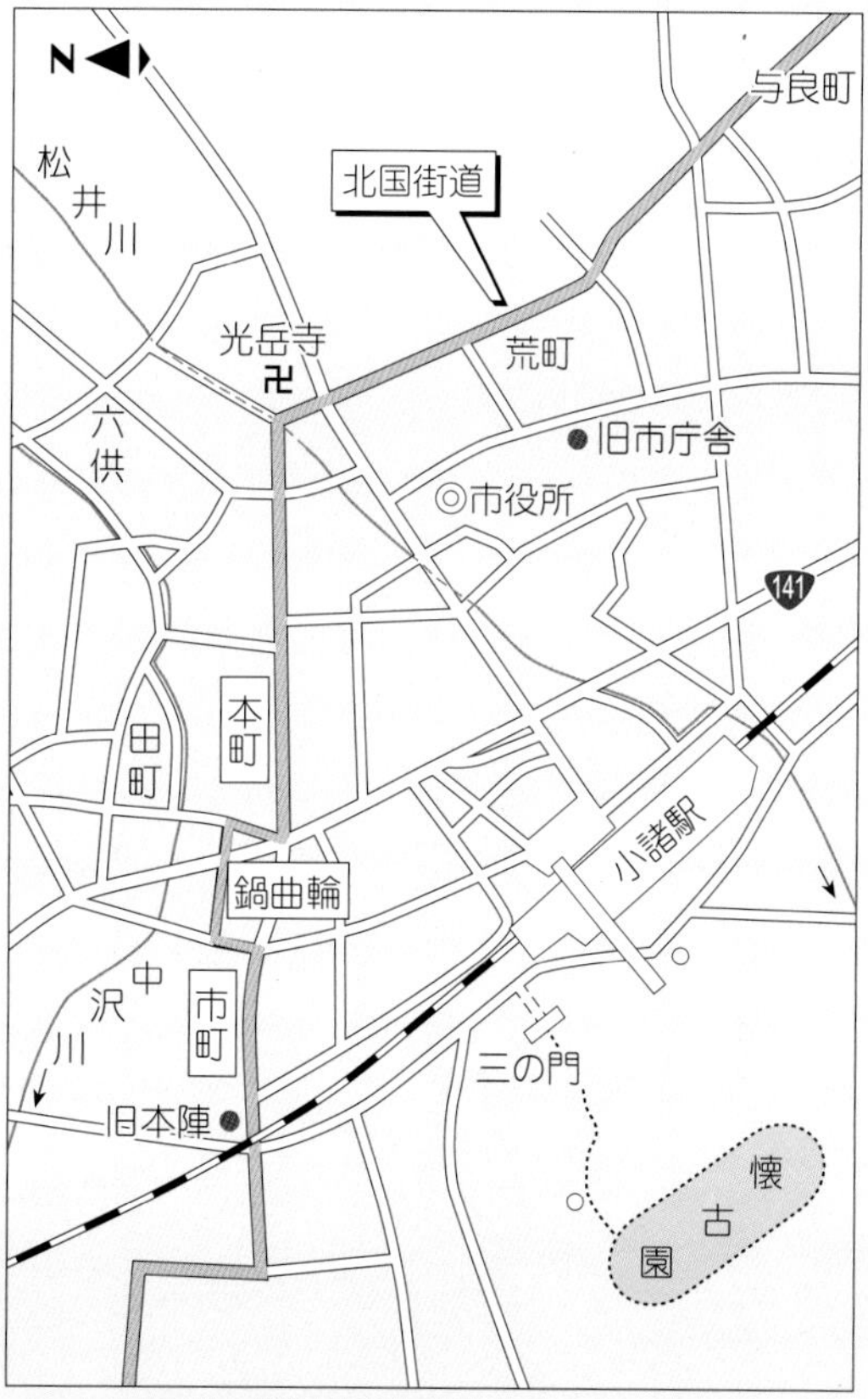

本町・市町と鍋曲輪と中沢川・松井川

小諸は「石垣の町」「坂の町」

小諸宿（小諸市）

小諸宿は、どうして壊滅的な被害を受けたのだろうか。

寛保の大洪水「戌の満水」では、浅間山地の南西斜面で、土石流により大きな被害がいくつか起きた。中沢川・松井川による小諸宿のほか、所沢川による金井村・田中宿（東御市）、浅間山ろくの真楽寺（北佐久郡御代田町）などだ。

雨量が記録的だったことが、一番の要因だが、地形・地質が大きく影響している。

飯塚道重さんは、「千曲塾」の講演「小諸城下と『戌の満水』」の最初に地形の説明をした。「小諸市は浅間山の山ろくにある。浅間山の標高が2568メートル、浅間サンラインが標高1000メートル前後を走り、上信越自動車道が約750メートル、市街地は650～700メートル、そして千曲川が約600メートル。極端にいうと、浅間山の2500メートルから千曲川の600メートルの傾斜地に、小諸の町はへばりついている（写真1）。藤村が『石垣の町』『坂の町』と書いています」（注1）。

雨の日に、小諸駅に降り立つと、降った雨が駅前広場に急速に集まってくる。小諸市の旧市庁舎は崖屋造りで、正面玄関が2階層目

【写真1】浅間山ろくに広がる小諸市（袴腰展望台から）

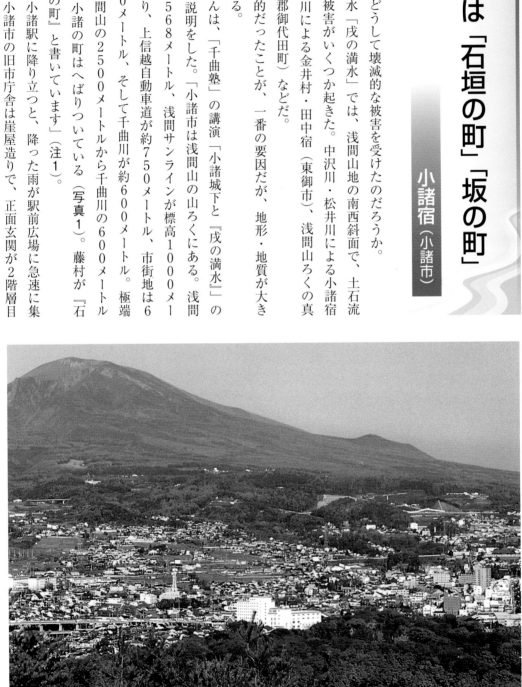

にあった（写真２）。このような斜面にあるから、川の水の流れも速く、侵食力も大きい。千曲川は市街地から一番低い谷底を流れるから、千曲川の氾濫による心配はないが、急斜面を流れ下る支流には警戒が欠かせない。

「一方、この斜面は、全部、火山灰層です。浅間山の何万年にわたる火山灰層（写真３）です。つまり、シラス台地であります。シラス台地は、水にもろい。ちょっとした水で流されてしまう」と飯塚さん。

【写真２】小諸を島崎藤村は「石垣の町」「坂の町」といった。急傾斜地にあった旧市庁舎は崖屋造りで、正面玄関から入ると、そこは「２階」だった。隣接地に2015年完成した新庁舎も、崖の段差部分に駐車場を設けている

【写真３】小諸市総合体育館横の火山灰土壌の露頭。小諸市は、もろい火山灰土壌の上に乗っていて、大雨には弱い

懐古園のパンフレットにも「この城の特徴は、全国的にも珍しい城下町より低い穴城で、浅間山の火山灰でできているため、水を用いず、崩れやすい断崖が、堅固な要塞となっています」と説明している。小諸は、水に弱いシラス台地の断崖を生かして、城を築き、急傾斜地に、へばりつくように町が展開している。

この第2回「千曲塾」の講演の後、会場から「シラス台地というのは初耳ですが……」と質問があった。これまで、浅間山の火山灰流堆積物、軽石流堆積物とは説明されてきたが、シラス台地という言い方はあまり聞かなかったからだ。

市川健夫塾長が急きょ、回答に立ち「いま、シラスについてのご質問がありましたが、姶良《あいら》火山という火山が鹿児島湾にありました。その姶良火山の噴出した、火砕流が堆積した台地を鹿児島県と宮崎県ではシラス台地といいます。中学1年生の社会科の教科書の最初に出て来るのが、『南九州のシラス台地の農業』（注2）です。シラス台地は雨が降ると、崩壊します。鹿児島、宮崎県が台風災害の常襲県といわれていますが、台風の襲来とともに、崩れやすいシラス台地だからです。小諸市も、もろい火山灰土壌の上に乗っていて、大雨には弱い。小諸の懐古園は、典型的なシラス台地です。

また、小諸・上田を中心とした東信地域は、全国でもオホーツク海沿岸に次いで雨が少ない。ふだんは自然災害の少ないところといわれています。そのような所に、寛保2年には記録的な豪雨が降って土石流が発生、多くの死者を出す災害となったわけです」と説明した。

（注1）　島崎藤村の「千曲川のスケッチ」に登場する「地形」

「一体、此の小諸の町には、平地というものが無い。すこし雨でも降ると、細い川まで砂を押し流すくらいの地勢だ。私は本町へ買物に出るにも組合の家の横手からすこし勾配のある道を上らねばならぬ」（山荘）。

「私達の教員室の窓から浅い谷が見える。そこは耕されて、桑などが植付けてある。斯ういふ谷が松林の多い崖を挟んで、古城の付近に幾つとなく有る。それが千曲川の方へ落ちるに随って余程深いものと成って居る。……学校の体操教師の話によると、ずっと昔、恐るべき山崩れのあった時、浅間の方から押寄せて来た水が斯ういふ変化のある地勢を造ったとか」（中棚）。

「火山の麓にある大傾斜を耕して作った是辺の田畠はすべて石垣によって支へらる。……小諸は斯の傾斜に添うて、北国街道の両側に細長く発達した町だ。本町、荒町は光岳寺を境にして左右に曲折した、主なる商家のあるところだが、その両端に市町、与良町が続いている」（麦畠）。

（注2）　シラス台地の畑作農業

新編「新しい社会」地理の分野（東京書籍）の52ページに、このタイトルで載っている。まず「火山灰の土地」として、「鹿児島県から宮崎県の南部にかけては、シラスとよばれる灰白色の火山灰が厚く堆積している。シラス台地の土地はやせていて、地下水位が低いので、水にも恵まれていない。また、粘着力がないので、台地の端は大雨が降ると崩れやすく、しばしば大きな災害が起きている」とある。

中沢川と松井川が猛威

小諸宿（小諸市）

「裏の中沢川を見てもらえば分かりますが、『ええっ、どうして』という小さな川です。だから、天然ダムができて、それが決壊した――というふうにしか考えられない」――。

小諸市本町に開店した「ほんまち町屋館」委員長の掛川敏雄さんは「最初は、浅間山の牙山《きっぱ》と黒斑山《くろふ》の間が決壊したと想像した。しかし、それならば、蛇堀川へ押し出し、加増・与良が被害を受けるはずだ。そうじゃなかった」（写真１）という。

「高津や（高津屋）と申す山の西の沢より大水出、成就寺の山打越、東沢一面に大水と成り、六供・田町・本町残らず居家共に押潰して流す」（「領内水害書留」）とあり、高津屋の西を流れる中沢川と東沢一面を大水にした松井川の二つの川が、成就寺の上流で一緒になり、成就寺の背後にある小山を乗り越え、六供、田町へ押し寄せ、馬の背のような高台に延びる本町をも一のみにし、穴城の小諸城・三の門へ押し掛けたのだ。

高津屋は標高９１３メートルの里山で、その西側を中沢川、東側を松井川が流れ下り、成就寺のすぐ上で、二つの川は数十メートルの距離に近寄る（写真３）。そして、中沢川は、本町の北側を下り、

【写真１】「ほんまち町屋館」裏から見た浅間山。小諸市街地から浅間山を見上げると、黒斑山と牙山との間の深い切れ込みが目立つ。いまだに、土石流はここから押し出して来たと思い込んでいる人がいる。ここから流れ出す水は蛇堀川の谷をつくり、市街地の東南を流れて千曲川に流れ込んでいる

【写真２】小諸市の航空写真（長野県佐久建設事務所提供）。中央やや左下の三角の林が、小諸懐古園。右上から 2 本の林の帯が、小諸バイパスの上で一つになるように見えるが、これが「戌の満水」で、小諸城下を一のみにした中沢川（左）と松井川である（地図の青線）。赤丸は成就寺。赤枠内が航空写真の撮影範囲

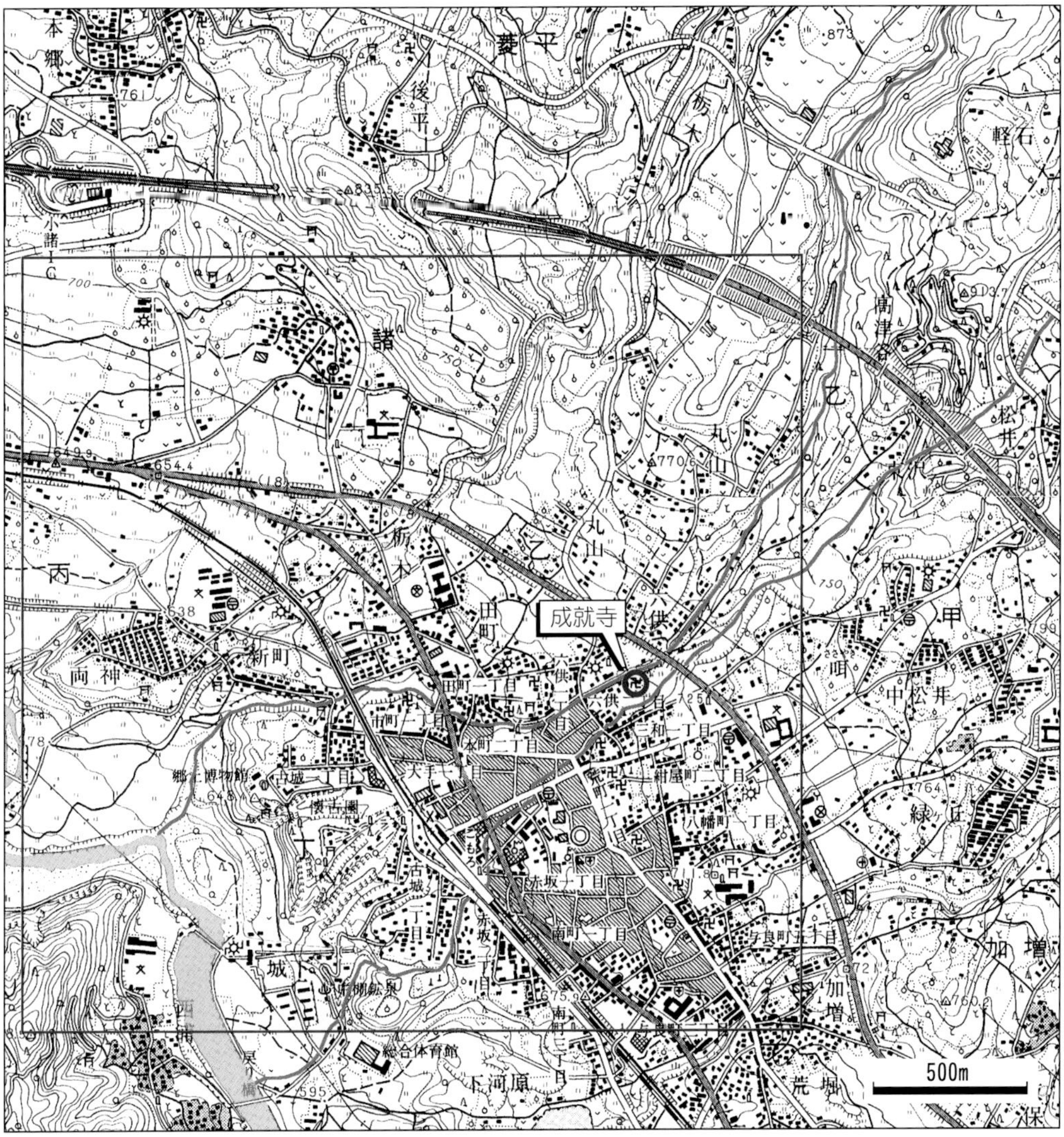

【写真3】中沢川（左）と松井川（右端）は、成就寺上流の六供公民館あたりでは、数十mに近づく

【写真４】天然ダムができたと推定される高津屋付近の中沢川。深い谷をつくっている。正面右のうっすら白い山が浅間山

小諸城（懐古園）の北の谷から千曲川へ注ぐ。一方、松井川は本町の東端にある光岳寺の門前を通り、相生通りを横切り、小諸城の南の谷を下って千曲川へ注いでいる（写真２）。いずれも、市内を流れる身近な小さな川だ。

決壊したと想像されている天然ダムは、高津屋の西のあたりにできた——と、多くの市民は想像している（写真４）。小諸市の浅間山地を流れ下る川は、蛇堀川、深沢川という名前からも分かるように、もろい火山灰土の急傾斜を侵食して、深い谷をつくっている。この二つの川の中間を流れる中沢川も例外ではない。谷を横断している浅間サンラインの中沢大橋は、深さ約50メートルもある。上信越自動車道の中沢橋の下流には現在、砂防ダムができている。この辺のどこかに、土砂崩れで天然ダムができ、それが決壊して一気に押し出した——とみている。

小諸市が、全戸に配布した「小諸市土砂災害危険区域図」には、18本の土石流危険渓流が書き込まれている。浅間山地から流れ下っている川は、中沢川・松井川をはじめ、蛇堀川、深沢川、栃木川、花川と全河川が土石流危険渓流（188ページ資料1参照）に指定されている。

「坂の町」と「もろい火山灰土」に加えて、市民が心配しているのが、中沢川と松井川の二つの川の特異な関係である。

小諸市誌編纂委員の飯塚道重さんと小諸市誌編纂専任委員の青木宏恭さんは、1万分の1の地図で、二つの川を追った。高峰高原に上るチェリーパークラインの入り口、野馬取に小諸市の上水道水源がある。中沢川はさらに上流へ延びるが、松井川はここから始まり、並んでいる。二つの川は高津屋では山の両側に1キロメートル以上離れるが、成就寺の上流・六供公民館の辺では、数十メートルに近寄る。そして、再び離れて、懐古園の北と南の谷をそれぞれ下り、千曲川に流れ込む地点では、また1キロメートル近く離れる。二つの川は、くっついたり離れたりを繰り返しているのだ。ふだんは、町の用水路として別々の川として利用され、身近な役立つ存在だが、いったん、洪水になると、一つの川となって猛威を振るうのだ。

中沢川は、いつも地上から見えるが、松井川は地図の上で追うのも難しい。小諸駅前から延びる商店街・相生通りを横切っている――というので、探してみたが、すぐには分からなかった。幅2・5メートル、高さ3メートルの暗渠になって、店の下から道路の下、また店の下を通って、相生通りを横切っていたのだ。店の角の地下を松井川が流れている土屋敬子さんは「若い者は松井川といっても知らない。見えないのだから。私の店の床には、川に降りられ

Column

土石流とは

山腹や川底の石や砂が、長雨や集中豪雨などの大量の水といっしょになって津波のように襲ってくるものを「土石流」といいます。「土石流」の先頭の部分は大きな石や岩、流木などが集まって小山のように盛り上がっています（第2章扉写真参照）。その速さは時速20キロメートルから70キロメートルと、自動車なみのスピードです。なかには、象の数倍もある大きな岩がまじったものもあり、すさまじい勢いで、あっという間に家や田畑をつぶし、押し流してしまいます（「小諸市土砂災害危険区域図」から）。

●土石流への注意
・「山鳴り」といって、山全体がうなっているような音がする時。
・川の流れが濁ったり、流木が混じっている時。
・雨が降り続いているのに、川の水が減っている時。

●土砂災害への注意
・雨が1時間に20ミリ以上、または降り始めてから100ミリ以上になったら注意。
・土石流はスピードが速く、流れを背にして逃げたのでは追い付かれてしまう。流れに直角に逃げる。
・避難場所や避難場所への道順を決めておく（同区域図）。

最近の土石流

急流河川が多く、河川の沿岸まで住民が暮らしている日本では、土石流災害が多く、年間100件以上になる。自然災害の3割が土石流災害で、死者では7割以上に達する。

平成8年12月6日、新潟県境の北安曇郡小谷村で起きた蒲原沢災害は死者14人に達し、記憶に新しい。昭和59年の長野県西部地震で起きた御嶽山の南側8合目で発生した崩壊は、県庁舎200杯分の土石が、秒速20メートルで沢を下り、王滝川をせき止めた。いずれも、地震や融雪に加え、地下水の動き、土質が深く関係している。

るように、マンホールがある。20年ほど前、通りの反対側の店で火事があり、川伝いに火が回ってきて、店内に煙が噴き出した」という。水が流れる松井川が、トンネルのようになって、火や煙が上流へ広がってきたのだ。

松井川は、成就寺の近くから都市下水路に変わり、小諸市の担当も建設課ではなく都市計画課になる。町の中では、水は流れているが、川ではない。市街地の雨水排水のための下水路なのだ。かつて大氾濫した松井川は、町の下に閉じ込められるようにして流れている（写真5）。

【写真5】松井川は、市街地の下を暗渠で流れ、気がつかない市民もいる

Column

小諸市の「戌の満水」見学ポイント

●成就寺の石垣　中沢川と松井川が合流して押し流された成就寺では、寺の周りに大石を使って石垣を築いている。南西角の石垣の石が特に大きい。

●六供無縁堂　成就寺の北方、中沢川沿いに、身寄りのない流死者を供養をした塔・石仏が集まっている。無縁堂というが、現在、お堂はない。

●光岳寺の供養塔　楼門脇に、宝暦4（1754）年に建てられた石仏があり「流死精霊為菩提也」と彫ってある。

このほか、「文化財めぐり」をすると、案内板に「寛保2（1742）年の満水」が、時々、登場する。

まず、懐古園の国の重要文化財「小諸城三の門」。「寛保二年、小諸御城下を襲った大洪水により三の門は流失し、約二十年後の明和年代に再建されて現在に至っている」とある。市町にある国の重要文化財「旧小諸本陣（問屋場）」も、「戌の満水」で、本町にあったものが流され、ここに移ったものだ。

八間石を押し流したエネルギー

金井村（東御市）

「上小地方で死者が出たのは、大部分が所沢川（東御市）で発生した土石流によるもの。旧金井村を押し流し、さらに下流の田中宿、加沢を押し流した。川の両岸がやられた――といった、そんな程度のものじゃない」――。

「東部町誌」の「戌の満水」を執筆した上田市立博物館長補佐（学芸員）の寺島隆史さんは「八間石を押し流した、あのエネルギーはこの流域で一番ではないか」という。

第3回「千曲塾」現地見学会の参加者は、長野市赤沼にある「善光寺平洪水水位標」で、高さ5メートル余の「戌の満水」の湛水位に驚いたが、東御市金井の所沢川脇にある「八間石」にも驚いた（写真1、71ページ地図参照）。

「八間石といいますが、8間（14・4メートル）どころではない。深さも、水田の下、相当あります。ここより7～800メートル上流にあった。それが、土石流に乗ってここまで押し出して来たわけです」と案内役の東部町前教育長の長岡克衛さん。「この押し出しで、八間石の下流にあった金井村が一気に流され、さらに、下流の田中宿を直撃、千曲川へ押し出した。町では、寛保2年の大洪水

【写真1】市文化財の「八間石」。所沢川の土石流で800m上流から押し出して来たという

を物語る何よりの資料として町の史跡に指定し、防災に役立てることにした」という。

所沢川は江戸時代、上流と下流で支配者が違った。上流の祢津村は5千石の旗本領で、下流は上田領だった。上田領の田中宿・常田村の死者は68人、加沢村14人と分かっているが、上流の祢津知行所の村々の死者はハッキリしない。最も被害の大きかった金井村についても、「小県郡史」では１８０人、「長野県町村誌」が１３５人、「祢津の史跡を巡る」では１３０人、名主の記録を掘り起こした「東部町誌」では１１３人と４通りの死者数が出ている。「１１３人は最低の数。宗門人別帳などで確認した数字で間違いない。その他、他村から働きに来ていた下男下女の犠牲者もあったと思うが、どのくらいかは分からない。しかし、死者１８０人だと、下男下女が67人もいたことになり、そんなことは考えられない」と寺島さん。２５０年忌の供養塔の記念誌には「流死者一三〇人」と刻んでいる。いずれにしても、金井村は65戸のうち、62戸が流失、人口約３００人の半数近くが亡くなり、壊滅的な打撃を受けた（表１参照）。

「金井村の再建に当たっては、水害に遭ったところはこりごりだ——と、所沢川から離れ、旧集落から辰巳の方角が一番良い——と、

【表１】東部町の死者・水損高（東部町誌）

	死者	水損高（%）
（上田藩領）		
本海野	11人	188石（86%）
田中	38	133貫（53%）
常田	30	92貫（53%）
加沢	14	62貫（31%）
海善寺	3	26貫（17%）
東田沢	4	16貫（12%）
栗林	1	9貫（32%）
（祢津知行所）		
祢津西町	—	146石（26%）
祢津東町	16	186石（36%）
東上田	—	18石（ 5%）
金井	113	137石（53%）
新張	—	2石（0.7%）
別府	—	1石（0.7%）
加沢田	—	14石（79%）
計	230人	

【写真２】東御市金井地区。一直線の道の両側に整然と区割りされた。かつては、道の真ん中に用水路が流れていた

【写真3】50年忌に建てられた金井地区の「一切流死合霊塔」と250年忌の五輪塔

約500メートル東南の土地に、新しい村を再建した。道路を挟んで等間隔に地割りをし、村役の家はやや広くした（写真2）。そして、集落の一番上にお寺とお宮を置いた」と長岡さん。「この新しい金井村で一番おっかないことは、火です。いったん、火が出たら、水がないから、全焼です。だから、所沢川から、水を引いているが、水の管理には、非常に神経を使い、水を大切にした。それから、50年後、なんとかして、亡くなった方の霊を弔わなければいけない――ということで、ここにあります『一切流死合霊塔』が建てられた」（写真3）と金井地区の供養塔前で説明した。今に伝わる「火祭り」も、流死者の供養と村の復興を願って始まったものだという。

「八間石」を動かすほどの土石流は、どうして起きたのだろうか。川の運搬力は、砂や泥の場合、流速または流量の2乗～3乗に比例して大きくなる。洪水のときには、ふだんの10倍から100倍もの水量に達し、水深が大きくなるので流速も増し、洪水では、ふだんの100倍から1万倍以上もの土砂を運搬するのが普通である――と教科書で教えている。

所沢川では、山崩れで谷を埋めた土砂が、天然ダムのようになって水を溜め、それが切れて一気に押し出した土石流――という見方がある一方、山崩れを起こしたとみられている三方ヶ峰は、山の斜面が急で土砂が留まるようなところはなく、御嶽山の山腹崩壊（注1）のような感じではないか――という見方もある。

この土石流の凄まじさは、地元では記録する者もいなかったが、

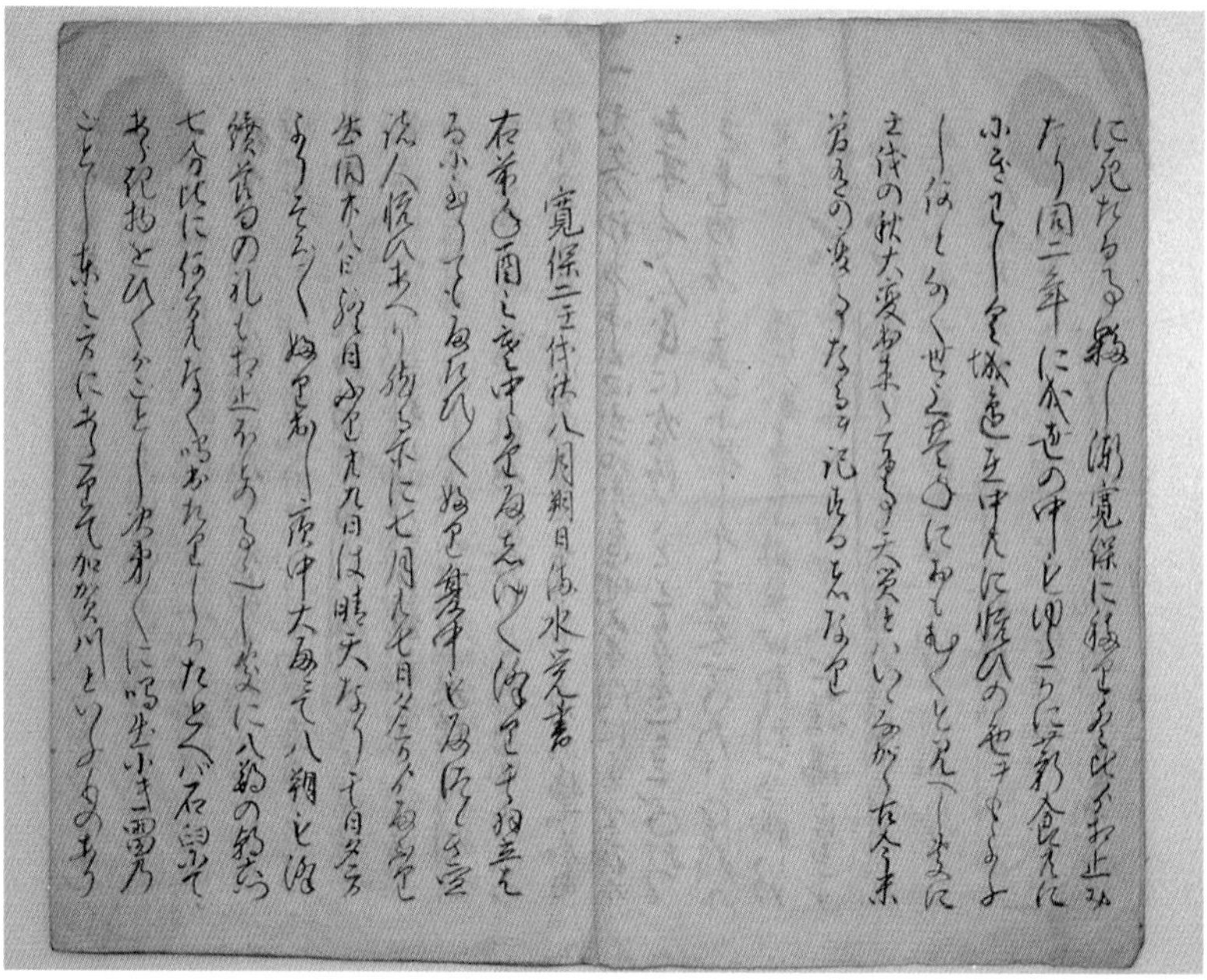

【写真4】土石流は、上田では「石臼にて荒物をひく」ような音が聞こえ「小さき雷」のようだった——と書いてある「寛保二戌年大満水覚書」（伊藤家文書・上田市立博物館蔵）

上田で書き残していた。伊藤家文書の「寛保二戌年大満水覚書」（写真4）に、「八月一日朝六ツ七分頃（午前八時少し前）から、何処からともなく石臼で荒物を挽くようななりが聞こえ始め、小さい雷の如くになった。東の方の神川であろうか、押し出し（土石流）かという者もあった」とある。「八間石」を押し流した音だったのだ。

（注1）　御嶽山の山腹崩壊

昭和59（1984）年9月14日の長野県西部地震の時に、御嶽山南側の8合目付近で山崩れを起こし、県庁舎200杯分の土石が、秒速20メートルで伝上沢をくだり、濁川温泉を一瞬に押し流し、王滝川に天然ダムをつくった。山崩れの一部は、尾根を越え、小三笠山の肩に220トンもの巨石を置いていった。死者29人。

田中宿壊滅、海野宿が本宿に

田中宿など（東御市）

旧金井村（東御市）を押し流した土石流は、さらに下って田中宿と町続きの常田村を直撃した。本陣をはじめ流失家屋119軒、残った家29軒で、死者68人、負傷者59人に達した。

「東部町誌」に、洪水前と洪水後の絵図が紹介されている（図1参照）。宿場の道の両側にまっすぐに並んでいた家が、洪水後は、大きな石で埋まり、道も、土石流の押し出しで曲がっている。「本陣の小田中家も当主をはじめ押し流された。田中宿は壊滅的な打撃を受け、旅人が泊まれなくなった」と寺島隆史さん。小田中家の乙子さんは「実家に帰っていた1人だけが助かった——と聞いています」という。上田の原町「問屋日記」には「田中宿亡所、問屋長之助流死、家内之内左太夫無難、不残流死」とある。薬師堂近くの大きな石に囲まれた小田中家の墓地には、流死した5人の戒名を刻んだ墓碑がある（写真1）。「浸海普水大姉」「滴峰曹水大姉」「清林澄水居士」「幼水童子」「観水童子」と全部、水の字が付いている。

宿場の機能を果たせなくなった田中宿は、比較的被害の少なかった隣の海野宿にその役割を移すことになった。この緊急避難的な措置によって、北国街道は、北陸諸藩・佐渡金山と江戸を結ぶ街道と

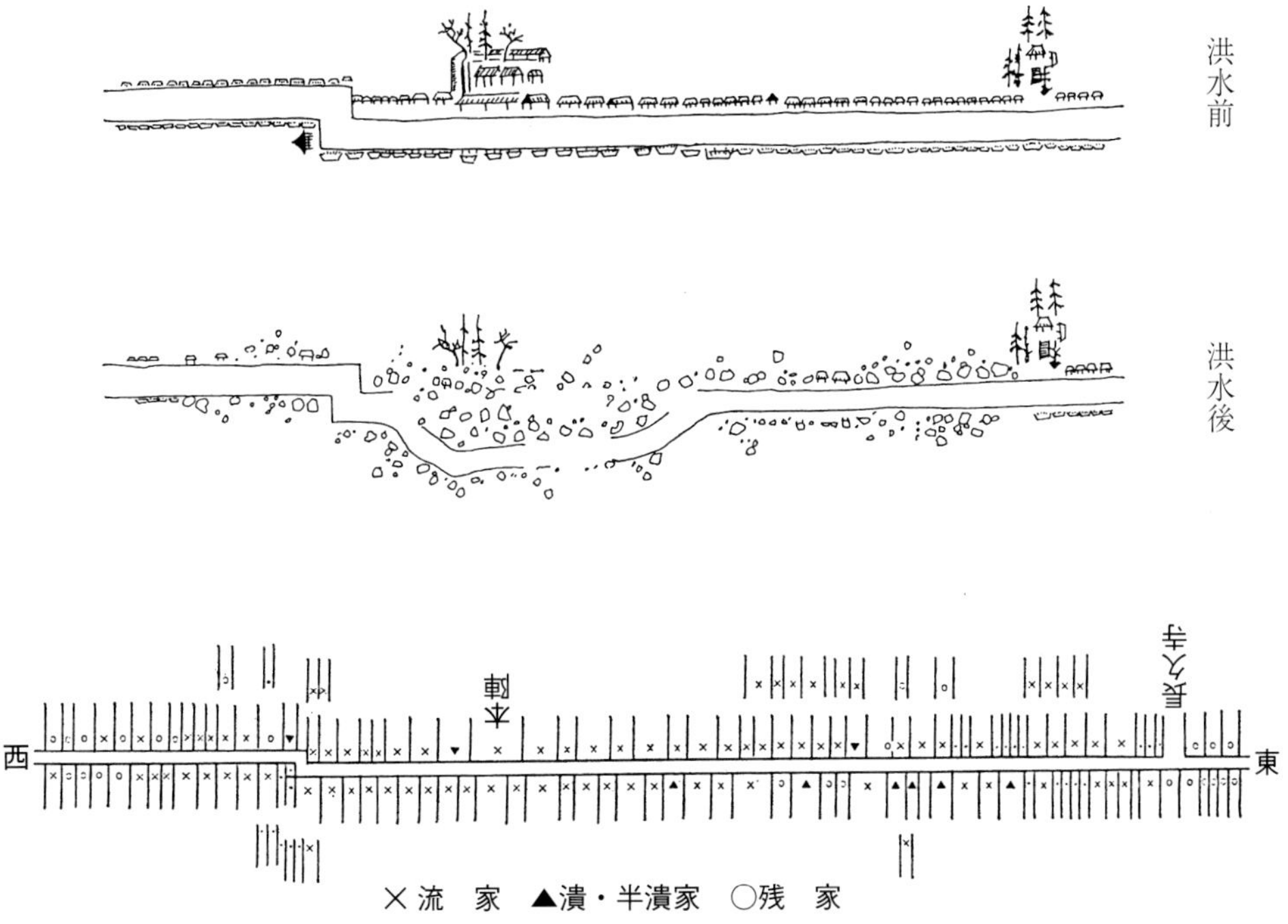

【図1】石だらけになった田中宿（「東部町誌 歴史編（下）」から）

【写真1】 5人流死した本陣・小田中家の墓碑。5人の戒名全部に「水」が付いている

しての役割を続けることができた。

田中宿はもともと手狭だった。そのため、寛永2（1625）年に、海野宿が、田中宿を補助する宿として置かれ、間の宿として半月交代で伝馬役だけ務めていた。このため、海野宿も田中宿の代役をすぐ務められた。

20年後の宝暦11（1761）年、田中宿はようやく復旧、継ぎ立てを再開するが、海野宿も本陣を置いて、本宿の役割を全面的に引き受け、体制を整えていたため、簡単に権利を返さなかった。二つの宿の間で競うようになり、結局、本陣は田中宿、海野宿の両方に置くようになり、伝馬役は従来どおり、半月交代で担当するようになった。

「田中宿は、水害と火災で悲劇の宿場だった。もともと、80％近くが農家だったところで、経済的基盤は弱かった。その上、災害が重なり、みんな借金ばかり」と田中の西沢正志さん。「宿の規模も小さかったので、大大名は田中宿を通過している。100万石の加賀侯は田中宿には泊まっていない」という。

「田中宿には二軒長屋のように『家《いえ》分《わ》け』した家が多かった」と西沢登代子さん。「相次ぐ災害で家の再建もままならず、金がかからないように、二軒続きの家にして、一つの壁を両方の家で使ったわけです」と話した。

海野宿も千曲川の近くにあるため、寛保の大洪水で、流死11人を出した。千曲川の氾濫で、北国街道は、白鳥神社の東で大きくえぐり取られ、田中宿から海野宿へまっすぐ通じていた道が北へ曲げられた（写真2）。現在、海野宿をたずね、田中駅方面に向かうと、宿の東端にある白鳥神社の横が、いきなり千曲川の流れで驚く。その変わった様子は、海野宿資料館に展示されている寛保2年以前と以後の2枚の古絵図でもよく分かる（写真3）。

平成12年、田中駅東側の千曲川近くで、「八名《やな》の上遺跡」を発掘調査したところ、土砂の下から、田んぼに残された700もの足跡（注1）が出てきて、「寛保の大洪水で埋まったもの」と話題になった。「そのニュースで、30年ほど前、田中小学校近くの鉄道複線化工事で行った発掘調査を思い出した」と寺島さん。「やはり、深さ50センチメートルほどの土砂の下から、畑の畝がそのまま出てきた。田中宿が土石流に押し流された――という事実を、目で確認できた」という。二つの土石流跡は1キロメートル強離れ、その間に田中宿がほぼ入っている（71ページ地図参照）。土石流は田中宿を

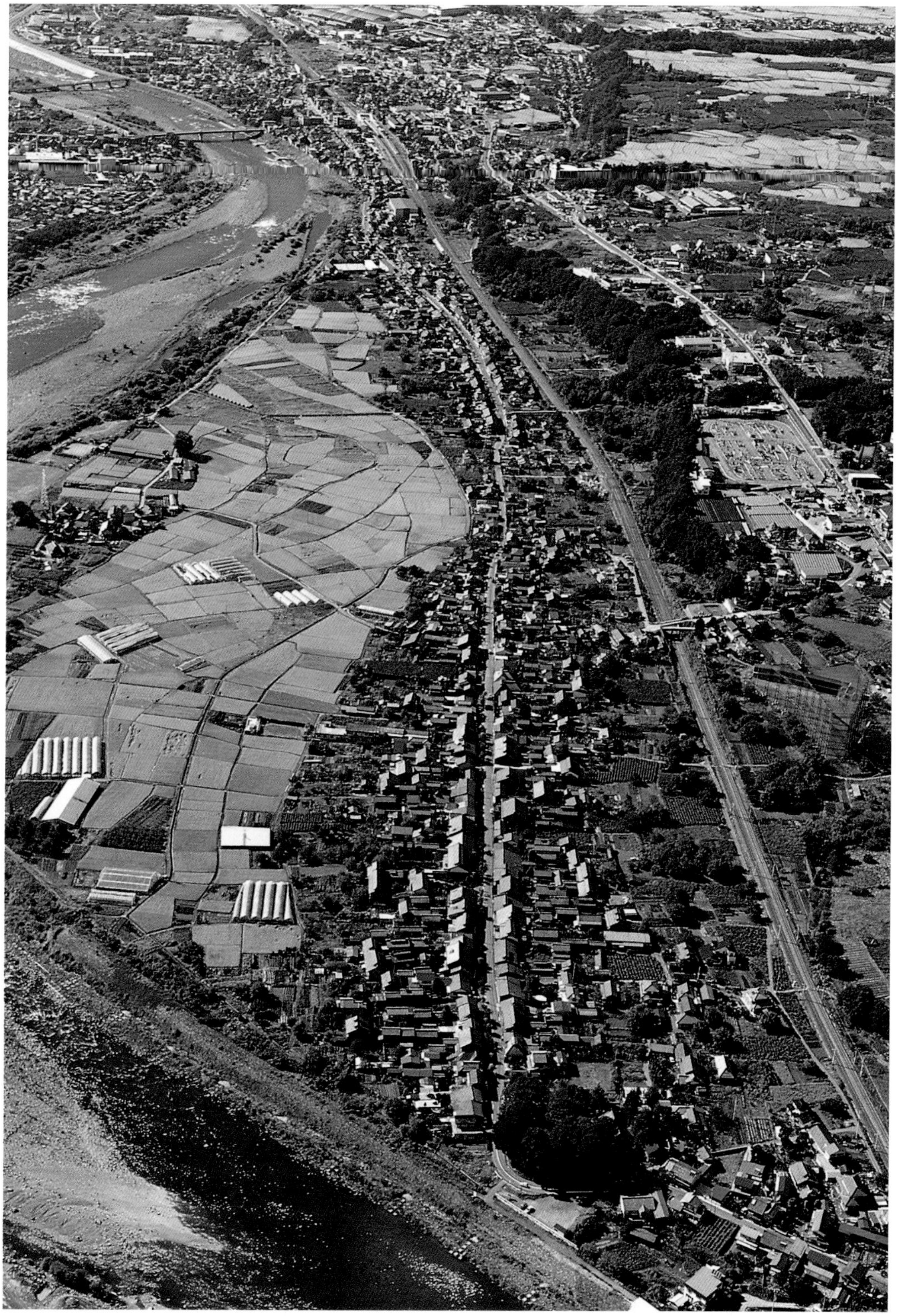

【写真２】海野宿の航空写真（1970年代に撮影、「東部町誌 自然編」から）。宿の東端（手前）がすぐ千曲川で、街道が北（右）へ曲がっている。水田の並び方から河道の変遷も分かる

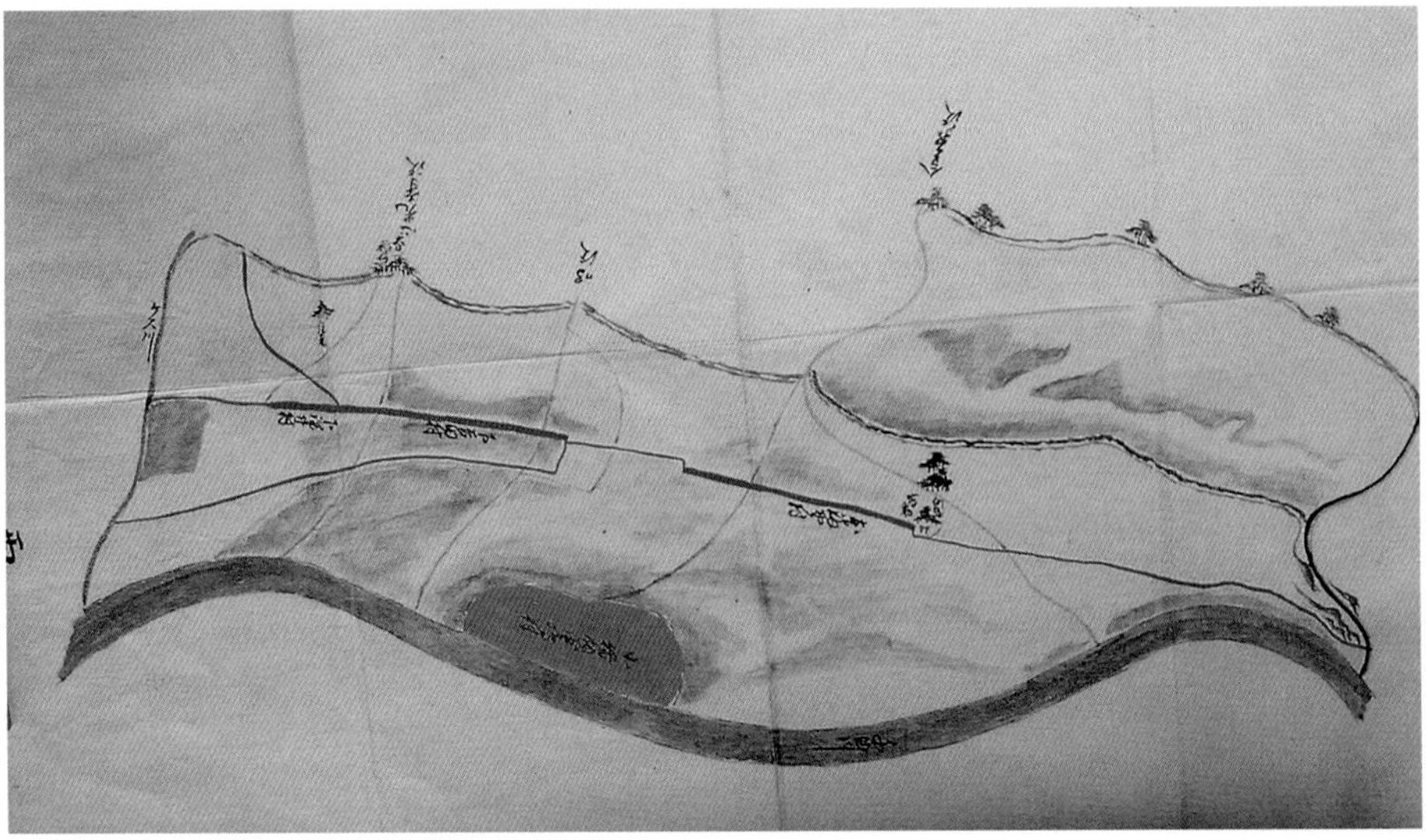

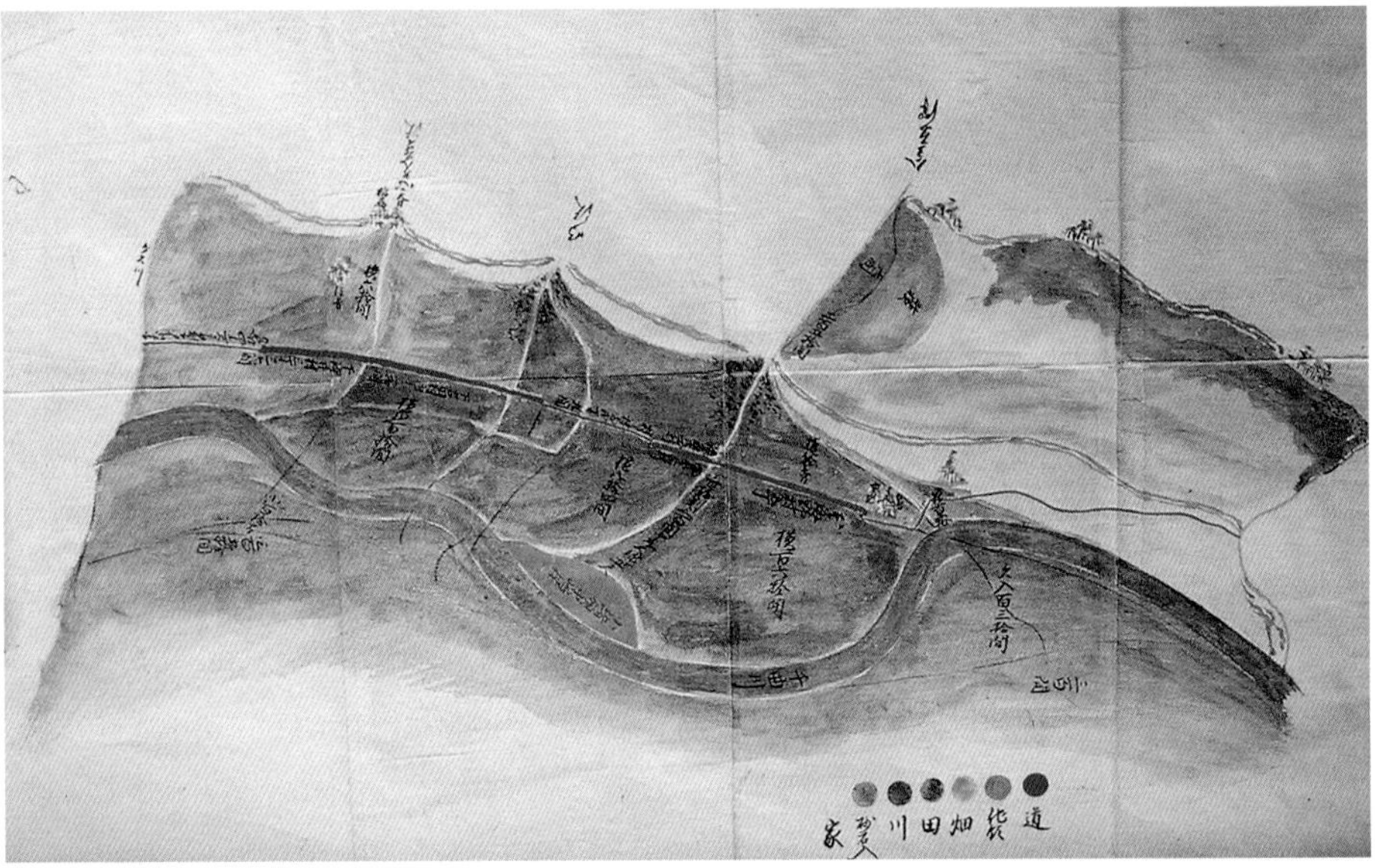

【写真3】海野宿の寛保2年以前（上）と以後（下）の絵図（矢島孝夫氏蔵）。千曲川（青色）の屈曲で、まっすぐの道（北国街道・赤線）が、えぐり取られ、お宮の東で北へ曲がっている

覆うように流れ下ったのだ。

上田市から旧東部町域にかけて、千曲川右岸に2段の河岸段丘が続いている。ところが、東御市役所のあたりから消えてしまう。烏帽子山ろくから押し出してきた土石流で埋まってしまっているのだ。旧町域が乗っている広い斜面は、烏帽子山ろくの土石流扇状地。地質時代から繰り返し、押し出して来た土石流によって出来上がった。「戌の満水」も、その土石流の一つなのだ。

（注1）「八名《やな》の上遺跡」は平成12年、発掘され、田んぼを歩いた足跡が700個近く見つかった。東部町教育委員会文化財係の堀田雄二さんは「弥生時代の生活面が水害で削り取られた後、荒地か湿地であったものが、江戸時代に開田され、人が田を歩いた直後に大水に伴う土砂に埋まったものと考えられます。足跡は、30～70センチメートルもの厚い砂礫層に埋まっており、寛保2年の大洪水の土石流による――と考えられます」という。

田中の「石造仁王尊」と雷電

田中の薬師堂の庭に石造仁王尊（写真４）が建っている。右は阿像で、裏に「寛政八丙辰暦四月吉日」の陰刻銘がある。１７９６年の建立である。昔は参道北に建てられてあったが、昭和44（１９０９）年に、今のように堂前に移した。

「相撲取りの雷電為右衛門が近くの大石村（東御市）の出身で、雷電の母親が『もし、子どもが授かったならば、流れた一体を寄進します』と願を掛けた。やがて、子どもが生まれ、立派な相撲取りになったので、仁王尊を寄進しました。寛保の洪水では、こんな話も伝えられています」と長岡さん。

同じ庭内に、「戌の満水塔」（写真５）などもある。

【写真４】田中の薬師堂にある石造仁王尊

【写真５】田中区が250年忌で建てた「戌の満水塔」（田中の薬師堂）

今に残る土石流跡・雑木林の帯

金井村（東御市）

旧金井村（東御市）の集落や田畑を押し流した「戌の満水」の土石流の跡は、今も残っている。田畑に戻せるものではなく、そのまま、長い年月の間に雑木林の帯に変わり、金井山と呼ばれてきた。国土地理院の航空写真（写真４）でみると、紅葉した雑木林の帯が土石流の跡を見事に示し、田中の町並みに向かっている。

「最近、開発が進んでいるが、それまでは石ごうろで、『あそこはマムシの巣だわい』といい、かつては、伝染病患者を収容する避病院が置かれたり、焼き場があって、変なところだった」と長岡克衛さんが、第2回「千曲塾」の講演「金井村の悲劇」の中で話し、受講者を笑わせた。「太平洋戦争中、『どこでも良いから開墾して食糧増産するように』と号令がかかった。だが、土石流が流れたところだけは、石ばかりで、耕地にならなかった。それが幸いして、雑木林のまま残った。ところが、戦後、六三制で、新制中学ができた。初めは小学校の一部を借りていたが、昭和25年ごろから、新しい校舎を建てなければいけなくなり、各町村とも頭をかかえた。6000坪からの敷地をまとめて手に入れることは、大変なことだった。東部町（当時）が、目をつけたのは、田畑にならない土石流跡の雑木林だった。このため、当時、『新制中学は河原中学だ』と言った人がある。初めは、ひどいことを言う――と思ったが、上小地方を見ても、依田窪南部中学は武石村（当時）の河原、真田中学も傍陽川と神川の合流点、東部町の東部中学も、所沢川の土石流跡です。そのような荒れ地でもなければ、広い土地の確保は難しかった。河原のようなところだったから、まとまった土地を安く手に入れ、建てることができた。

【写真１】対岸の北御牧村からも、土石流跡の雑木林の帯がよく分かる。夏は緑の帯、秋は紅葉の帯になる（旧北御牧村・外山城跡から）

昭和30年ごろまでは、朝晩の煮炊きに薪を使いましたから、里山がどうしても必要だった。ところが、電気釜、プロパンガスの普及で、薪は不要になり、最近、雑木林の中に、中学校のほか、福祉センターや、グラウンドが造られてきている」という。

現在も、東部営農センター付近から、常田の国道18号のすぐ上まで約2キロメートルにわたって、雑木林が延びているが、最近は高速道のインターができ、取り付け道路にも開発され、「戌の満水」を伝える歴史林が年々、細っている。

それでも、千曲川対岸の東御市八重原（旧北御牧村）に登ると、土石流が残した雑木林が、夏は緑の帯に、秋は紅葉の帯になって、所沢川の川筋と全く違うところを一直線に下り、田中の町並みに向かって押し出した様子がよく分かる（写真1）。「八間石の下あたりから旧金井村を襲った土石流は、田中宿を直撃したが、途中で、二つに分かれたことは、雑木林の帯で分かる。一つは加沢の方へ押し出した。所沢川は、八間石のある少し上流までは谷間を流れてきたが、そこから、扇状地状に開けるため、それまでの川筋と関係なく、勢いで押し出した」と寺島さん。

旧東部町域の広い斜面は、所沢川や金原川がつくった「火山ろく扇状地」と分類される。しかし、「一番異なるところは、火山ろく

Column

古明神

「旧金井村には、上金井と下金井とがあったと伝えられ、現在の小字では、上河原、下河原がこれに相当すると見られる。金井村の旧地は文字どおり河原に一変してしまい、地名までもが『河原』に変わってしまったわけである。（上河原地籍の）林の中に、大岩が集まったところがある。その大岩の一つの上に『金井村中』と刻んだ石の祠が乗っている。ここは、かつて金井村の神社があったところで、『古明神』とよんでいる（写真2）。旧金井村は、ここから下流に向かって、現在の町立武道館の上にかけて広がっていたらしい（写真3）」（東部町誌 歴史編・下）。

【写真2】雑木林の中に残る旧金井村の神社跡「古明神」

【写真3】ケヤキ林の中につくられたグラウンド横にある「金井村の跡」碑

【写真４】旧東部町域（現東御市）の航空写真（1975年、国土地理院撮影）。紅葉した雑木林（オレンジ色）が田中の町並みに向かって延びている。この雑木林が「戌の満水」の土石流の跡である。途中から枝分かれして、加沢村を襲った土石流も雑木林として残っていた。まだ高速道などはない。地図の青丸は八間石。赤丸は「金井村の跡」碑の位置。紫色の丸は「八名の上遺跡」、ピンクの丸は「畑の畝」出土地点。赤枠内が航空写真の撮影範囲

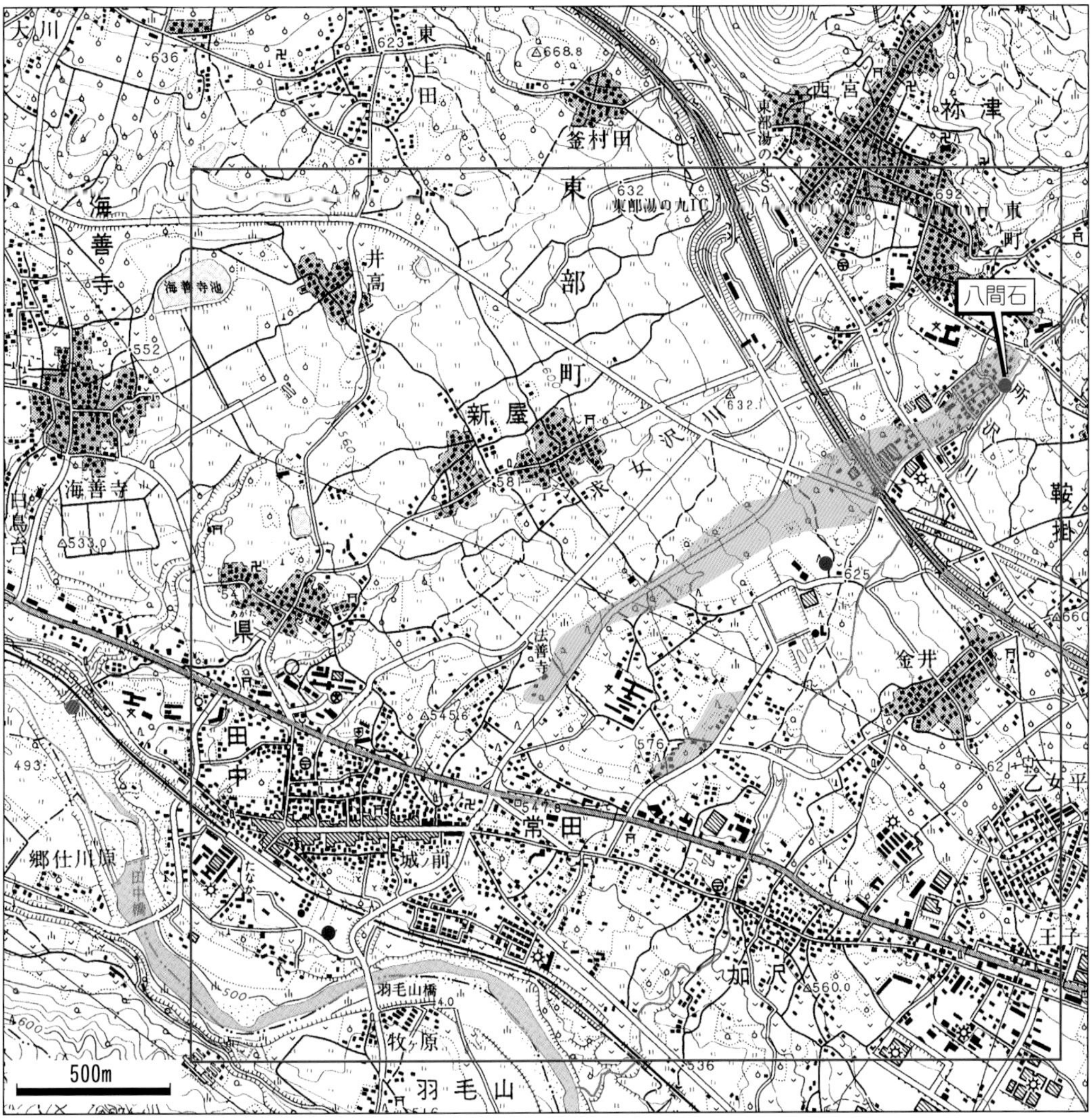

扇状地を流下する河川の水の量は、現地形を形づくるほどの水の力はないことである。河川の後背地はいずれも狭く、雨量が少ないため、現在の地形を形づくったのは、寛保2（1742）年に発生したような大洪水のはたらきによるものである」（東部町誌 自然編）という。「火山ろく扇状地」というより「土石流扇状地」なのだ。町内に点在する大石は、土石流でなければ運搬できない。

Column

雷電の生地・大石村

江戸相撲のスーパースター、雷電為右衛門（1767〜1825年）が生まれたのが、大石村（東御市）。同じ烏帽子山ろくに広がる土石流扇状地の一角にあり、押し出した安山岩の大きな石が多い。

雷電は、寛政2（1790）年、関脇に付け出しで登場して優勝。寛政7年に大関に昇進。連勝記録23場所、優勝29回。通算254勝10敗21引分、勝率96・2%の記録を残した。

雷電の生家には、足腰を鍛えるために、田んぼの行き帰りに吊るして歩いたという「鋤石」（高さ90センチメートル）がある。

遺体流着—正福寺の千人塚

諏訪部・秋和（上田市）

千曲川流域には、「戌の満水」の流死者供養塔がいくつも残されている。それには2種類ある。一つは、多くの犠牲者を出した現地に建てられたもの、もう一つはたくさんの流死者が流れ着いて埋葬された場所に建てられたものだ。

千曲川の上流では、上畑村（佐久穂町・248人）、小諸城下（小諸市・507人）、所沢川流域の金井村（東御市・130人）、田中宿・常田村（東御市・68人）などで多くの流死者を出した。そして、まず大量に流れ着いたのが、上田だった。

「千曲川も上田までくると、流れが緩やかになる。上流から流されてきた死体が、ここ（諏訪部）に流れ着いた。上田藩主の命令で段丘上の秋和の正福寺の門前に引き上げ、埋葬して、後に碑を建てた。それが、千人塚（写真1）です。立派な石造地蔵尊（写真2）もある。真偽のほどは分からないが、塚から髪の毛が出ていたなどといわれている」と上田市誌編纂主任の宮本達郎さん。「諏訪部（上田市）の少し上流・諏訪形の荒神様には、舟運の絵馬があがっている。ここらまでは、舟が上ってきたようです。ここから上流は、川幅も狭くなり、流れも急になり、死体も流された」という。

【写真1】上田市秋和の正福寺境内入り口にある流死者を葬った「千人塚」。上流からの流死者は、まず上田に流れ着いた

【写真2】正福寺境内にある大きな石造地蔵尊。縁者がたくさん亡くなった上田・海野町の講中が洪水の４年後に建てた

国道18号の上田市常盤城4丁目交差点脇に正福寺がある。その境内入り口に千人塚がある。塚の上に立つ碑には『流死含霊識』と刻んである。また、境内に石造の大地蔵尊がある（写真2）。正福寺の綿貫照長住職は「昔は、お地蔵さんをつくった上田の海野町の講中の人たちが毎年8月に、お参りにきました。しかし、ここまで、来るのは大変だというので、5、6年前に、海野町に碑を造って、そちらで供養をやっているようです。今も時々、代表の方が見えています。寺では8月1日に供養しています」と話した。

死体とともに、壊された家や家財道具やあらゆる物も上田へ流れ着いた。その様子は伊藤家文書の「寛保二戌年大満水」に活写されている。「小県郡史」「上田市史」が紹介している。

「（八月一日午前）、常田踏入辺の人六十三人、中島へ渡って、流れ来る物品を留めたり、河原に押し上げられた鯉鮎などの魚を拾って、帰ることを打ち忘れ喜んでいたところ、水量一度に増してきて、権現坂辺まで水一面になり、……川を越して帰り得なくなった。夜に入って雨は降り水は嵩み、中島の上は膝節までも水つくようになったから、寝ることはもちろん、腰をかけることも成らず一晩中、立ち明かした。幸いに水量の増加は頂上であった故に、流されなかったが、空腹は如何ともしようもなく、親兄弟が心配して投げてやった焼き餅なども、川幅が広くて向こうまで届かない。不食で水の中にたたずんでいるので、……万一のことがあってはと心配して、夜は、此方で篝火を焚き、大音声で呼んで元気をつけてやるなど……心配したが、三日三晩で、ようやく戻ることができた」（上田市史・下）。

「河原に取り残された者は五十七人、三十四人は鍛治町、七人は御家中、残りは常田村の者であった。……『高張提灯を掲げ、篝火を焚き、中洲に取り残された者たちを勇気づけよ』との、御上（上田藩主・松平伊賀守忠愛）の御意にて、御徒目付と御足軽衆がそれにあたった。翌二日になって、やっとこちらに戻ることができたが、一名が流死してしまった」と「千曲」107号に東部町東部中学校長の堀内泰さんも丁寧に紹介している。

同じような話が、少し上流の上田市大屋にもあった。「大屋村では、流死人七人あったが、此等の人々は、小河を越えて、千曲本流の方へ出て、其処に上流から、葛籠や長持、家具など流れ来るのを引き留めて、山のように積み上げた。此が面白さに帰ることを忘れて居た。其内に追々水量増して、帰ることが出来ぬ故、積み上げた物の上に腰打かけて、途方に暮れて居たが、夜明け頃には、人も物も跡かた無く流亡した」（上田市史・下）とある。

上田まで来ると、支流の土石流による被害は少なくなり、千曲川本流の氾濫による沿岸の村々の被害が多くなる。その中で、千曲川左岸の中之条村（上田市・写真3、写真4）の死者42人が目立つ。「この村で流死者が割合に多かったのは、此頃藤兵衛という人新しく土蔵を建てた。其の土蔵は新しいので、安心と思い、付近の人々は、皆其の土蔵へ避難した。然るに其内夕刻となり、水量は愈々嵩み、其の土蔵も夜の内に押し流され、内に避難した数多の人々は皆流亡したからであると伝えられる」（小県郡年表）。

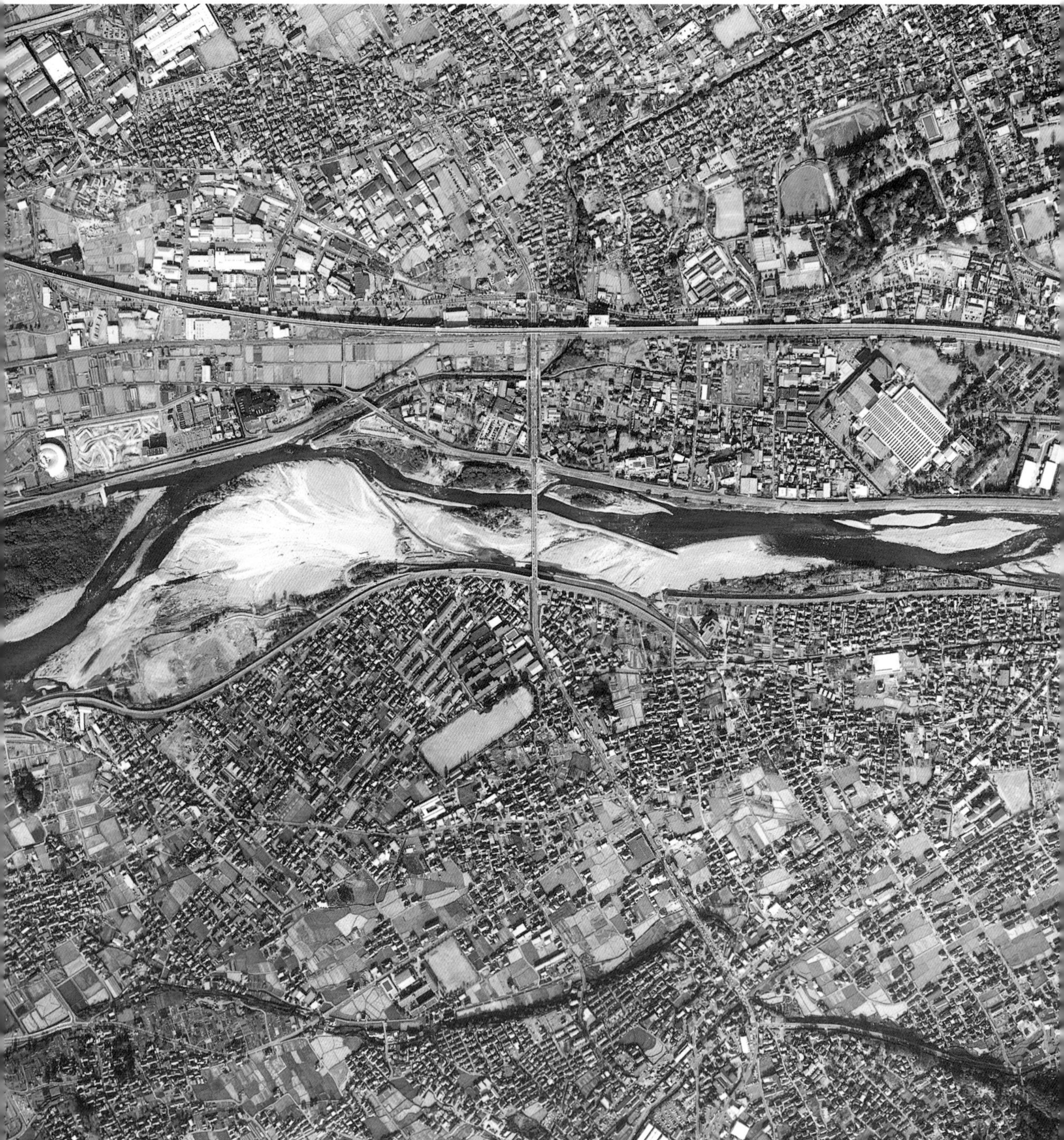

【写真３】上田駅周辺の航空写真（千曲川工事事務所提供）。右上が上田城。中央が古舟橋。橋の下流に広い砂州が見えるが、その右岸が諏訪部、秋和。この一帯に流死者が流れ着いた。正福寺（地図の赤丸）は古舟橋からの道と国道18号との交差点近くにある。多くの死者を出した中之条は古舟橋の左岸。赤枠内が航空写真の撮影範囲

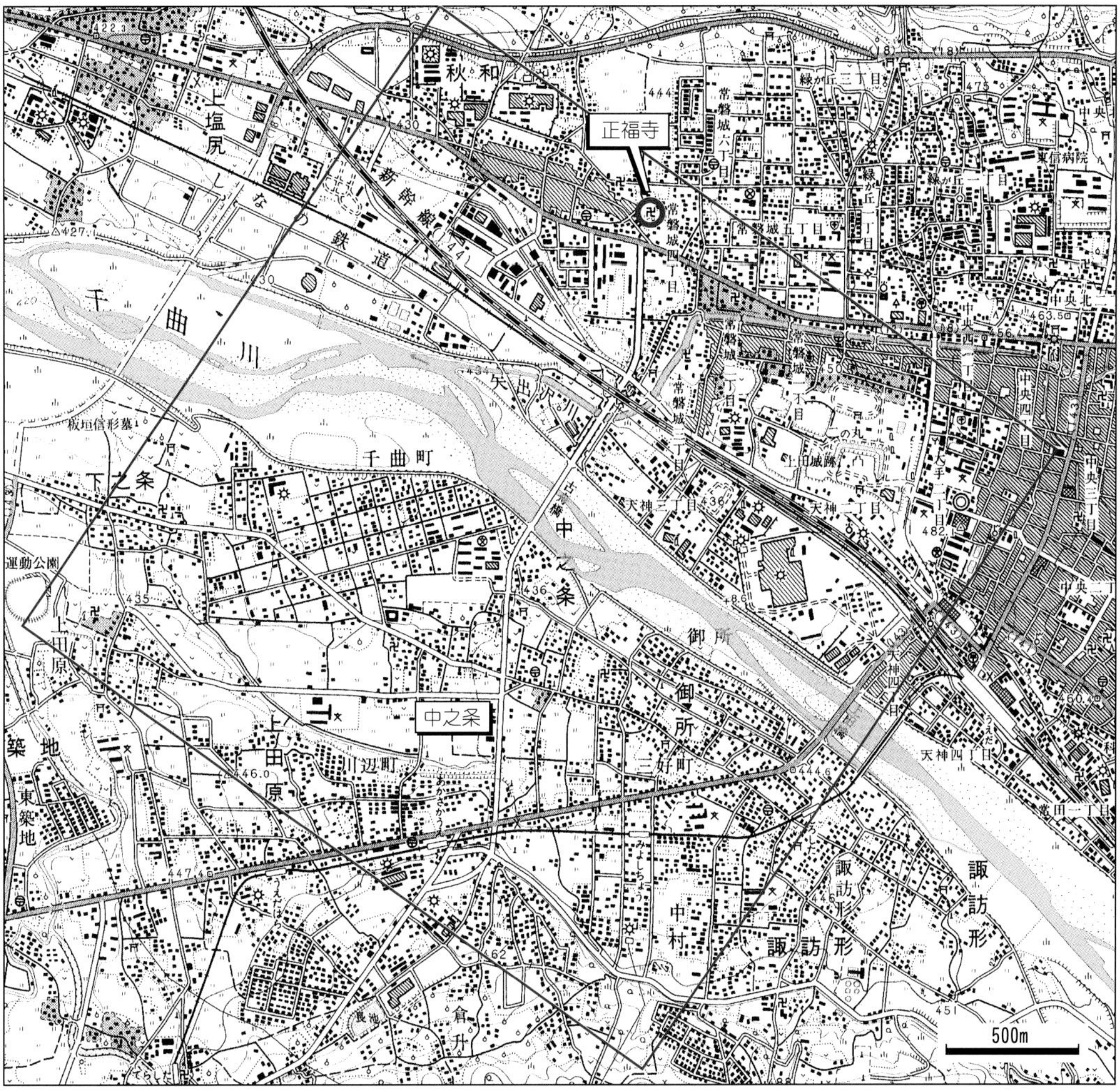

【写真４】上田市半過岩鼻の千曲公園から見た中之条（右手の集落）

上田藩の死者数

上田藩（上田・小県地方）

災害の死者数は把握が難しいが、「戌の満水」では、上田藩の死者数が最も混乱している。「上田市史」（昭和15年刊）の540人余から、「小県郡史 余編」（大正12年刊）の196人、「上田小県誌」（昭和35年刊）の158人と3通りあり、数字の違いの幅も大きい（**表1参照**）。

「上田市史」と「小県郡史」は、「問屋日記」（上田市原町・滝沢佳夫氏蔵）の「寛保二年八月　水害留書」から引用した数字だ。「上田小県誌」は「寛保二壬年八月秋満水覚」（上田市諏訪部・城田忠太氏蔵）による（**表2参照**）。「問屋日記」の「寛保二年八月　水害留書」は、「長野県史」の近世史料編にも収録されているが、「長野県史」の通史編では、「上田小県誌」の158人を引用している。

――「問屋日記」（**写真1**）に、「一　御領分流家・潰家千百廿壱軒程、流死五百四十人余、馬十四疋程」とあり、その4行後に8月12日とあって、「一　百九拾六人死人　馬拾疋……」とある。この二つの数字の解釈の仕方で違ったようですが……。

桜井松夫・上小郷土研究会副会長「『問屋日記』の原文の字の大きさ、書き方を見ると、最初の流死540人余の数値は、8月初め

【表1】上田小県の「戌の満水」死者概数の史・誌による違い

	上田小県誌	上田市史	小県郡史	東部町誌
東部町				
田中　（上田領）	38人	—	37人	38人
常田　（上田領）	30	—	30	30
本海野（上田領）	42	—	42	11
加沢　（上田領）	10	—	10	14
海善寺（上田領）	5	—	5	3
東田沢（上田領）	10	—	10	4
栗林　（上田領）	—	—	—	1
祢津東町（祢津領）	—	—	60	16（60）
金井　（祢津領）	—	—	180	113（130）
上田市				
岩下　（上田領）	—	—	—	—
大屋　（上田領）	10	7	10	8
堀　（上田領）	7	—	7	7
中之条（上田領）	42	42	42	42
下塩尻（上田領）	1	1	1	—
（上田領計）	（158）	540余	（196）	
長門町				
大門　（幕府領）	—	—	—	11
上小計	—	—	433	（330余）

各史・誌に出てくる数字を表にしたが、合計数字と合わないため（　）内に入れた

【表2】「戌の満水」上田領の被害総計（「上田小県誌 歴史編・下」から）

往還道欠	38カ所	6262間
井堰欠	134カ所	10059間
堰欠損	13カ所	202間
川除崩	242カ所	12706間
橋落	34カ所	
山崩押出	350カ所	
流家	671戸	
砂泥入家	574戸	
社堂流失	8	
寺流失	3	
寺潰れ	1	
怪我	70人	
流死人	158人	
	男120人	
	女 38人	
流死馬	11匹	

（上田市諏訪部・城田忠太氏蔵「寛保二壬年八月秋満水覚」による）

に書いたと思われます。その後、上田の城下もあれこれ大騒ぎで日記を記すいとまもなく動きまわり、次に書いたのが8月12日で、死人１９６人と書いています。最初の流死５４０人余は、噂がとびかう時の数値で、細かい字で忙しそうな書きぶりです。一応落ち着いて被害を確認したところ、大分、数値が小さくなっていた。そこで、書き改めたと解釈できます。12日以後は、やや落ち着いたのでしょう。文字もやや大きく太く丁寧になっています。

手許の史料や著書を調べたところ、上田・小県地方全体の被害は、最小でも上田藩２０１人＋祢津領名主記録１２９人で、計３３０人。旧祢津領の死者を祢津村60人、金井村１８０人とみると、計４４１人となりますが、３００人余というのが事実に近い数値のように思います。上田・小県地方では、烏帽子岳の山ろくが土石流で大きな被害を受け、祢津領のほか、田中、海野宿、鍋屋久保が大きな被害を受けている。大屋も寛保の洪水で上の段にあがっている。千曲川沿いの堀、小牧、諏訪形、中之条もやられている。だから、相当数になるだろうが、上田藩全体を調べたもの、祢津領全体を調査したものがなく、ハッキリしていない」

――「上田小県誌」では、城田忠太文書によって上田藩の流死者１５８人としているが。

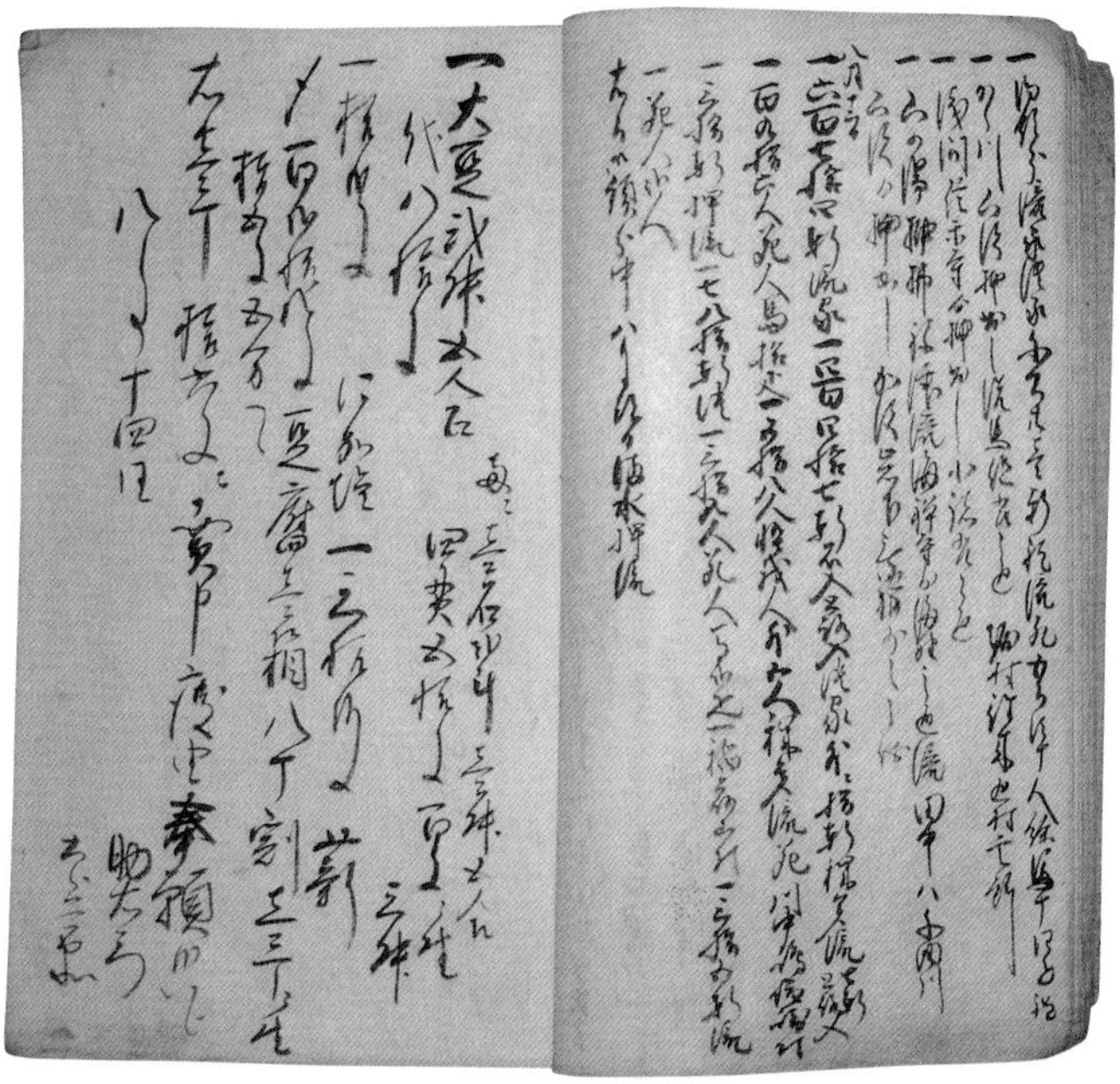

【写真１】 上田原町「問屋日記」（上田市立博物館寄託）と「御領分流家・潰家千百廿壱軒程、流死五百四十人余、馬十四疋程」と「百九拾六人死人　馬拾疋……」が記されているページ

【写真２】上田城の崖下。「戌の満水」には、千曲川が氾濫、ここまで水浸しになった

桜井さん「その史料は知らない」

――「問屋日記」は、上田藩の記録ではないが、史料としての位置づけは……。

寺島隆史・上田市立博物館館長補佐（学芸員）「原町『問屋日記』は、寛文年間（１６６１〜１６７２年）から明治の初めまで書き続けられている貴重な文書です。問屋といっても、今の問屋とは違います。駅長兼町長のような立場で、情報が一番集まるところで書き留めて置いたというものです。流死５４０人という数字は、『問屋日記』を見ると、８月12日前に書いている。それまでに聞いた範囲でまとめて書いたと思う。水害が８月１日だから、調査して書いたというものではない」

――上田藩の史料は。

寺島さん「上田藩も、被害の状況をまとめていると思うが、史料が残っていない。天明８（１７８８）年以降、明治初めまでは、藩から幕府に報告した文書はしっかり残っているが、それ以前の文書は、断片的なものしか残っていない。『戌の満水』は、ちょっと時代が古く、史料が少ない時期に入ってしまう」

――「小県郡史 余編」は、「問屋日記」の「流死百九十六人」を引用した後、「尚諸記を弥縫して表記すれば左の如し」として、流死者は「祢津六十人、金井百八十人、加沢十人、常田三十人、田中三十七人、田沢十人、大川一人、海善寺五人、海野四十二人、大屋十人、堀七人、中之条四十二人」とある。祢津領の「祢津六十人、金井百八十人」を除くと、上田藩領の死者は、１９４人となる。

寺島さん「水害ばかりでなく、冷害も、干害も、田畑の被害はオーバーに報告している。村から藩へ出す数字がオーバーだし、藩から幕府に出すのは、さらにオーバーになる。田畑の被害の方は、税金が掛かるから何合何勺まで細かく出している。それに比べれば、人の被害は人頭税がかかるわけでもないから、客観的な数字になるはずだが……」（１８９ページ資料２参照）

阪神大震災やアメリカの同時多発テロの死者数もそうだが、被害が大きくなるほど、混乱も大きくなる。阪神大震災では、時間がたつにつれ、死者数が増えた。それに対し、アメリカの同時多発テロでは、逆に時間がたつにつれ、大きく減っている。

江戸時代は行政単位が複雑に入り組み、各藩の間に、幕府領・旗本領・他藩の飛び地などがあって、被害合計の正確な集計を難しくしている。そして、幕府関係の史料は、明治維新の幕府の瓦解で大量に紛失した上、関東大震災、東京大空襲などで失い、地方の村々に控えの文書や写しが残っていなければ、分からなくなっている。

被災箇所は決まっている

坂城広谷（坂城町）

上田盆地を流れた千曲川は、鼠の岩鼻と半過の岩鼻の、わずか750メートルの平地を通り抜けて、坂城広谷と呼ばれる谷底平野を網状になって流れる（写真1、89ページの図1参照）。

鼻と呼ばれる尾根の先端が左右から突き出し、千曲川の流れを左右している。特に大正橋西詰の獅子ヶ鼻にぶつかった流れははね返って、旧戸倉町上徳間を常に襲ってきた（86ページ写真3参照）。

——岩鼻より上流で16〜17時間の雨量が100ミリを超すと、岩鼻の狭隘部で、現水面より5〜8メートル上昇する大洪水になる。河床の凹凸を考慮すると、さらに1〜2メートル上昇する、と「千曲」39・40号で発表されていますが。

桜井松夫・上小郷土研究会副会長「寛保の洪水は、どのくらいの雨が降ったか記録は全くないが、仮に1日に100ミリの雨が降ったとすると、どこがどうなるか——と、20年ほど前に調べた。大水の後、千曲川の大屋橋から浮遊物を妻が落とし、私は浮遊物といっしょに土手を駆けて、流速を測った。それから、流域の土地の傾斜を調べた。そして、甲武信ヶ岳から鼠の岩鼻までの幹線をどのくらいの時間で、流れ着くか、流量と流速と流域面積をいろいろ計算し

【写真1】半過の岩鼻（上田市）から、坂城町方面の坂城広谷を望む。右手は、鼠の岩鼻。千曲川は、堤防の中でも、網状に流れる

【写真２】坂城町上空の航空写真（千曲川工事事務所提供）。上五明は、千曲川氾濫原の真ん中にある。上五明の集落から下流へ水田の並び方から旧河道をたどれる。地図の赤線は常山堤。茶線は千曲川の不連続堤。赤枠内が航空写真の撮影範囲

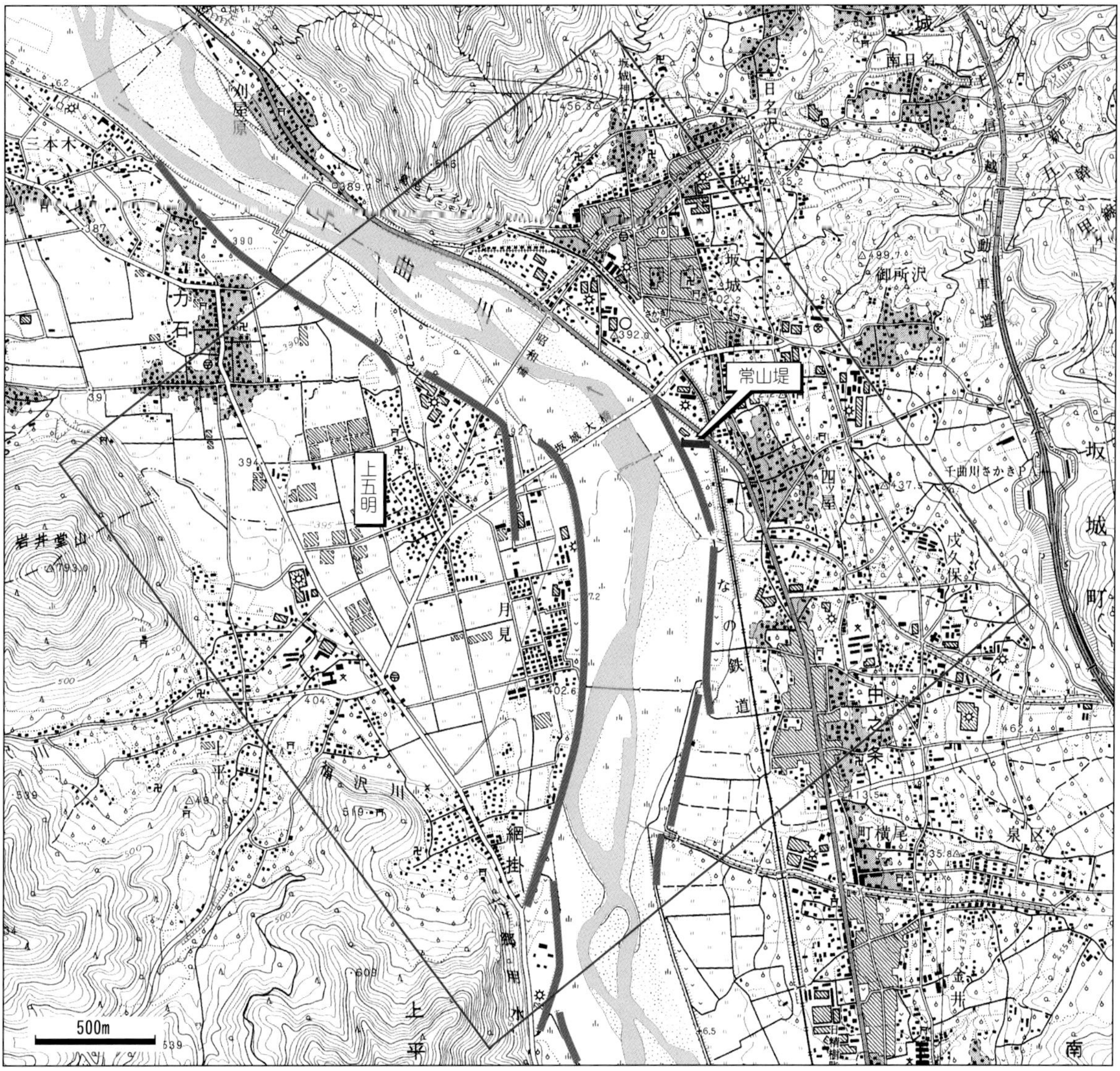

て、はじきだしたものです（注1）」

――「寛保の洪水」には、どんな状態で水が流れたのですか。現在の坂城町では、上五明で58人と刈屋原で20人と、現在の千曲川の両岸で死者が出ている。

桜井さん「当時のことは分からないが、川の流れ方は河床勾配で違う。坂城の辺で1000分の5、戸倉の辺で1000分の3。川の流れが網状になるのは、坂城の辺から始まりますが、戸倉辺から顕著になる。蛇行（メアンダー）を繰り返しますが、その間隔も、河床勾配と関係があります」

――千曲川の沿岸で死者の多かったところを、上流から追ってみると、中之条（上田市）、上五明（坂城町）、上徳間（千曲市）、塩崎、横田、御幣川、杵淵（以上長野市篠ノ井）、岩野、柴（以上長野市松代町）、小島田、真島、川合（以上長野市更北地区）、牛島（長野市若穂町）、長沼（長野市）です（189〜194ページの資料2・3・4・6・8参照）。共通点がありますか。

【表１】更埴地方の死者・建物被害
（「長野史料」など判明分）

		死者	流家	潰・半潰	死馬
坂城町	上五明村	58人	—	—	2
	刈屋原	20	—	—	—
戸倉町	上徳間村	65	58軒	—	2
	内川村	49	41	—	—
	千本柳村	2	25	—	1
	若宮村	2	7	4軒	—
上山田町	上山田村	0	21	7	—
	力石村	0	6	3	—
更埴市	稲荷山	2	35	—	—
	寂蒔村	158	65	28	—
	粟佐村	0	—	6	—
	矢代宿	0	—	34	—
	倉科村	11	—	35	—
	生萱村	0	6	11	—
	向八幡村	1	13	15	1
	土口村	5	33	—	2
	森　村	7	24	—	1
	桑原村	0	—	8	—

滝沢公男さん（元・長野県土地改良史編集委員長）「流心がぶつかる水衝部（注2）です。地形学では、河川の攻撃面です。そこで、被害が出る。鼠の岩鼻にぶつかった水が、網掛の大石積みにぶつかり、そこではね返った水が、常山堤（坂城町）へぶつかる。常山堤ではね返ったのが、上五明から女沢川（旧上山田町）へ。それが、磯部（旧戸倉町）の宮崎の百間土堤へぶつかる。そこの消防署の北に流家《ながれや》という地名があった。そこから上山田へ向かい、獅子ヶ鼻ではね返った水が、対岸の旧戸倉町の上徳間にぶつかり、時々、水除《みずよ》け（土手）を破って被害を与えた。上徳間は、旧河道を生かして用水の取入口にもなっており、洪水の時は被害を大きくした。はね返って八幡に向かった水は、唐猫を越えて長野盆地に入ると、河床勾配１０００分の1以下の緩やかな流れになり、1本にまとまって大きく蛇行するようになる」

——坂城広谷を流れる千曲川は、網状流路をつくって流れた。現在、堤防の外の平地にも、微高地や旧河道が網状に残っている。網状流路と災害との関係は。

滝沢さん「あります。千曲川は、上流から下流まで、姿が何回も変わる。坂城広谷などは、中流部でありながら、上流部に近い流れ方です。網状流路となり、扇状地をつくるような流れ方をして、被害を出しやすい」

Column

村上郷地方の被害状況

上五明村では、男女58人、馬2頭の流死。六ヶ郷用水の大口水門、水除石土手や出し枠が押し流され、田畑２５５７石のところ、２０４５石（80％弱）が石砂入り、居家屋敷、食糧、農具、家財を流失した者多く、困窮する者が多かった。網掛村の松代藩への被害報告では、「三六軒流家、九軒潰家、五八軒砂うまり家」とある。

力石村は6軒流失、3軒潰家。上山田村三本木は、千曲川の本流が貫流、21戸流失、城腰は山抜けで8戸埋没。

幕府は、村上郷に国役普請を起こし、網掛村上手から力石村字中河原まで延長１３００間の堤防を築いた（「坂城町誌　中巻」「上山田町史」）。

大水の時は、水衝部を突き破った水が、旧河道などの微凹地を流れたり、まっすぐ流れて、被害を大きくする。上五明は坂城町の千曲川の氾濫原の真ん中にある集落（写真2）で、「左岸の網掛本越・窪河原から上五明前川沿い・力石北にかけて微凹地になっている。『戌の満水』の時は、ここを中心に被害を大きくした」（坂城町誌上巻）という。

上五明の大須賀義高さんは「古い水害のことは知らないが、この辺は昔は河原だった。先祖は山の方から下りてきて住みつき、上五明ができた。上五明の中でもこの辺（小字、向村）は一番高い。ここから千曲川に向かってわずか行くと低くなり、さらに100メートルほど行くと、百間土手があった。昭和の初めに現在の堤防ができるが、それは百間土手を生かして築かれた」という。坂城広谷は、大水になれば、河原一面に網状に水が流れた。上五明は微高地の上にあるが、氾濫原の真ん中にあるので、大洪水には逃げ切れなかったのだろう。坂城町の古くからの集落は、段丘の上か、山ろくにあった。

（注1）「雨が広範囲の地域に、しかも長い時間にわたって均一に降ることは現実にはないでしょうが、仮に岩鼻より上流で16～17時間の間に、どこも100ミリの降水があったとすると、上流総流域2444平方キロメートル、幹線流路の延長65キロメートル、流速30秒に54メートル、岩鼻の川幅750メートル、直前も雨天が続いていて浸透分なしとして計算すると、岩鼻の水面は平均5・5メートル上昇することになります。流速測定は出水ピーク時の2日後だったので、これより流速が速いと水面はもっと上昇するはずです」と桜井さん。

（注2）　水衝部

川の水心がぶつかるところ。河道の湾曲や幅の広狭、砂州の形成などの原因により、流水が集中、強い洗掘力や層流力を生ずるところ。堤防が切れたり、河川の氾濫が生じやすい。具体的には▽河道の屈曲部▽本支流の合流点付近▽河道幅の急減部▽河道勾配の急減部など。

Column

堤防のいろいろ

坂城町の千曲川左岸には、不連続堤が見られる（81ページ地図）。霞堤とも呼ばれ、急流河川に多く見られる。洪水の際、水の一部を河川敷から溢れさせ、洪水のピーク流量を低減させる狙いだ。

右岸の坂城町四ツ屋に残っている常山堤は、千曲川筋に直角に突き出している。天保12（1841）年の洪水で、中之条代官所配下の村々の平坦地が壊滅状態になった。そこで、大石を基礎に長さ300メートルの堤防を突き出し、下流の平坦地を守った。

今日のように、河口から上流の山の近くまで何十キロもの連続堤防を築く発想は、明治以降で、完成するのは昭和になってからだ。

「網状流路」地域の宿命

坂城広谷（千曲市）

「更埴地方の千曲川べりの地籍図の中で、○○河原という地字名を拾って行くと、帯状に連なる。千曲川の川筋は、古川と新川、あるいは本流と分流などで何本もあったことが分かる」と「歴史の道調査報告書・千曲川」に、調査総括した桜井松夫さんは書いている。「戸倉より下流では、三つの川筋が認められる（89ページの図1参照）。氾濫原にある集落は流亡、移転を繰り返してきた。連続堤防が築かれて水害の心配が薄れ、橋によって川を心配なく渡れるようになったのは、たかだか70〜80年。20世紀に入って鉄骨やコンクリートが多用されるようになってから。ごく最近のことです」という。

寛保の大洪水「戌の満水」では、旧戸倉町域では、上戸倉の堤防が決壊し、濁流が福井村を直撃、戸倉から屋代まで千曲川右岸全域が泥水につかった。特に千曲川の本流が上徳間の堤防を突き破り（写真1）、濁流が通り抜けた上徳間村・内川村の被害はひどく、「亡所になった」と松代藩へ訴えている。上徳間村では、家屋58軒が流失全壊、流死65人、内川村では家屋41軒と49人の人命が失われた。千本柳村では家屋25軒、溺死2人。上徳間村の興隆寺、千本柳

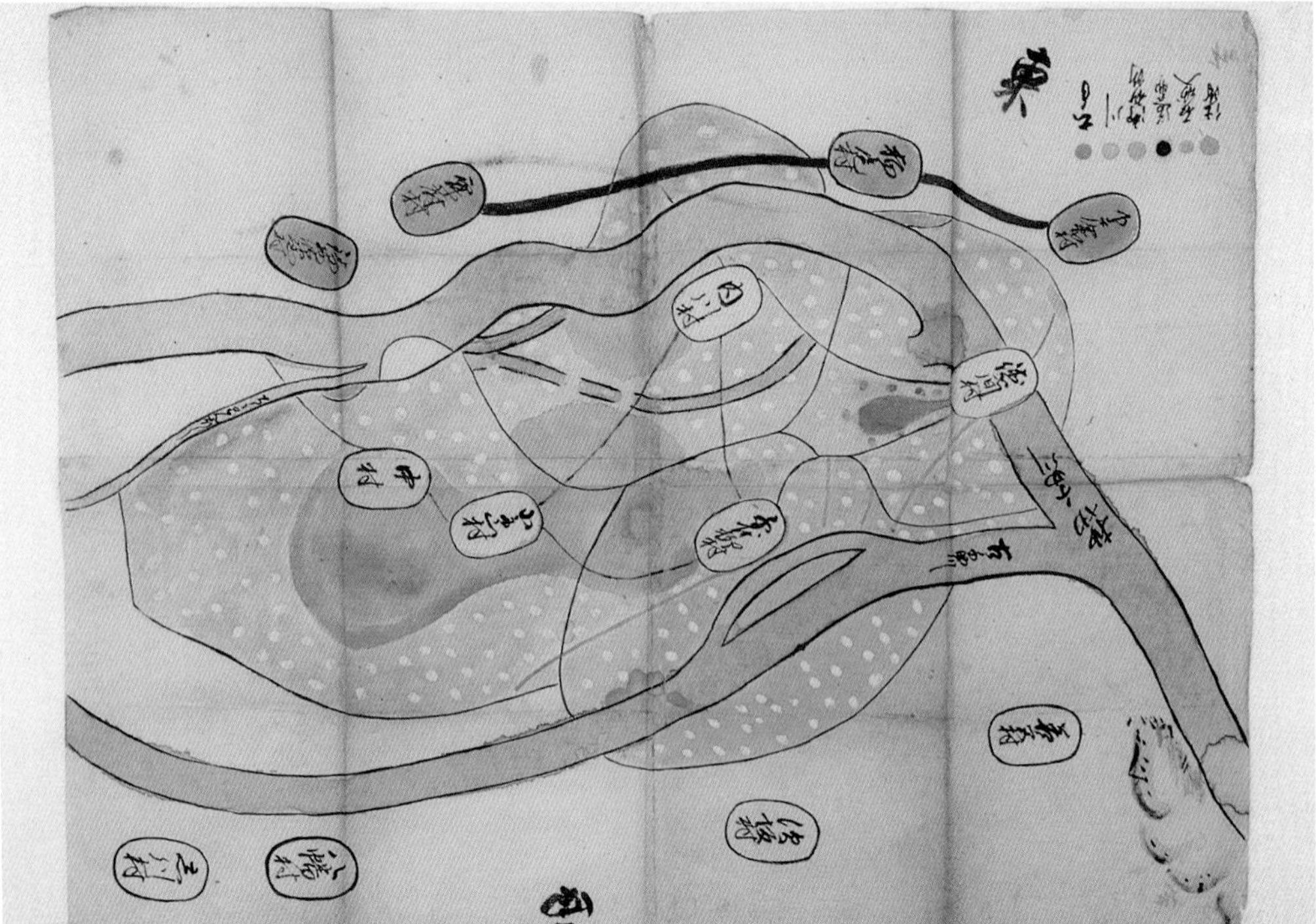

【写真1】寛保2年戌の満水絵図（上徳間・村山汎享氏蔵、戸倉町誌から）。濁流が徳間村（右端中央）から流れ込み、内川村、千本柳村へと流れた

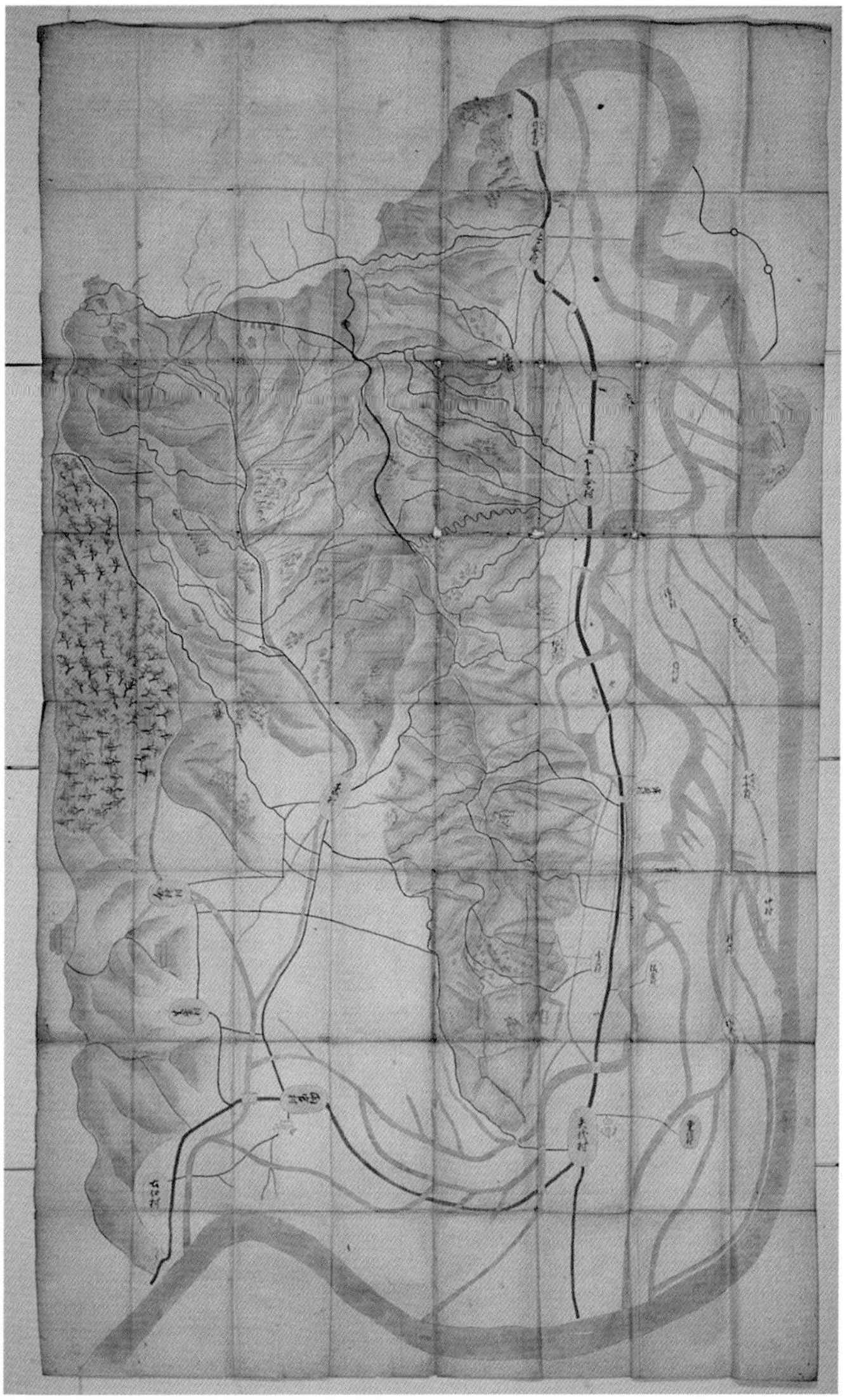

【写真2】元禄年間山論矢代堰関係絵図（上町・坂井宸一郎氏蔵、戸倉町誌から）。千曲川の網状流路がよく分かる

村の黒彦社・長栄寺、下戸倉村の長雲寺なども流失した。

「戸倉町の過去は、千曲川の氾濫と治水の歴史である。近世270年間に50回をこえる大洪水に見舞われている」と「戸倉町誌」は書いている。「私たち千本柳の祖先が住んで居た黒彦村は、寛保の洪水の200年以上前に流亡した。その位置は今でいうと、大正橋の下流約800メートルの河川敷の中。行ってみると、若宮に隣接する中洲のような場所で、今の人にはなかなか信じられない。ふだんは、細い川が何本にも分かれて網状に広がっていた（写真2）。だから、住むには住めたが、大水が来れば流されてしまった」と戸倉町誌編纂委員長だった竹内正一さん。「流亡で分散していた人々が、今の所に『良い場所があるぞ』と集まって、千本柳ができるが、『戌の満水』では、また被害を受けている。上徳間・千本柳・小船山・中村は、近年は千曲川の右岸にあって埴科郡だが、今も左岸にある八幡のお宮（武水別神社）の大頭祭に参加している。流れが変わる千曲川に翻弄されてきた」という。網状流路の中の、より高い場所（微高地）を選んで集落をつくり、早くから水除け（土手）を築いてきたが、大洪水の時は、被害を免れられなかった。

「今でも、この辺の千曲川は、堤防の中を網状になって流れているが、堤防がなかったころは、もっと左右に広く、網状に流れていた。私たちが小さいころは堤防が少なく、温泉（戸倉上山田温泉）あたりは河原と葦原だった」と元・長野県文化財保護協会長の塩野入忠雄さん（坂城町・明治44年生まれ）。「大水だ――と警報がでると、『消防団出ろ』と千曲川右岸の戸倉町から屋代にかけての消防団が出動して、戸倉町の上流のところへ警戒に集まったものです」という。

上徳間の堤防は、古くから洪水のたびに時々決壊、水防上の難所

【写真３】戸倉上山田温泉街の航空写真（千曲川工事事務所提供）。中央の橋が大正橋。大正橋の西詰・獅子ヶ鼻にぶつかった千曲川は、対岸に向かい、上徳間の堤防をよく破った。現在はその河川敷に大西緑地公園が整備されて、水害を遠ざけている。地図の赤斜線は黒彦村のあった辺。赤枠内が航空写真の撮影範囲

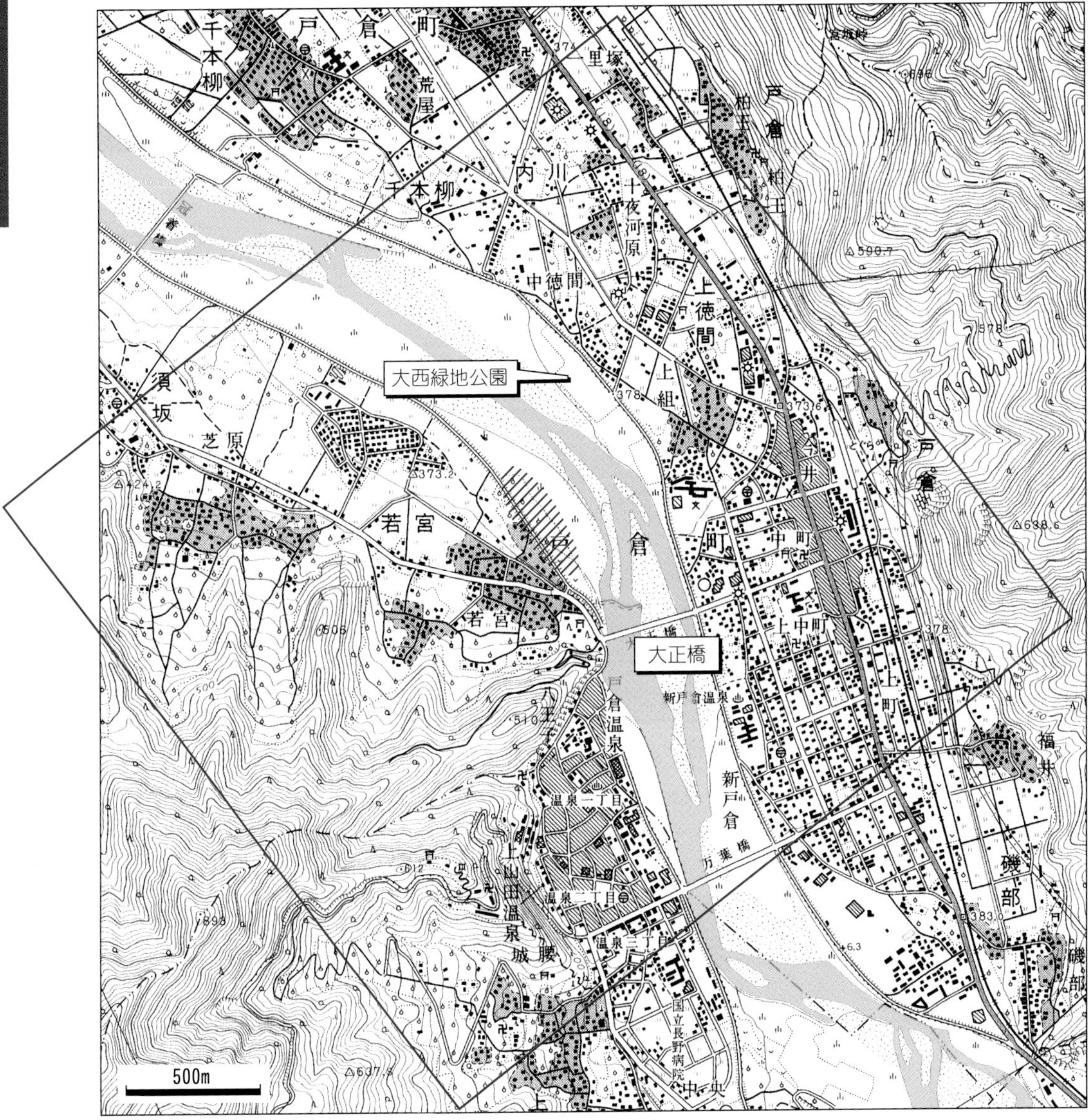

【写真4】上徳間地籍に広々と整備された大西緑地公園。かつて、この辺の堤防がよく切れた。公園で水害を遠ざけている

【写真５】八王子山から見た大正橋下流の千曲川。網状流路が現在の河川敷内にも見られる

として地域の人々に知られてきたが、現在、その河川敷には「大西緑地公園」が広々と整地されている。

「昭和61年に、北陸地方建設局管内の『水防演習』をやる――というので、広い場所が必要になり、上徳間の河川敷を平らにした。ところが、演習後、春と秋の風の強い時期になると、砂塵が舞い上がる。周囲から苦情が出て、緑地公園にした」と戸倉町総務係長の米沢辰男さん。その結果、堤防と現在の千曲川の河道との間に広い緑地公園が出来上がり、上徳間地区を間接的に水害から守る形になっている（写真3、写真4、写真5）。

Column

河跡微凹地と中洲状微高地

坂城広谷を流れる千曲川は洪水ごとに流路を変え、分流したり、蛇行したりしてきた。そして、河跡に微凹地を、中洲状地域に微高地を残した（図1）。中洲状微高地で、主なものは戸倉の旧宿場町地域（水上布奈山神社境内も含む）、千本柳の集落地域（黒彦神社境内も含む）、小舟山の集落地域（船山神社境内も含む）などである（戸倉町誌 自然編）。

河跡の微凹地には、地名にも「川」「川原」「くぼ」などと付けられ、水田地帯となっている。中洲状の微高地は「島」「山」「台」などが付けられ、集落が立地、今はリンゴ園になっているところが多い。「上徳間村の十夜河原は、いつも堤防の切れるところ。石河原で、いちばん耕土の少ないところは、15センチメートルくらいしかない」と滝沢公男さん。「この地域を航空写真でみると、水田の並び方で旧河道が読み取れる」（写真3参照）という。

【図１】千曲川中流域の旧河道（「千曲川の今昔」から）

寂蒔村の死者158人にも

坂城広谷（千曲市）

大災害の時ほど、死者数などは分からない——とよくいわれる。その一つが千曲市寂蒔《じゃくまく》に残されていた「宮坂弥五左衛門文書」（注1）である。寂蒔村では「戌の満水」の流死者が158人に達していた——というのだ。

約20年前、寂蒔史談会が、郷土研究誌「ちょうま」第3号（1982年11月）に「宮坂弥五左衛門の記録」を発表した。その中に「一、御代官浅岡彦四郎様逆木御陣屋ニテ御支配、寛保二戌年七月廿七日当社祭日ヨリ、昼夜止事ヲ不得大雨ニテ佐久郡小諸之脇深沢ト云大沢押出シ八月朔日昼四つ（十時）時分ヨリ大満水トナル、水の深さ壱丈二尺の御書上、村居家敷数六十五軒流ル、潰家廿八軒、流死者百五十八人、夫食御借金八月ヨリ十月迄追々御借金子五拾壱両三分也　名主彦右衛門也、其後三ケ年の間千曲川の水半分程　当村地内　川成ニ通ル、今大橋ノ辺りニ作場通行の小舟有之、其場所を越上りと唱ひ来り候事（後略）」とある。

「戌の満水」の時、上徳間村（旧戸倉町、現千曲市）の上流の堤が切れて、上徳間村、内川村と大きな被害を与え、その濁流が寂蒔村へ押し込んだのだ（写真3）。松代藩領の村々の被害は記録に残っているが、寂蒔村は坂木（坂城）代官所管轄の幕府領で、被害報告が残されていなかった。

平成13年7月12日、寂蒔史談会の定例会が寂蒔公民館で開かれた。中沢芳馬さん、宮坂良男さん、若林慶作さんが出席した。

中沢さん「寂蒔の本組で、流されなかったのは2軒だけ——という言い伝えはあったが、具体的なことは分からなかった。ところが、この古文書に流死者158人とあり、驚いた。そこで、お墓を調べ、お寺の過去帳を調べた」

——お寺には。

中沢さん「永昌寺（写真1）にお位牌『水死萬霊等』（写真2）があって、153人の戒名が書いてある。過去帳のメモもある。戒名から、犠牲者は男子が34人、女子が61人、子どもが58人だったことが分かる。井出孫六先生の話を聞いた時、上畑（佐久穂町）の犠

（注1）「宮坂弥五左衛門文書」

千曲市寂蒔の宮坂秀人家に伝わる72ページの古記録。宮坂家の先祖が代々、書き付けて来たもので、嘉永6（1853）年に、虫食いが進んできたので、弥五左衛門暉喜が和紙二つ折り72ページに書き写し、厚さ約2センチメートル和とじに仕上げたもの。

初めから42ページまでは、宮坂家及び一族のこと、以下巻末まで、寂蒔村のことが書いてある。

昭和52年、寂蒔史談会が、寂蒔の歴史をまとめる基礎資料を作ろう——と発足。まず古文書の目録の整理と年表作りに取り組んだ中で「宮坂弥五左衛門文書」が見つかった。

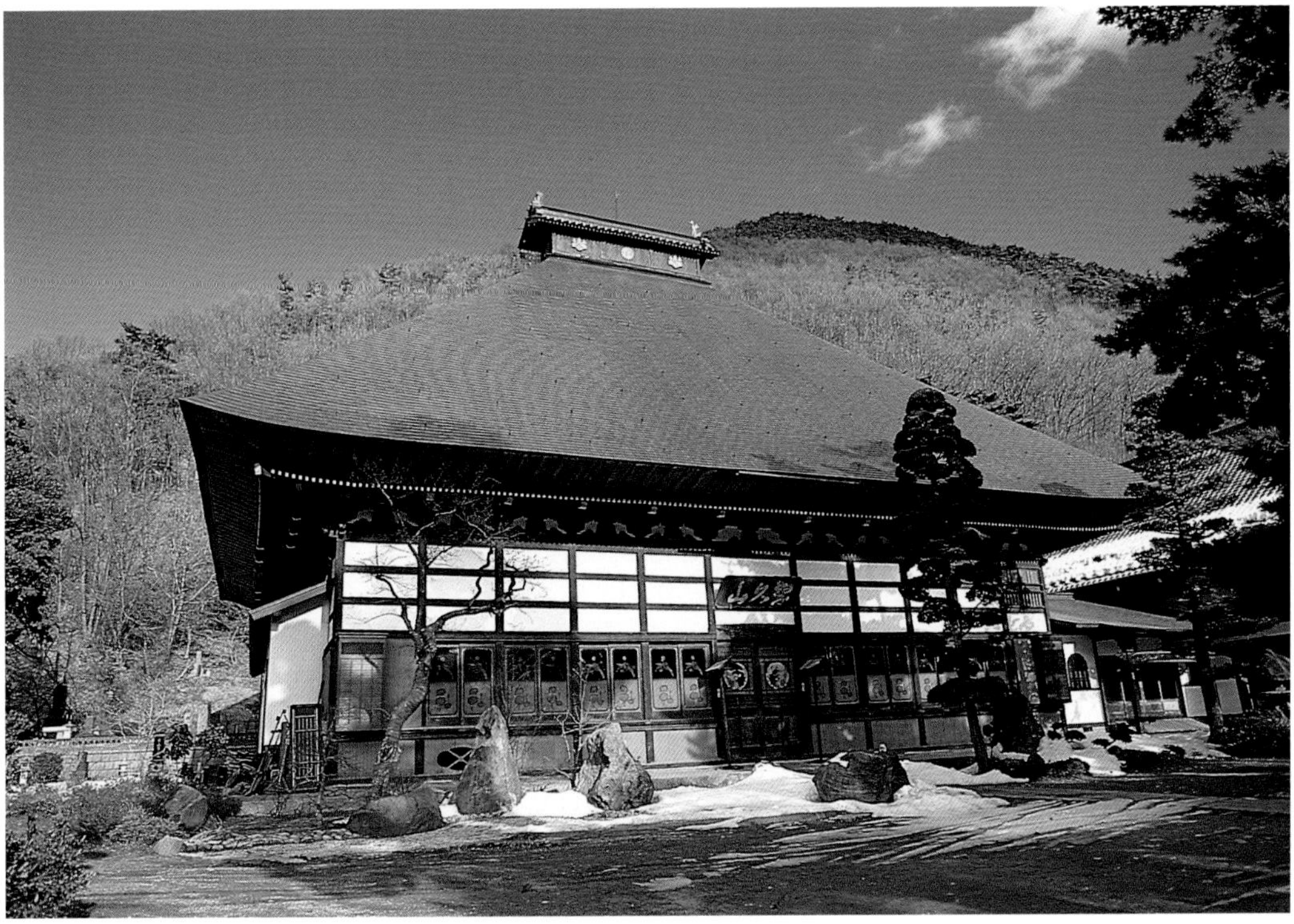

【写真1】山ろくにある現在の永昌寺

牲者のお位牌『流死萬霊等』の話が出てきて、これは私どものお位牌も世に出さなければ——と思った」

若林さん「その中には、柏王の4名も追記されている。寂蒔村以外の人も入っていると思う」

中沢さん「『水死萬霊等』の字は紙に書いて貼ったもので、年月日がない。しかし、戒名を作って、供養しているから、法要には大勢、参加していると思う。だが、もう、だれも知っている人がいない」

——法要はいつごろ、行われたものですか……。

中沢さん「江戸末期、水害から100年ぐらいたって、供養したものではないか——と思う。寂蒔村は、この辺では一番大きい村だ

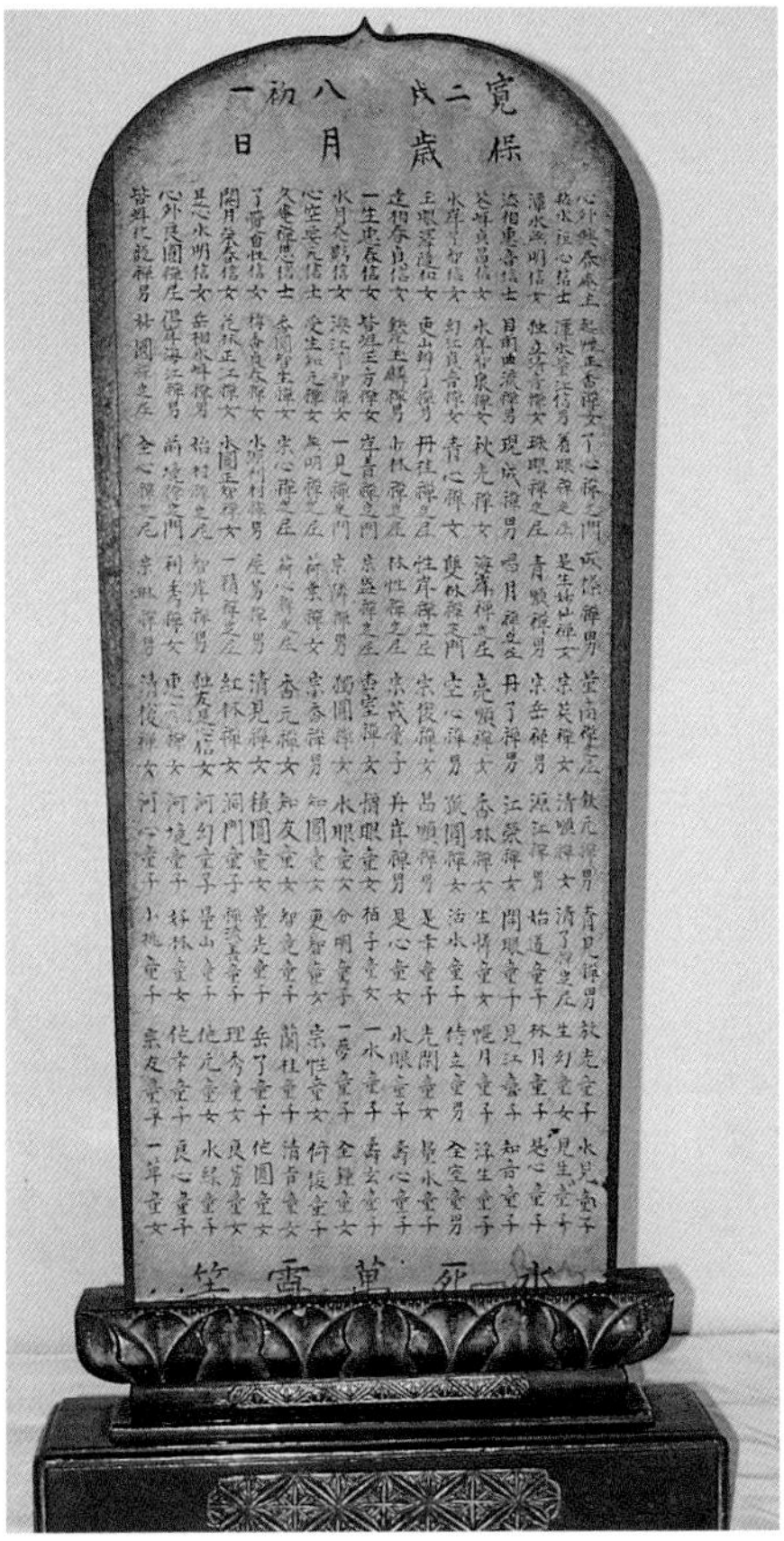

【写真2】153人の戒名が書かれている永昌寺にある「水死萬霊等」

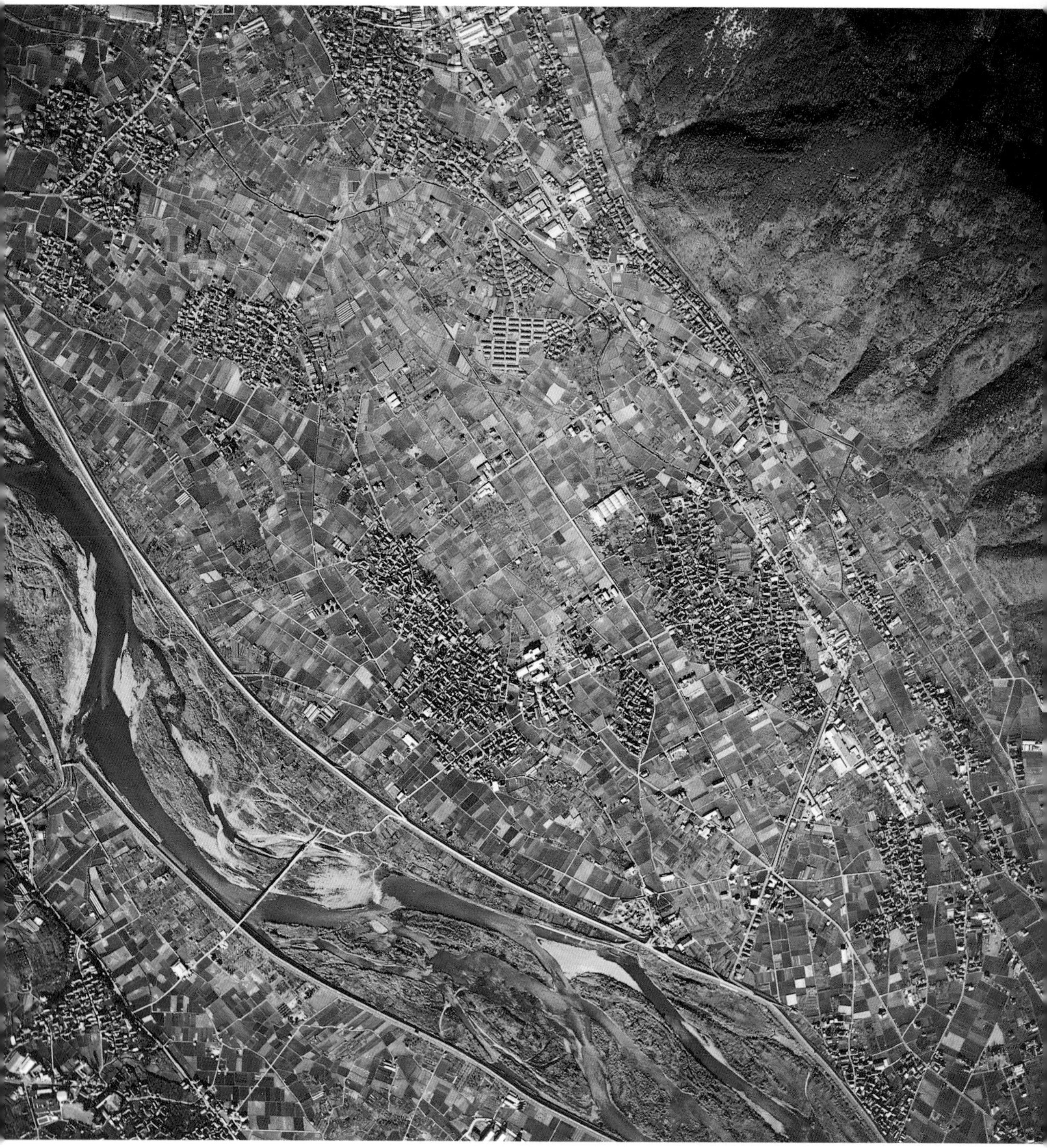

【写真３】旧戸倉町上徳間・内川、旧更埴市寂蒔（すべて現千曲市）の航空写真（1975年、国土地理院撮影）。右下の千曲川堤防沿いの隅が上徳間。上徳間で堤防を押し切った千曲川は、内川、寂蒔の順に押し流した。地図の赤丸は現在の永昌寺、青丸が水害前にあった場所。赤横線は「寂蒔水除土堤」。赤枠内が航空写真の撮影範囲

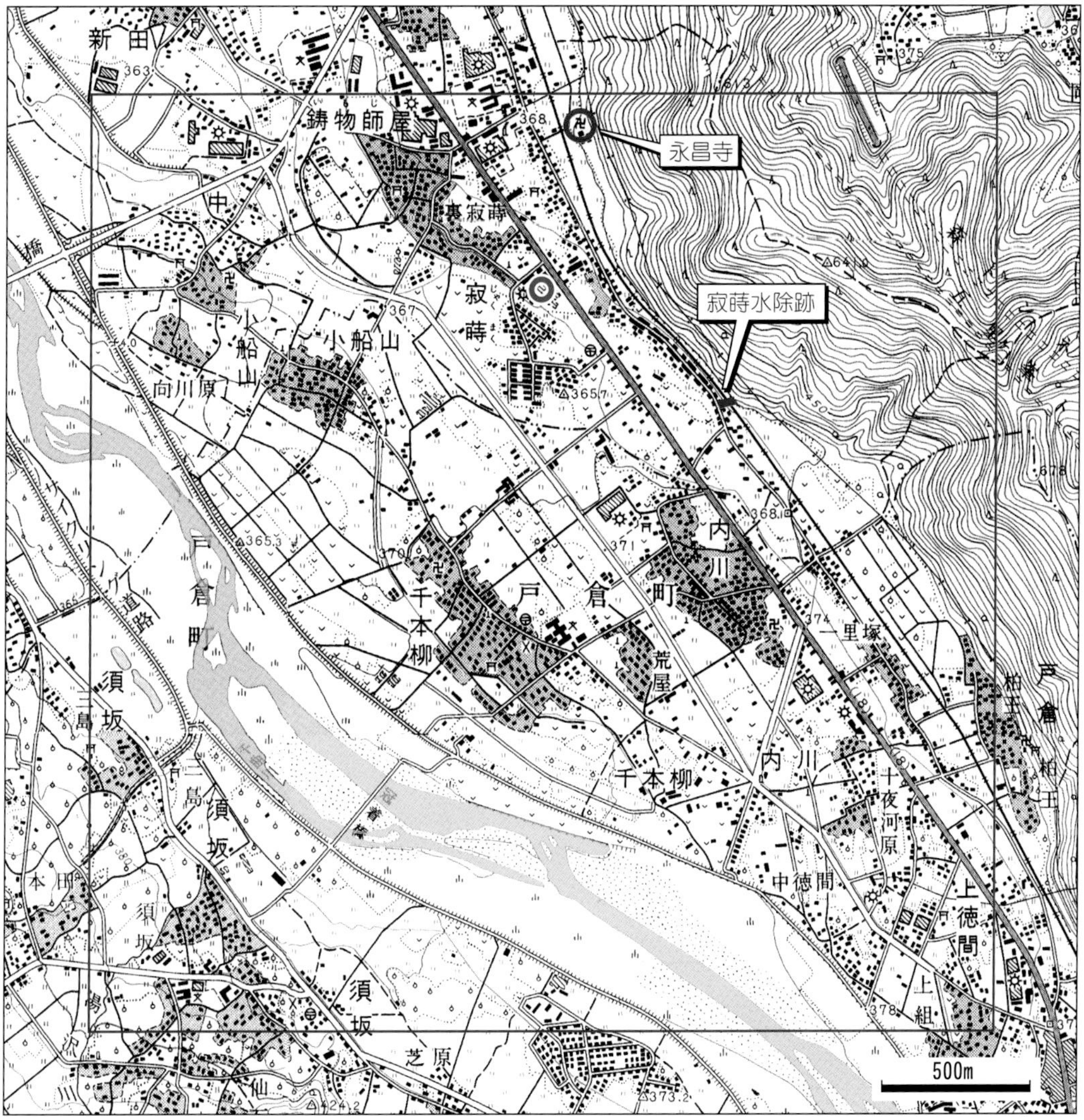

から100人以上は死んでいるだろう――と推察はしたが、実際のところは分からない。お墓も調べたが、古い墓石は東山の石で雨水で侵食されてしまい、字はほとんど分からなかった」

永昌寺住職の佐藤昌邦さんは「この時、お寺も現在の山ろくに移った。延享3（1746）年10月28日です。前のお寺は、国道18号沿いの現在、丸善食品のところにあった。そこの小字は法正寺という。永昌寺の前身の名前です。当時の住職は、8世の越城来随。これだけの戒名を一気に付けたのだから、大変だったと思う。うちの檀家は、古くは寂蒔がほとんどで、戸倉、鋳物師屋にも少しあったようです。過去帳や水死萬霊等に載っている仏さんは、大半が寂蒔と考えてよいと思います」という。

――宮坂文書には、寛保の洪水後3年間、「千曲川の水の半分程　当村地内　川成ニ通ル」とありますが……。

若林さん「流れが『水除《みずよけ》土堤《どて》』を突き破ってくれば、北国街道沿いを流れる。その辺のことがよく分かっていない。だが、『水除土堤』が崩れてしまったことは事実だ」

――「寛保の洪水」の時は、上徳間村（旧戸倉町）の上流の堤が切れて、上徳間村、内川村と大きな被害を与えて、寂蒔村へ流れ込んできた――と考えられる。

若林さん「獅子ヶ鼻にぶつかった千曲川は、はね返って上徳間―内川―寂蒔と来て、また、はね返って八幡の方へ向かう」

宮坂さん「千曲川の曲がるところに土手を築いて、村を守っていた。洪水で土手が切れるところは大体、決まっている。大正橋の下、上徳間が切れると、ここ（寂蒔）へ水が来た」

寂蒔村では、村の上手に「水除土堤」（注2）を築いて、村を守ってきた。その「寂蒔水除土堤」が、旧北国街道の寂蒔地区の南端に、わずかに残っている（写真4）。「そこから国道18号に向かって延びる農道が、寂蒔水除土堤の跡です。地元の人は、野杭堤防と呼んでいた」と滝沢公男さんは話した。

【写真4】旧北国街道沿いに、わずかに残る「寂蒔水除土堤」

（注2）「寂蒔水除土堤」

「この土堤は、千曲川の氾濫から田畑を守るため、元禄六（一六九三）年、寂蒔・鋳物師屋・打沢・小島の四カ村で築いた。旧北国街道の市道埴生本線と土堤が交差する所は、洪水時には、土のうや石で道の部分を塞いで、一続きの土堤として、水害を防いだ。寛保二（一七四二）年の大洪水で、切れた後、修復された」と案内板にある。

旧更埴市域（松代藩）の「寛保の洪水」田畑被害状況（「更埴市史 第二巻」から）

村　名	石高	被害高	率
桑　原	974石	517石	53.1%
本八幡	2469	1437	58.2
向八幡	467	344	73.7
粟　佐	746	666	89.3
矢　代	1703	1326	77.9
雨　宮	1986	1336	67.3
森	1389	1229	88.5
倉　科	862	720	83.5
生　萱	432	405	93.8
土　口	292	272	93.2
計	11323石	8258石	72.9%

小数点以下を四捨五入したので合計の数字は合わない。

90度流れ変えて濁流が激突

塩崎・御幣川（長野市）

北流してきた千曲川は、長野盆地に入ると、犀川扇状地（川中島平・注1）に行く手を阻まれて、千曲市八幡で、ほぼ直角に流れを北東に変え、勾配が緩やかになる。このため、両岸に自然堤防をつくり、その背後に湿地を発達させた（写真2）。広い後背湿地には、上流からの肥沃な土壌が堆積し、早くから稲作が普及した（注2）。その半面、後背湿地は洪水常襲地で、水害に悩まされてきた。

「戌の満水」では8月1日、稲荷山—塩崎間で千曲川の水除け（堤防）が決壊して、左岸の村々を一のみにした。「切れたのは松節堤防で、今も一部が残っていて、白山様や、菊の御紋がついた伊勢社の石祠（写真1）がある。ここが一番危ない。古文書にも『松節で切れた』とよく出てくる」と滝沢公男さん。「しかし、ここを丈夫にすると、対岸の粟佐が危なくなる。粟佐には水天宮さんが祀ってあって、いつも対立していた」という。

水除けを決壊させた濁流は、まず、塩崎村を襲った。篠ノ井両組19軒、山崎7軒、上町4軒、計30軒を押し流し、男女83人が流死。安全な場所にある笹井庄ノ宮、一本木八幡、上町の八幡社と伊勢社、平久保の姫宮、山崎の浄信寺も被害を受けた。

【写真1】「戌の満水」の時、切れたといわれる松節堤防にある菊の御紋のついた伊勢社の石祠（長野市篠ノ井塩崎）

濁流はさらに、御幣川村を襲い、会村から小森村に流れた。御幣川村では「水死人男46人、女56人、流失本家60軒、田畑全部が砂入り・泥入り・押掘りで荒れ果てた。残った家は13軒、家財はもちろん食べ物もなく餓死の状態である」と職奉行に訴えた。会村は、水死16人、流失本家20軒の被害を受けた。

上横田村には、千曲川の直流の余波が押し寄せ床上浸水5尺、水死13人、流失本家5軒。さらに下横田村へあふれて床上浸水3～4尺となり、水死32人、流失本家19軒に達した。小森村でも「家二九軒流、一一人流死、内六人男五人女」と「松代満水の記」に記されている（97ページ表1参照）。

【写真２】更埴ジャンクション付近の航空写真（千曲川工事事務所提供)。北上してきた千曲川は長野盆地に入り、行く手を犀川の扇状地・川中島平に阻まれ、大きく北東へ曲がる。その流れが突き当たるところに自然堤防が発達、塩崎・御幣川・横田の村々があり、洪水時には被害を受けた。地図の青点線は、「戌の満水」時の洪水の流れ（推定)。大きく曲がった千曲川の左岸堤防際に軻良根古神社の森（赤丸）が見える。姫宮神社は青丸。橙線は高土手。赤枠内が航空写真の撮影範囲

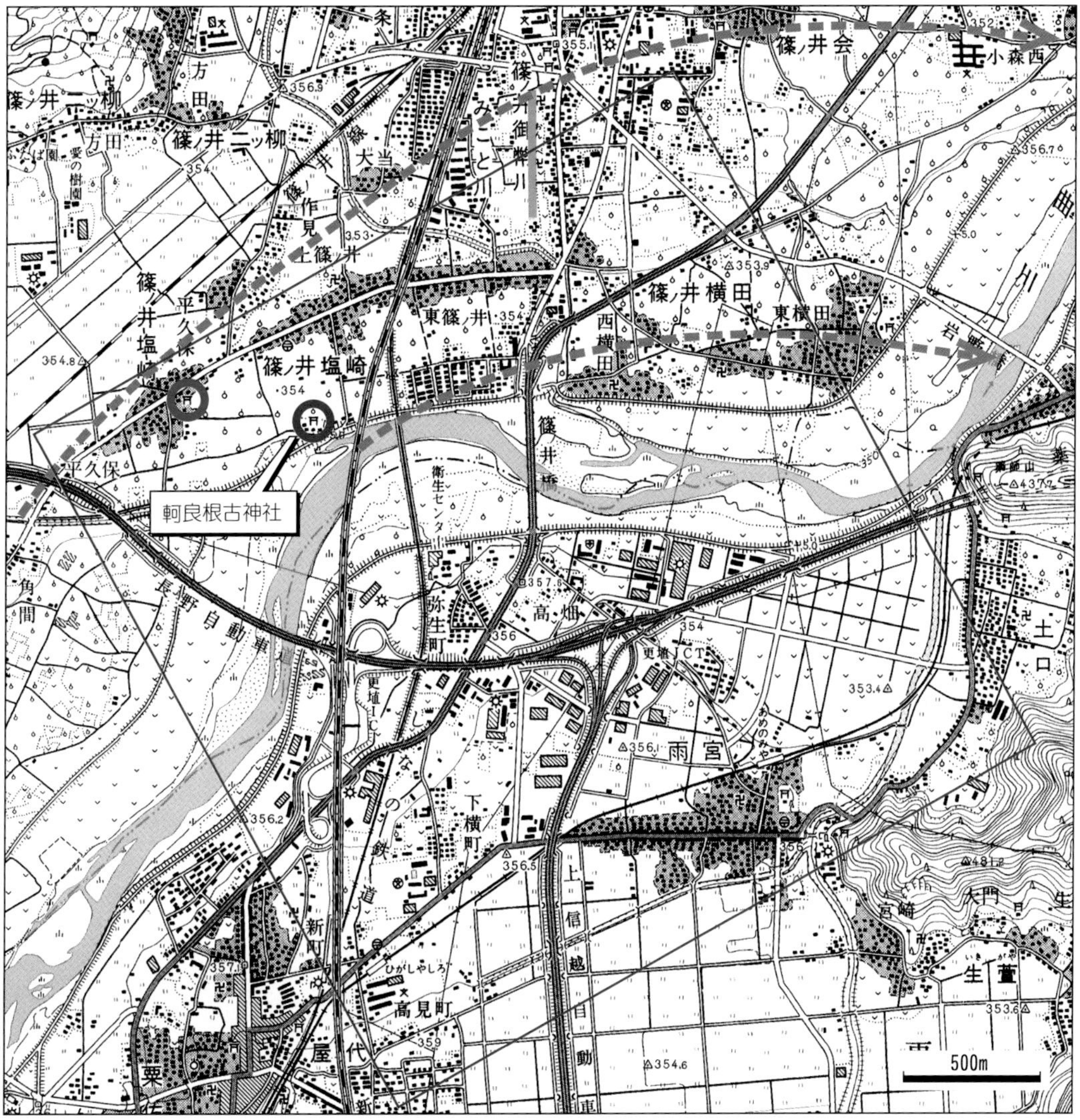

【表１】千曲川屈曲部の主な死者・建物被害（主に「松代満水の記」による）

	流死者男	流死者女	流死者計	流家	潰家	残家
塩崎村	—	—	83人	30軒	—	—
御幣川村	46人	56人	102	60	16軒	13軒
二柳村	9	19	28	21	—	—
下横田村	11	21	32	19	11	22
上横田村	5	8	13	5	5	10
会村	6	10	16	20	—	—
土口村	4	1	5	33	—	—
岩野村	58	102	160	144	—	—
小森村	6	5	11	29	—	—

平地の布施高田村でも、30軒流失、田畑830石余のうち、20石余が砂泥入りとなり、417石が作物が取れない状態になった。北国街道も全壊状態となった。

自然堤防上にある塩崎村は、いつもは水害があっても、田畑の被害だけで、流死や家屋の流失は稀だった。ところが、「戌の満水」では、千曲川上流からの激流と聖川の氾濫で、多くの犠牲者を出した。「塩崎村史」（昭和46年刊）によると、水害による田畑の「河成石砂入」による永引地（租税免除地）は、毎年のような水害で年々増えた。寛永8（1631）年に21石だったのが、「戌の満水」後の宝暦8（1758）年には1100余石に激増している。このため、村民は窮乏、宝暦11年の塩崎騒動につながっていったという。

寛保2年の水害は、納籾高4379俵のうち、当引分は1800俵で41％強の減収。村では、水害永引地の捨地策を領主に要求したり、千曲川国役普請を幕府に嘆願した。国役普請や御普請、自普請は寛政3（1791）年から明治までに21回、繰り返し実施されている。

「ここは水つきの本場で、大正時代に本格的な堤防ができるまでは、みんな苦労した。私の古い家には、壁に水つきの線がありました。今も、平久保の田中金男さんの土蔵には水つきの線が残っている（**写真3**）。寛保の洪水の時は、姫宮神社の床上まで水がついたといいます」と元・上篠ノ井区長の山田昭雄さん。「文久3（1863）年の生まれの祖母から聞いた話では、ここで穀屋を始めてから何度も水害にあった。俵を高いところに置けるように、端切桶の上に板を渡して、その上に積んだ。困ったのは水。井戸の中に汚水が入って、飲めなくなり、舟で運んでもらった。炊き出しのむすびなども、舟で運んできて、竿の先で、2階へ届けてもらったそうです」という。

【写真3】洪水の浸水線が残る、姫宮神社近くの田中金男さんの土蔵

「御幣川区誌」も、「村の危機　寛保『戌の満水』」というタイトルをつけている。その惨状については、「戸数人口を減じた村は、耕地広きにわたり荒廃するも如何ともすべからず、よって春雪明けの節の如き、鴨雁の類、何百羽となく群棲して、田畑の麦作、野菜を荒らし、為に青物なきにいたれり」と「栄村沿革史」を引用している。

長野市篠ノ井御幣川の香福寺裏から宝昌寺裏にかけて、南北に400メートルほど、高土手（**写真４**）が残っている。「横を流れる岡田川の氾濫に備えて築かれた土手だが、寛保の洪水の時は、塩崎の唐猫方面からきた洪水が、この高土手を越えた。洪水がまともに御幣川に突き当たったから、60軒が流され、残ったのは13軒だけ。逃げ損なって、多くの犠牲者が出た」と滝沢公男さん。

千曲川が大きく北東へ曲がる左岸堤防脇に、軻良根古《からねこ》神社（**写真５**）がある。「本来、お宮は安全なところに建てるのが普通ですが、千曲川の水衝部にある」と山田さん。「明治の水害の時には、お宮の太いケヤキの枝を切って、水除けに使った——と聞いてます」という。軻良根古神社と上篠ノ井の追分を結ぶ道沿いには、大正3（1914）年に移転するまで更級郡役所や警察署などが並んでいたという。ケヤキの大木におおわれた軻良根古神社は、篠ノ井組の守り神となってきたのだ。

【写真４】今も長野市篠ノ井御幣川に残る「高土手」

（注1）　犀川がつくった大扇状地「川中島平」

犀川は長野盆地に入ると、多量の土砂を堆積し続け、川中島平と呼ばれる犀川扇状地をつくり出した。犀川の長野盆地への入り口である犀口の標高は372メートル、扇状地の末端の東篠ノ井あたりは353メートル、千曲川と犀川の合流点・落合橋付近が342メートル。川中島平は、犀口を扇頂にして、落合橋の方向に傾斜しているばかりでなく、東篠ノ井方向へも傾斜している。

千曲川が、長野盆地に入ると、東の山ぎわに押し付けられるように流れるのは、犀川扇状地の押し出しによる。

（注2）　昭和63（1988）年、長野自動車道建設に伴って長野市塩崎・石川地籍が発掘され、稲荷山駅裏の石川条里遺跡の地表下3メートルから縄文前期初頭の住居跡3軒が出土した。その後、平成4年には対岸の屋代遺跡群（千曲市）の地表下6メートルからも縄文中期の集落跡が発掘された。

この調査によって、農耕が始まった弥生時代には、千曲川の自然堤防上に集落ができ、後背湿地で水田を耕していたことが分かった。

【写真５】千曲川激突の場所に立つ軻良根古神社。ケヤキの大木に囲まれている（向かって左に千曲川の堤防がある）

寛保のころの堤防は

――洪水を防ぐために、千曲川べりに堤防を築いたことが確認できるのは、寛永17（1640）年の海野―大屋間の古図（松平文書・上田市立博物館蔵）からである――と「歴史の道調査報告書・千曲川」に書いていますが、「戌の満水」のころの堤防は。

桜井松夫さん（上小郷土研究会副会長）「文書や図面に出ない堤防の原形みたいなものは、それ以前からあったと思うが、築いては流されるものだった。更埴市（当時）の千曲川べりに、古い堤防が残っていますが、その高さは今の耕地面から一間あるかなしか――です。押し寄せる洪水に太刀打ちするつもりでは、造っていなかったのではないか。また、それ以上の高い堤防を築いてゆく技術もなかったのではないですか」

滝沢公男さん（元・長野県土地改良史編集委員長）「『更級埴科地方誌』の中に、嘉永年間（1848〜1853年）に松代藩で調べた堤防の図が、坂城の鼠宿から犀川の合流点まで載っている。そこには、古御普請堤、未年御普請堤、申年より御手普請の3期に分けて描いてある。『古御普請堤』は寛保2（1742）年から明和2（1765）年くらいの間のものと推定されるが、ほとんど記載がない。『未年御普請堤』は弘化の堤防。『申年より御手普請』はかなり載っている。この図からは、寛保のころの堤防は分からない」

――堤防のあるなしは、どうだったのですか。

滝沢さん「住民の生死には大きく影響したと思います。高い水除けは8尺（約2・4メートル）ぐらい築いていますから、その高さを乗り越えるまでに、かなり逃げられる」

――水除けと今の堤防との違いは。

滝沢さん「水除けは、せいぜい4〜8尺の高さに石を積んで土を盛ったり、土だけ盛って、場合によってはその前に牛（牛枠）を置いた。それで洪水を防いでおいて、その間に逃げたり、耕地を守った。今日の連続堤防は、明治以降の発想です。千曲川も、昭和16年に連続堤防ができて、まだ60年です」

長野盆地の「水まーし」

「長野盆地の水害は、大水は別にして、徐々に水が溢れて、湛水して行くという状況でした。私は祖父母から、よく聞いていましたが、この辺（長野市横田）も、大正時代に内務省堤防ができる前の水つきは、徐々に増えてきた。『これは増えそうだな』となると、まず、溜めにむしろを掛けて、土をかける。飲み水を手桶に汲んで、中2階に上げる。それから、薪が流れないように柿の木などに縛り付ける。塩むすびは、かまどで炊いてつくりますが、火勢の強い、おがら・豆がら・麦わらなど使って、短時間に炊き上げた。いよいよ、水がついてくると、男衆は、柿の木などに登って見ていた。

ここは、ある程度、水はつくのですが、自然堤防の上ですから大きな被害にはならない。水は後背湿地である篠ノ井旭高校（現長野俊英高校）の方へ流れて行った。しかし、木に登れない女衆は取り残されるわけで、この話が話題になると、『じいさんは、いい気なもんだった』と夫婦喧嘩の元にもなった」と滝沢公男さんは話した。長野盆地の千曲川沿岸では、土地のわずかな高低や蛇行する川のどこに位置するか――が大きく影響した。

松代藩最大の犠牲160人

岩野村（長野市）

松代藩で最大の犠牲者を出したのが、岩野村（長野市松代町岩野）だ。「松代満水の記」は「岩野村　男五拾八人、女百弐人流死、馬弐匹流死、田畑川欠砂入残不申、家百四拾四軒流、往還道六百間押払」とある。村の人口の3分の1が死亡したという。かつての谷街道（国道403号）の笹崎よりに「川流溺死万霊供養塔」（写真1）が建っている。

【写真1】岩野地区の「川流溺死万霊供養塔」

「隣の新馬喰町（松代町）では、犠牲者の供養を続けています。岩野でも、その時流された地蔵堂が再建され、『ぶっとんこう』（仏恩講・注1、写真2）が続いていますが、『戊の満水』との結びつきはありません。なんとかしなくてはと思っているところです」と元・岩野区長で民話研究家の青木貞元さん。

――どうして160人も亡くなったのですか。

青木さん「雨が降り続いた後、土砂降りになり、一気に水が来た――と聞いています。千曲川は長野盆地に入り、この辺で大きく蛇行していますが、洪水の時はまっすぐ押し流す力が強く、直撃した――といわれています。わしら子どものころは、雨が降り出すと、

【写真2】毎月17日に地蔵堂で開かれている「ぶっとん講（仏恩講）」

【写真３】長野市松代町岩野の航空写真（千曲川工事事務所提供）。千曲川に向かって延びる薬師山の山陰（北東）に岩野、南西に更埴市（現千曲市）土口。地図の赤点線は旧岩野村境。かつて千曲川は、土口を湾流して旧村境に沿って流れていたが、洪水時は直撃して被害を大きくした。薬師山塊の東端が妻女山。赤枠内が航空写真の撮影範囲

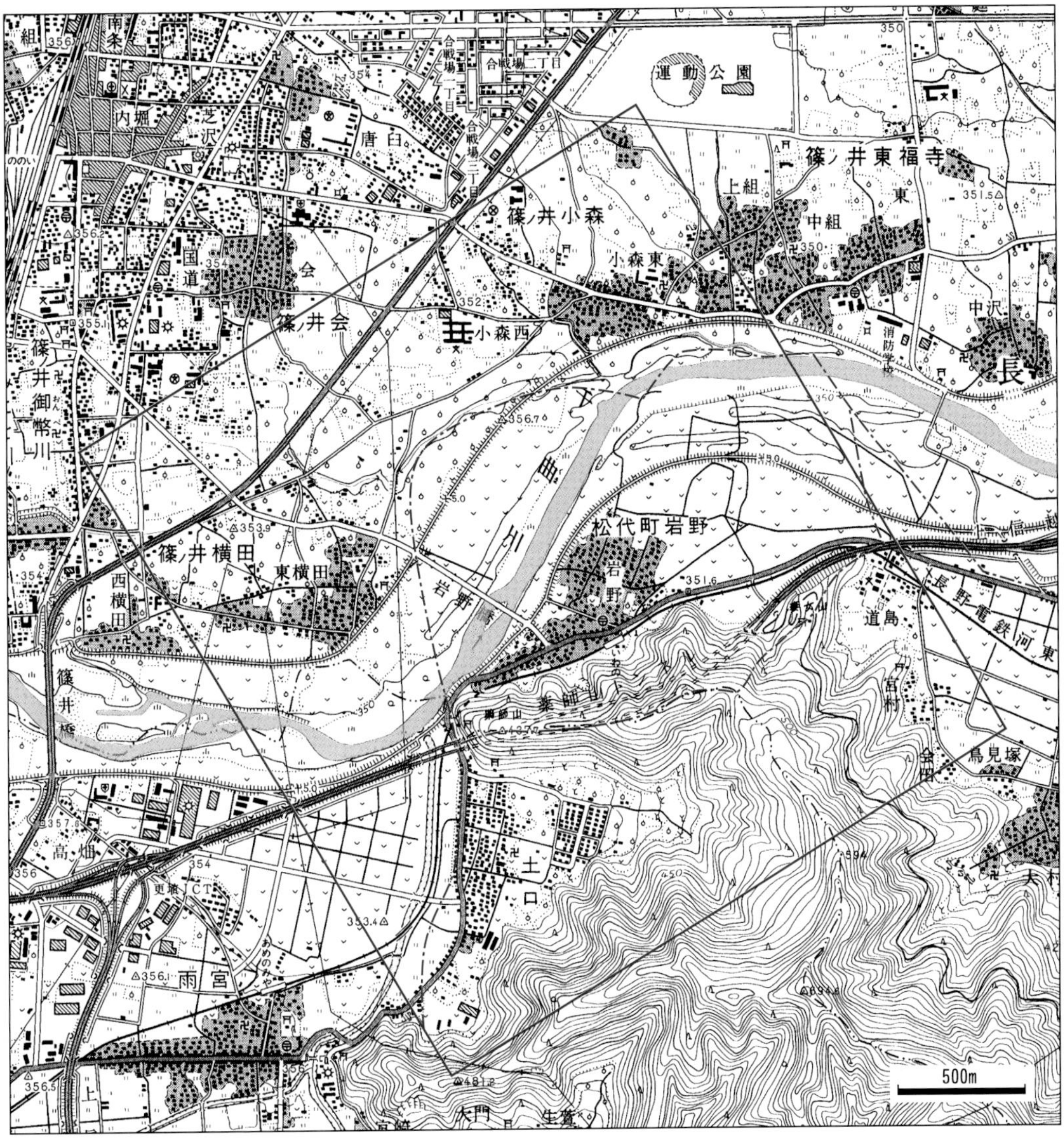

上田から1時間で水が来る——といわれていた。最近まで区長をやっていましたが、区長のところへ今も気象情報がどんどん伝えられてきます。『いま、軽井沢ではどのくらい、降っている』とか。ここは、水に関しては敏感です。かつては、区長の家で、消防団と一緒になって、水が増えてくる様子を見ながら、対策を練った。ところが、最近は、あっという間に堤防の中は水でいっぱいになってしまう。

去年（平成12年）は3度、水が出た。私も用事で外出していて、午後に帰ってきたら、堤防の中は水でいっぱい。『区長、どこへ行ってるのだぁ』と怒られた。昔は情報伝達機関もなし。大したことはない——と思っているうちに、急に水に襲われ、大きな被害になったと思う」

林盛雄さん（松代町岩野）「川の流れが岩野に向いていて、水の出が早かったから犠牲者が多くなった——と思っている。私の本家でも2人亡くなったと系図に書いてある」

【写真４】妻女山から見た岩野地区

北村保さん（長野市松代藩文化施設管理委員会委員）「増水した時には、直線的に押し流す力が強く働く」

それにしても、すぐ後ろに山があるのに——というのは、対岸の西横田区長の滝沢公男さん。「いくら大雨にしても、鉄砲水のような被害の出方です」という。

——岩野は、長野盆地に突き出した笹崎の陰にあって、それに守られるような格好になっているが（写真3、写真4）。

滝沢さん「当時の千曲川は、雨宮（千曲市）の北から土口（同）の西を通って、薬師山の先端の笹崎に、ドーンとぶつかって、対岸の横田のお宮の東を流れて、岩野の方へ向かっていた。今も、旧村境がそうなっています。そういう面で安心感があったのではないか——と思います」

——千曲川は、今より大きく蛇行していた。

滝沢さん「旧村境をみると、それがハッキリ分かります。右岸の岩野地区が、対岸の左岸に湾曲して土地を持っている」（地図参照）

——江戸時代に入ると、新田の開発が一段と盛んになります。新田は災害の遭いやすいところが多く、それも被害を大きくした面はありますか。

滝沢さん「田畑は被害を受けやすくなってきていると思います。西沢武彦さんが『信濃』に『近世松代藩の新田開発』を書いています。川欠けになったり、起返《おきがえ》りする場所を開発するようになっている。平地内部の本田の開発は江戸初期に、ほとんど終わっている」

——今、岩野地区の千曲川右岸の堤防脇に、岩野地区の墓地があります。岩野では、その辺が一番高く、その辺まで水がつく時は、山際の方は、軒先まで水がつく——と聞きましたが。

青木さん「墓地の辺から、集落の中心の地蔵堂のあるあたりが一番高い。墓地のある辺には、昔、正源寺があったが、『戌の満水』の時、流された。お寺の跡は残っていたが、内務省堤防ができた時、堤防の下になった」

仏恩講に集まった岩野地区の人たちは「正源寺は、その後、山際に移って、戦後まであったが、住職の身持ちが悪く、檀家の住民も見限り、廃寺になってしまった。そのことも、『戌の満水』の詳しい様子を分からなくしている」という。

（注1） ぶっとん講

ぶっとん講とは仏恩講のことで、岩野地区では、毎月17日に、講中の人々が地蔵堂に集まって、開いている。平成13年12月には、1年の納めの講ということもあって、30人が集まり、午後1時半から、松代町の真勝寺住職を導師に「真宗在家言行集」を唱和して、亡くなった人を供養。住職の法話の後、お茶を飲んで散会した。

世話人代表の久保武さんは「岩野地区194戸のうち、120戸が真宗で、講中は真宗の家が中心ですが、他の宗派の人も地区の行事として参加している」という。ぶっとん講と「戌の満水」との関係について、林盛雄さんは「ぶっとん講は、明治の廃仏毀釈で始まった。『戌の満水』の犠牲者供養とは特に関係はない」という。

Column

黒い砂利・白い砂利

生コンクリート業界は砂利不足から、長野市松代地区を中心に、畑の下に堆積している千曲川旧河道の砂利を盛んに採掘している。砂利から千曲川の旧河道が分かるのではないか——と株式会社利幸開発の熊原良浩専務取締役に聞いた。

——岩野地区の長芋畑の下から出てくる砂利は。

「妻女山の麓からは千曲川系の黒っぽい砂利が出てきた。山から200メートルほど離れ現在の千曲川に近い地点で掘った時は、表面近くは千曲川系の砂利で、中間層に犀川の砂利がかなりあって、深さ5メートル以深はまた千曲川系の砂利だった」

——下流の大室地区へ行くと、地下の砂利は白っぽい犀川系だ——といいますが。

「犀川は、川中島平の扇状地をつくっている。このため、千曲川は山際に押し付けられて流れてきた。犀川の砂利を押し出す力は、千曲川との合流地点に近いほど強い。私の会社でも大室団地を造成する時、下を全部、掘ったが、犀川系の砂利でした」

——砂利として良いのは。

「千曲川系の砂利を使ったコンクリートの方が耐久性が高い」

——簡単にいって、犀川の砂利はアルプスの花崗岩系、千曲川は浅間山地の安山岩系で、花崗岩の方が風化して、もろくなりやすい。

「というか、比重からいっても、千曲川系の方が重く、堅い。千曲川水系でも、更埴市雨宮の駐車場の下から採掘した砂利は、浅間山の軽石系が含まれていて、生コンに使うと浮いてしまい、使えないものも出てしまった。雨宮辺を千曲川が流れていた時に、浅間山の噴火があって流れてきたものでしょうか」

殿様、船で城から避難

松代城下（長野市）

松代城は戦国時代、千曲川を天然の要害として築かれたが、江戸中期になると、洪水に時々、見舞われ、水害に悩まされ続けた（写真2）。中でも、寛保の大洪水「戌の満水」の時は、大変だった。「本丸、二の丸、御殿床上六尺余（約2メートル）水あがり、地形よりは一丈余（約3メートル）……。殿様二日四ツ時（午前10時）御船に召させられ、御玄関より開善寺へ御立のき遊ばされ候」（松代水難記）と殿様が船で避難する事態になった。お姫方様などは大林寺へ避難した。石垣、塀は崩れ、本丸、二の丸、花の丸はいずれも床上1メートル以上も泥が押し込み、堀は埋まり（写真1）、御城米500石（75トン）、城附武具等も水に浸かり使えなくなった（200ページ資料17参照）。

一方、城下は、7月29日夕方から、支流が氾濫した。関谷川の決壊した水は、柴町まで流れ、千体堂前（大英寺前）では水深7尺（2・1メートル）に達し、新小越町（松代支所南）には島ができた。また、押し出した土砂で堤は6尺の高さとなり、東十人町を見下ろすほどになった。神田川も恵明寺前で決壊、竹山町を押しきり、紺屋町を直撃した。河原山で決壊した水は足軽屋敷を押し流し、

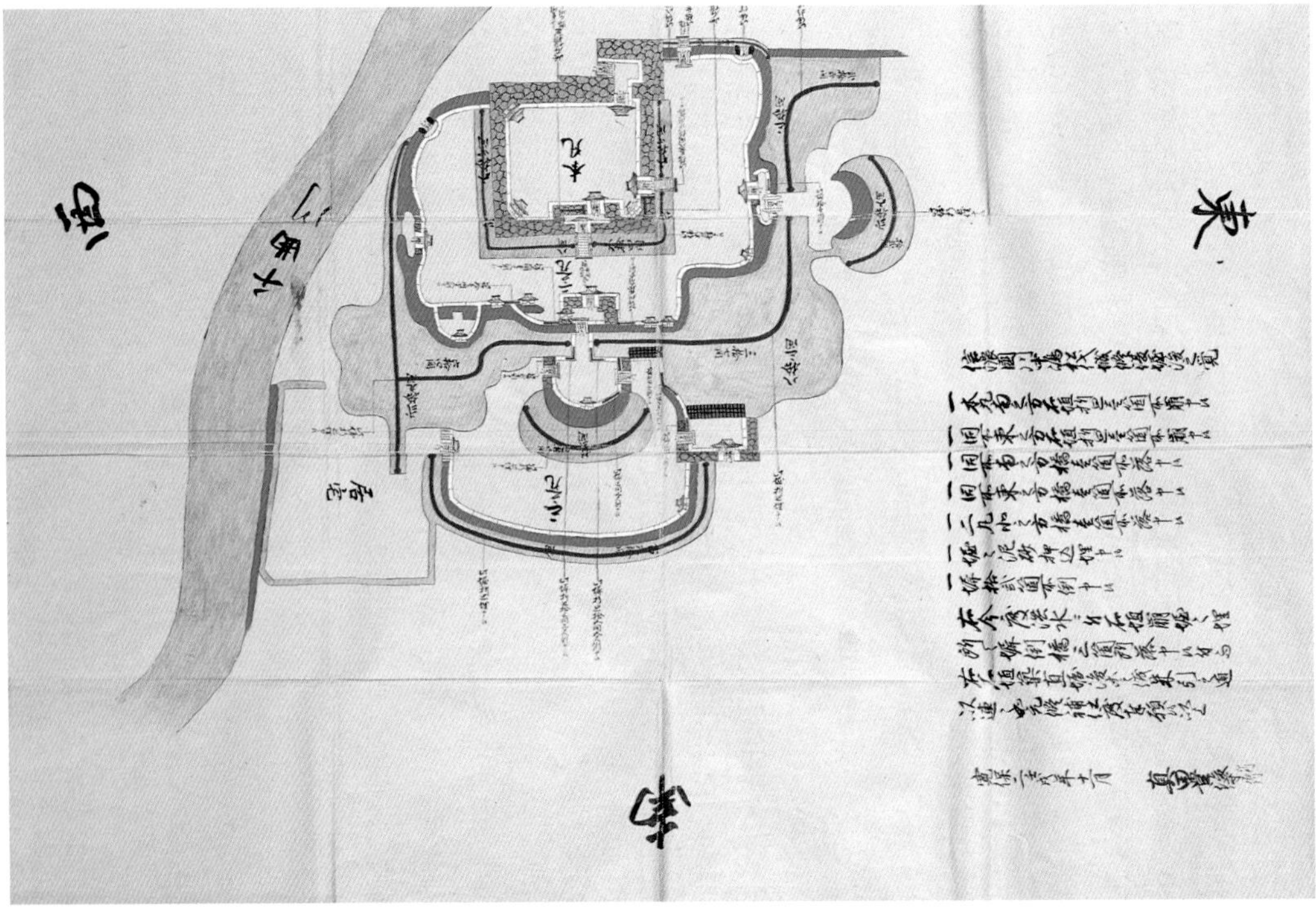

【写真1】「戌の満水」で堀が土砂で埋まり、その復旧工事のために、幕府へ提出した絵図「信濃国川中島松代城修復堀浚之覚」（真田宝物館蔵）

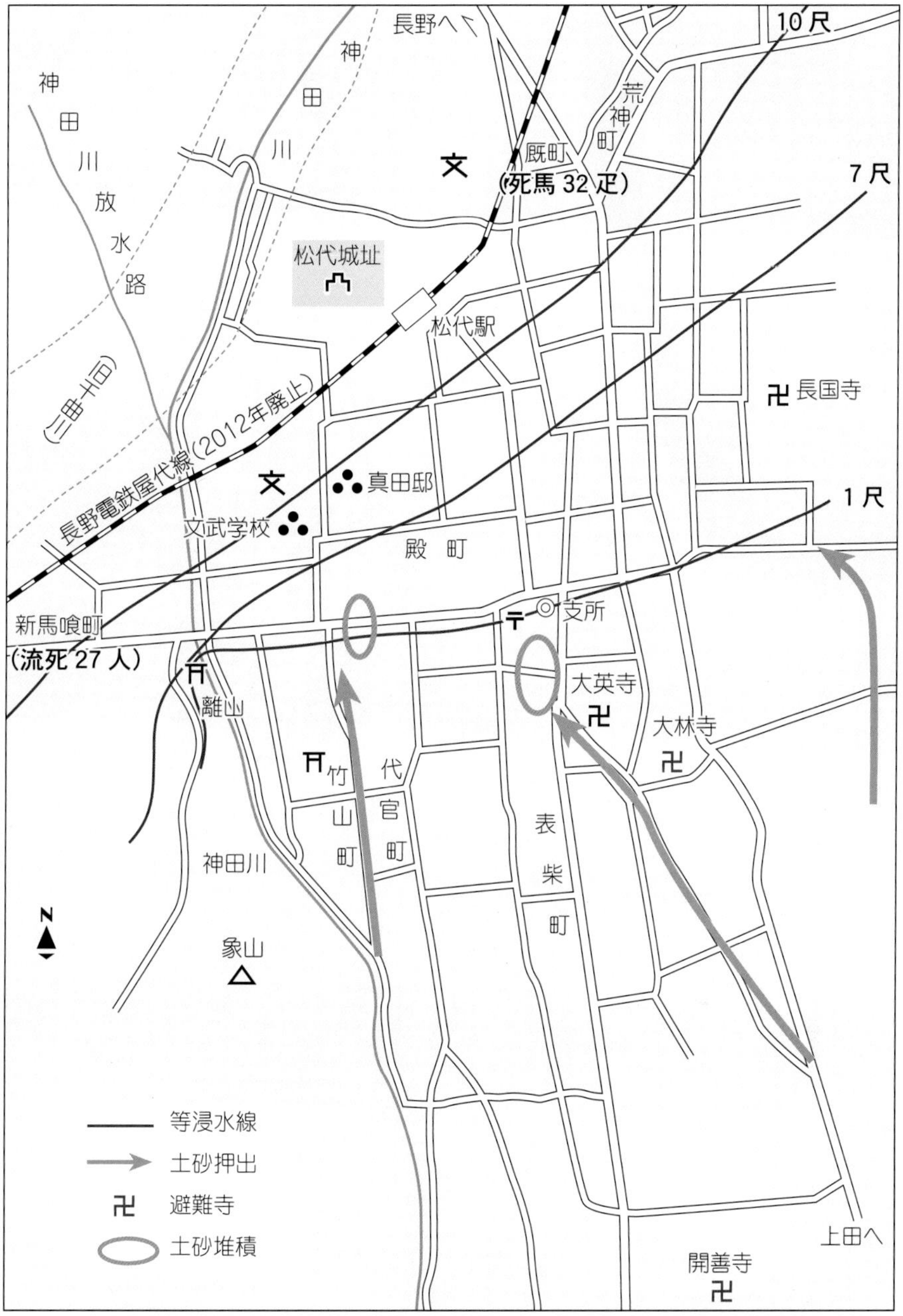

【図1】「戌の満水」の時の松代町の浸水被害図（丸山論文参照）

注　1尺は約30センチ

【写真２】長野市松代町の航空写真（1976年、国土地理院撮影）。中央やや右上に松代城趾（地図の赤丸）。「戌の満水」のころは、千曲川は松代城のすぐ西を流れ、千曲川が天然の要害となっていた。しかし、水害に悩まされ、「戌の満水」の大被害で、千曲川を現在の流れに付け替えた（瀬直し）。かつて、千曲川だったところは田畑の色も違い、見当がつく。赤枠内が航空写真の撮影範囲

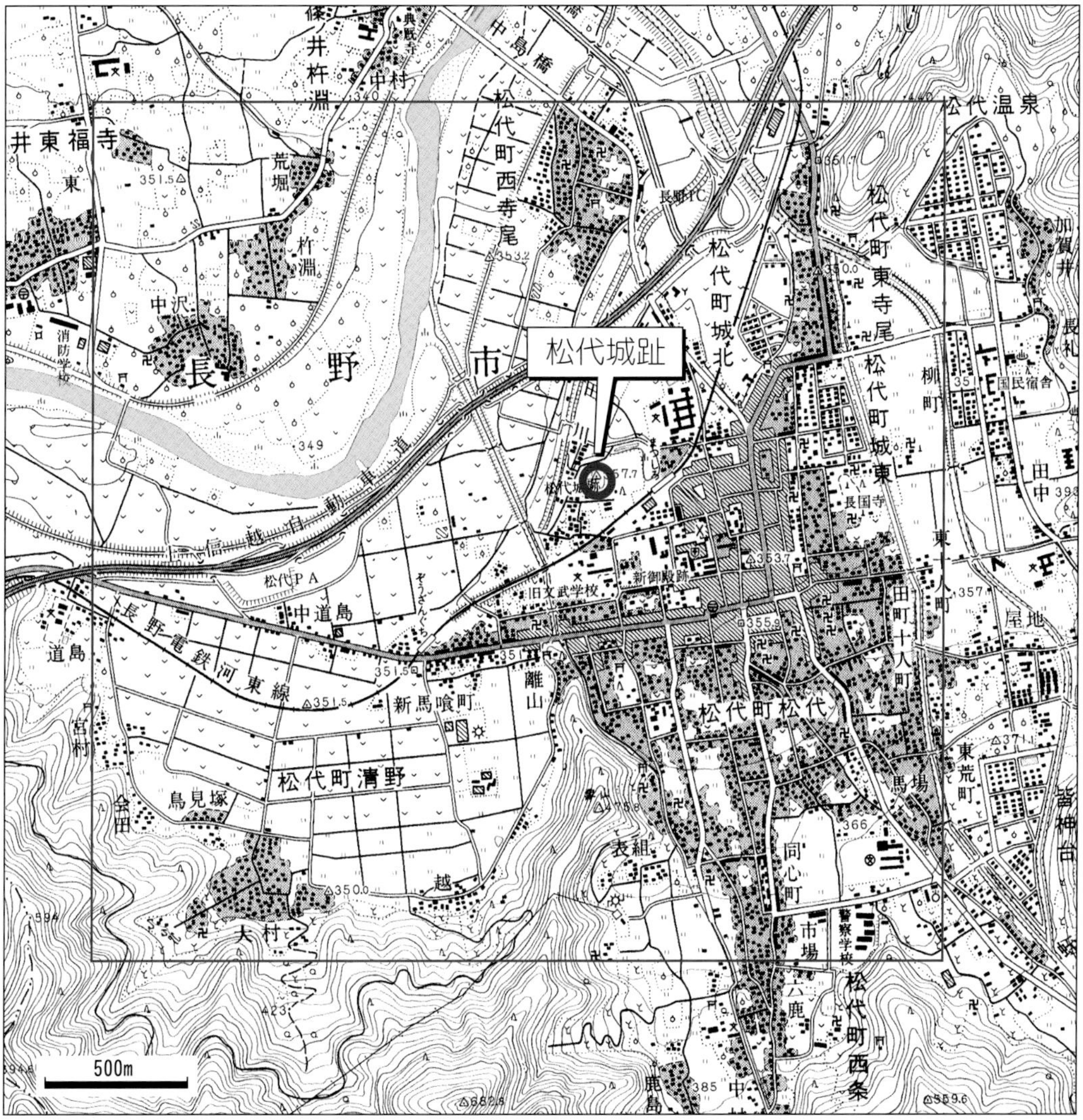

同心町通りを流れ下った（図1）。

松代城下の水害の様子を記録したものとして、松代藩士・原正盛が書いた「松代満水の記」、やはり松代藩士・浦野正英の「松代水難記」が知られている。

「山々諸々崩るる音百千の雷かと耳目驚けるに、水押し出し、沢々にあふれ、高浪打て押ける程に……、御城をひたし、士農工商家

【表1】長野盆地の千曲川沿岸の主な死者・建物被害
（主に「松代満水の記」による）

	流死者	男	女	建物被害	流家	潰家
長野市						
東福寺村	13人	8人	5人	41軒	41軒	—
杵淵村	63	—	—	46	25	21軒
中沢村	3	1	2	4	4	—
新馬喰町	27	—	—	19	9	10
松代城下	4	—	—	119	—	—
西寺尾村	13	3	10	55	2	53
柴村	70	—	—	40	40	—
小島田村	78	—	—	50	—	—
牧島村	2	1	1	25	24	1
大室村	4	1	3	41	31	10
真島村	117	33	84	99	99	—
川合村	82	47	35	51	51	—
関崎村	24	—	—	—	—	—
牛島村	26	—	—	72	22	50
里村山村	22	—	—	22	22	—
長沼（計）	168	—	—	307	—	—
須坂市						
福島村	26	10	16	66	30	36

屋え水押入、梁え登り或ハ家の棟へ破り出てまたがり居て、隣家の人と合、いかにいかにと云う声のみにかまびすしく、あわれとやいわん、……馬ハつながれながらにして死す」と原は記し、浦野は「馬喰町五反田清須町　一日三日夜中迄　屋根棟にまたがり居申候、あらかたはだか身にて三日之間　食たえつかれはて貴賤貧福差別なく、親子兄弟わかれわかれ子は親を尋ね　親は子を尋ね……、天変地変目前のぢごく時節とはいひながら是非もなきありさま」と書いている。

松代城下の被害は、矢沢家文書「寛保二戌年水害御届書」（200ページ資料17参照）によると、「流家七十五軒、潰家百六軒、流死人男十六人、女二十三人、流死馬十五疋」とある。この流死人数は、新馬喰町の27人が主だ。新馬喰町は清野村なので、正確には清野村分になる。また、流死馬の数も15ではなく、32頭とする資料が多い。8月21日現在の報告で、混乱していたようだ。

松代城下も大変な水害であったが、「松代満水の記」などの惨状は、村境の新馬喰町あたりの様子である。新馬喰町辺は松代でも低地で、千曲川に直撃される位置にあった。新馬喰町や五反田の人々は、離山（**写真3**）へ逃げ上がった。「離山は避難して来た人たちでごった返し、生き地獄のよう。眼下の家々の屋根は助けを求める人たちでいっぱいでした。町の人たちは今でも、数珠廻しをして、霊を慰めています」と離山神社の案内板にある。

新馬喰町の百瀬吉輝さんは「毎年10月1日に、水難犠牲者を供養する『百万遍』を行っています。ここは10年に7回も水害に遭った

松代藩の「戌の満水」被害報告（矢沢家文書）

一、水内高井埴科更級四郡村数合百八十二ヶ村
　高六万千六百二十四石三斗五升　損之
一、山抜場所　九百八十八ヶ所　崩流
一、用水堰三万三千七百九十七間　損埋共
一、土手一万四百八十五間　押崩川欠
一、橋大小百九十七ヶ所　流崩
　内　十一ヶ所　大橋
一、道間数損之　三万千六百四十一間　崩流
　但　丁数にして五百二十七丁四十一間
　道法にして十四里十七丁余
一、舟損　壱艘関崎、壱艘市村
一、流木　九千二百十八本
一、流家　千七百三十一軒
一、潰家　八百五十軒
一、半潰家　二百五十四軒
一、流死　千二百二十八人（男四百七十人、女七百五十八人）
一、馬流死　三十二疋　但在郷計如此
　外に御厩御馬二ヶ所にて三十二疋是分御届無之、町馬一疋御届無之

といわれ、寛保の大洪水ばかりでなく、犠牲者すべてを供養しています。数珠廻しの数珠は、桑の木の手作りです」という。

この水害により、松代藩の行政機能はマヒ状態になった。藩では、抜本的な水害対策を迫られ、松代城が水害に遭わないように千曲川の付け替え（瀬直し）に取り組んだ。延享4（1747）年ころ着工、千曲川を本丸より西へ約700メートル離れた現在地に移した（**写真2**、115ページ**写真3**参照）。また、城主の居館を花の丸に建て、水害以後、そこで藩政を進めた。しかし、その後も、大きな洪水のたびに、旧河道に水が溢れ、水害に悩まされた。

【写真3】新馬喰町や五反田の人たちが逃げ上がった離山（左）

【写真4】かつての千曲川の流路は「百間堀」として残ったが、現在は団地に開発されている（松代城戌亥櫓台跡から）

Column

堀の底から「戌の満水」の跡

長野市は松代城の復元工事に取り組んでいる。堀の発掘調査の結果、「戌の満水」後の底浚《そこさら》えが確認された。

「洪水による土砂の流入や堀に落ちた草木などの堆積は、層状に積もった土の様子から分かります。城の西側、千曲川に一番近い内堀を発掘した時、一番下の層の部分は、堆積したのではなくて、踏まれてぐちゃぐちゃになっている層が一層ありました。この層を、『戌の満水』の時に、浚渫《しゅんせつ》（底浚え）した痕跡ではないか——と考えております」と長野市教育委員会文化課の宿野隆史さんが「千曲塾」現地見学会で説明。『信濃国川中島松代城修復堀浚之覚』によると、石垣が2カ所崩れ、塀が12カ所壊れ、堀は全部、埋まった。それを3～4メートルまで掘り起こした——ことが分かっています。絵図（**写真1**）でも分かりますように、城の西側から北側へ千曲川が流れていました。今、見ても、当時の千曲川の流れに沿うように、新しい住宅が並んでいます（**写真4**）。地割的には、川跡は残っているのではないかと考えています。この城の本当にすぐそばを千曲川が流れているという状態でした」と話した。

村々を分断した瀬直し

西寺尾・小島田（長野市）

「戊の満水」後、松代藩は松代城を水害から守るため、千曲川の瀬直し（付け替え）を実施した。右岸の松代城下の人々は水害が減り喜んだが、左岸の村々は、村を分断され、工事による負担も大きく、その後、出水のたびに増える川欠けや境界争いに長い間、苦しんだ（注1）。

工事は、四ツ谷の北（県消防学校西）で、南へ曲がっていた千曲川の流路をまっすぐに東へ流し、千曲川の流れを松代城から離すもの（写真1）。延享4（1747）年ころ着工した。従来、この瀬直し工事については、不明な点が多かったが、地元・東福寺地区の人たちが地元に残っていた古文書の解読に取り組み、その結果を「千曲川瀬直しにみる村人の暮らし」（長野市篠ノ井公民館東福寺分館）にまとめ、かなりハッキリした。

計画では最初、川幅14間（約25メートル）、長さ341間（約620メートル）の新川を掘削し、千曲川本流を分流させるという大工事で、買い上げた土地は当然、川幅14間だった。ところが、新川は、素掘り工法のため、古川をせき止めて新川に水を引き入れると、流水によって、新川の両岸は崩落し、耕地は押し流された。

（注1）　東福寺村の「土目録」でみると、宝暦8（1758）年の永引き・川欠高は58石余であったが、新川により両岸が削られ、宝暦12年には645石余と4年間で11倍に激増した。その面積は80町歩ほど。村びとが開発した新田開発高780石は、帳消しとなった。この川欠高は明治初年まで100年余にわたって続いた（長野市誌第九巻　旧市町村史編）。

【写真1】長野県消防学校の訓練棟から見た千曲川。かつては、この辺から南（右手）へ蛇行していたが、人工的に東（今の流れ）へ付け替えた。橋は赤坂橋（当時）

「掘りっ放しですから15年後には、川幅は44間（79・2メートル）と3倍強に広がりました。幅30間（54メートル）分は、越後の海へ持って行かれてしまった」と古文書解読を指導した岡沢由往さん（長野市誌編纂専門委員）。「新川によって、下流の村々は分断され、西寺尾村は千曲川の右岸に松代町西寺尾、左岸に篠ノ井西寺尾と二つに、その下流の小島田も、右岸の松代町小島田と左岸の長野市小島田町と二つに分かれた」という。

新川の計画図は、東福寺村の分はあるが、下流の西寺尾村、小島田村の分については見つかっていない。このため、「下流は自然の流れにまかせた」ともいわれるが、「西寺尾小学校記念誌」は「幾筋もあった小さな支流の中で現在の流路を選んで掘り下げ、新しい千曲川を作ったものと考えられている」と書いている。

「この辺は、水がつくと、あっちにも、こっちにも、池ができた。だから、おら方のお宮は頤気《いけ》神社という。小島田にも頤気神社がある。川が流れる、流れぬにかかわらず、西寺尾村と杵淵村の間には、家はなかった」と西寺尾の田野口孝雄さん。瀬直しによって千曲川が流れるようになった西寺尾と杵淵の間は、千曲川の氾濫原で、もともと集落はなく、新川のコースになったようだ。

中世から近世初頭の犀川の様子を描いた絵図「犀川乱流の図」（長野市小市・小林千恵子氏蔵・写真２）があるが、その千曲川の流れをみると、松代付近で3本に分流している。そして、3本の川筋には「永久三乙未（一一一五）年六月十八日島辺渡ト名付此時五万坪御手充」「明徳元（一三九〇）年庚午七月七日大雨降ル　八月朔大洪水此処川筋ナリ」「応永八（一四〇一）年巳秋九月三日　大満水アリ　此処川筋ナリ」と書いてあり、大水のたびに流れが大きく変わった。水の流れやすい旧河道を利用することは考えられる。村の南東を流れていた千曲川が北西を流れるようになった西寺尾

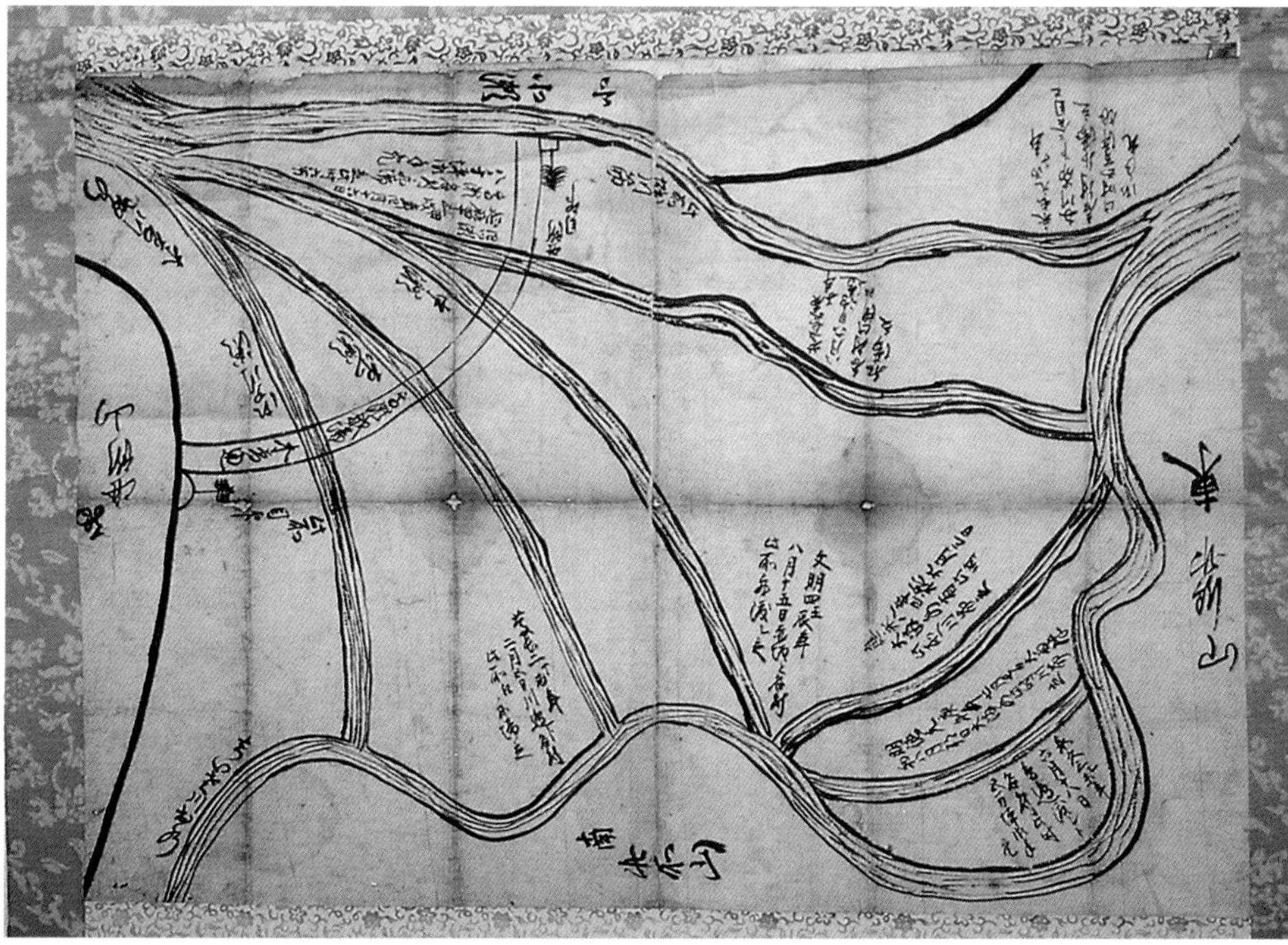

【写真２】犀川乱流図（長野市小市・小林千恵子氏蔵）

村は文字どおり、千曲川に左右されるようになった。「こっち側（右岸）の人は向こう（左岸）に田畑がえらいある。千曲川で流された田畑も多く、猫島に何反歩もあった――などという」と田野口さん。「西寺尾は自然堤防の上にあるが、私の家では、寛保の水で2人流されている。その後、明治の大水にも2人亡くし、2人ずつ2度も亡くしている。寛保の時は女衆で、子どもを産み落として1週間かそこらだった。そんなに大水が来るとも思わないので、少しでも高い所――ということで長持の上で休んでいたところ、そのまま流されてしまったそうだ。明治の時は、14歳と17歳の女の子だ。だから、水には気をつけろ――と言ってきた」という。寛保の洪水では、西寺尾村では「男女十三人流死、流失家屋二軒、潰家五十三軒」と記録されている。

Column

千曲川の旧河道は

――瀬直し前の千曲川は。

北村保さん（長野市松代藩文化施設管理委員会委員）「かつて県消防学校のあたりから真南へ向かっていたと思われる川跡が、今の上信越道・松代パーキングエリアの南側を通っている（**写真3**）。離山から岩野に向かう直線道路は文化13（1816）年に開けた。この道路は、瀬直しにより千曲川の水が新川へ流れるようになり、旧河道による水害の心配がなくなったからできたと思います。長野電鉄象山口駅（廃止）の裏が一番低く、旧河床です。ここから、今は埋まったが、旧河道を利用した百間堀が城の北へ入る。松代中学と松代駅（廃止）の間に、御舟屋稲荷があります。これが、松代藩の船奉行の鎮守だった。松代城ができたころは、舟がこの近くまで入ったのでしょう。ここを通過して、町裏といわれている荒神町の裏を抜けている。城北団地ができてしまったが、かつては水田で、ここの細い道筋が旧北国街道。その西側が川跡です。そして、いまの蛭川の位置に流れていた」

――金井池には、いつまで千曲川が流れていたのですか。

北村さん「かなり古いと思う。寛保のころは、金井池を千曲川は流れていなかったと思う。いまでも、千曲川が増水すると、金井池は1週間くらい遅れて増水してくる。その水がどこへ流れていくかというと、金井池の尻から小島田・牧島へ流れる。電鉄線の南側の低いところ、それから小島田裏、牧島裏へ抜けて、高速道になっているところは低い。高速道の道下、水田になっているところが旧河道だといわれている。大室神社の西側が低い。ここで、今の千曲川に合流していく。これが、旧河道だと思います」

【写真３】昭和57年９月、台風18号による長野市松代町付近の冠水状況写真（千曲川工事事務所提供）。左手の大河は千曲川。泥水の冠水状況から旧河道が推定できる。西へ700m移したことが分かる。山ろくの冠水は松代温泉団地

川は大鋒寺のどこを流れていた

柴村（長野市）

前・長野県立歴史館専門主事の梅原康嗣さんが「千曲」107号で、松代藩の村別被災状況を、流死人の多い順に表にしている（表1）。

それでみると、千曲川が大きく蛇行している長野市松代町金井山（写真3）の近くの村々でも、たくさんの流死者を出している。左岸の小島田村78人、杵淵村63人、右岸の柴村70人と上位に並んでいる。当時、千曲川は金井山の仏崎をどのように流れていて、被害を大きくしたのだろうか。

仏崎には、千曲川の河跡湖・金井池（写真1）があり、柴村には松代藩の初代藩主・真田信之の大鋒寺（注1、写真2）がある。「戌の満水」は大鋒寺ができてからの災害である。千曲川は、大鋒寺の門前を流れていたのか、現在のように大鋒寺の裏を流れていたのだろうか。

「お寺のある場所は、この辺では一番高い。ここから、金井山のふもとの金井池に向かって低くなっている。金井池は千曲川の跡です。山に沿って農業大学校に向かうと、牛池があった。それも、千曲川の河跡湖です。そこから長野電鉄の大室のトンネルの手前へ千曲川は流れていた」と大鋒寺住職・冨沢義乗さん。「金井山の突き出しを仏崎、岩野の笹崎と川田との境の関崎とを合わせて、三崎と呼んでいる。山の出張った三崎を、千曲川の流れが洗っていた。寛保2年、『戌の満水』以後、家老の原八郎五郎の計画によって、千曲川の瀬替えが行われ、今のように寺の裏を流れるようになった——と古老から聞いている」という。こう考えている人は少なくない。

しかし、この流れ方では、大鋒寺の裏（西方）にある小島田村や杵淵村は千曲川から離れ、たくさん死んでいる説明が難しい。金井

【表1】松代藩満水被害状況（「松代満水の記」による）

村　名	流死者	男	女	建物被害計	流家	潰家
① 岩野村（長野市）	160人	58人	102人	144軒	144軒	—
② 川合村（同）	82	47	35	51	51	—
③ 小島田村（同）	78	—	—	50	—	—
④ 柴　村（同）	70	—	—	40余	40余	—
⑤ 上徳間村（戸倉町）	65	—	—	67	67	—
⑥ 杵淵村（長野市）	63	—	—	46	25	21軒
⑦ 上五明村（坂城町）	58	—	—	—	—	—
⑧ 内川村（戸倉町）	49	—	—	41	41	—
⑨ 御幣川村（長野市）	46	—	—	58	58	—
⑩ 二柳村（同）	28	9	19	20	20	—

10位以下略。この他に、真島村（長野市）が、「長野史料」では、流死117人とある。また、御幣川村の死者が「長野史料」で146人、村から藩への報告で102人と、史料により、数字が異なる。

池を千曲川が流れていたのは、もっと古い時代。寛保の洪水の時は、すでに現在のように大鋒寺の裏を千曲川は流れていた――と考えている人が多い。

その理由の一つが、大鋒寺ができた時に「金井山を放生山、金井池を放生池」とした――という伝承。この時、すでに池になっていた――という。二つ目が「朝陽館漫筆」（注2）に、瀬直し前、千曲川は「柴村の裏へ流れたり」とある。三つ目が千曲川の流れが郡の境になっており、柴村は埴科郡だから千曲川の右岸にあった。

【写真1】千曲川の河跡湖といわれる金井池

四つ目は考古学から。金井山の南ろくで発掘された松原遺跡（注3、写真4）は、4メートルの地下から縄文時代の集落跡が見つかり、注目された。その発掘を手伝った元中学教諭の伴信夫さんは「山ろくの地下には、焼き物にも使えそうなシルトや粘土が厚く堆積していた。これは後背湿地の堆積物。千曲川が流れていたのなら、砂や砂利を堆積する。千曲川はかなり古く、山際を離れて流れていたことを示している」という。長野県埋蔵文化財センターの市川桂子さんは、松原遺跡周辺の微地形と遺跡との関係の地図を報告

【写真2】松代藩初代藩主・真田信之の墓がある大鋒寺

【写真３】長野市松代町柴の航空写真（千曲川工事事務所提供）。手前から北西に延びる金井山の北に柴地区。その最も千曲川沿いの四角い赤い屋根が大鋒寺（地図の赤丸）。青色は金井池。黄色は河川敷にある水田。赤点線は旧小島田村境。赤枠内が航空写真の撮影範囲

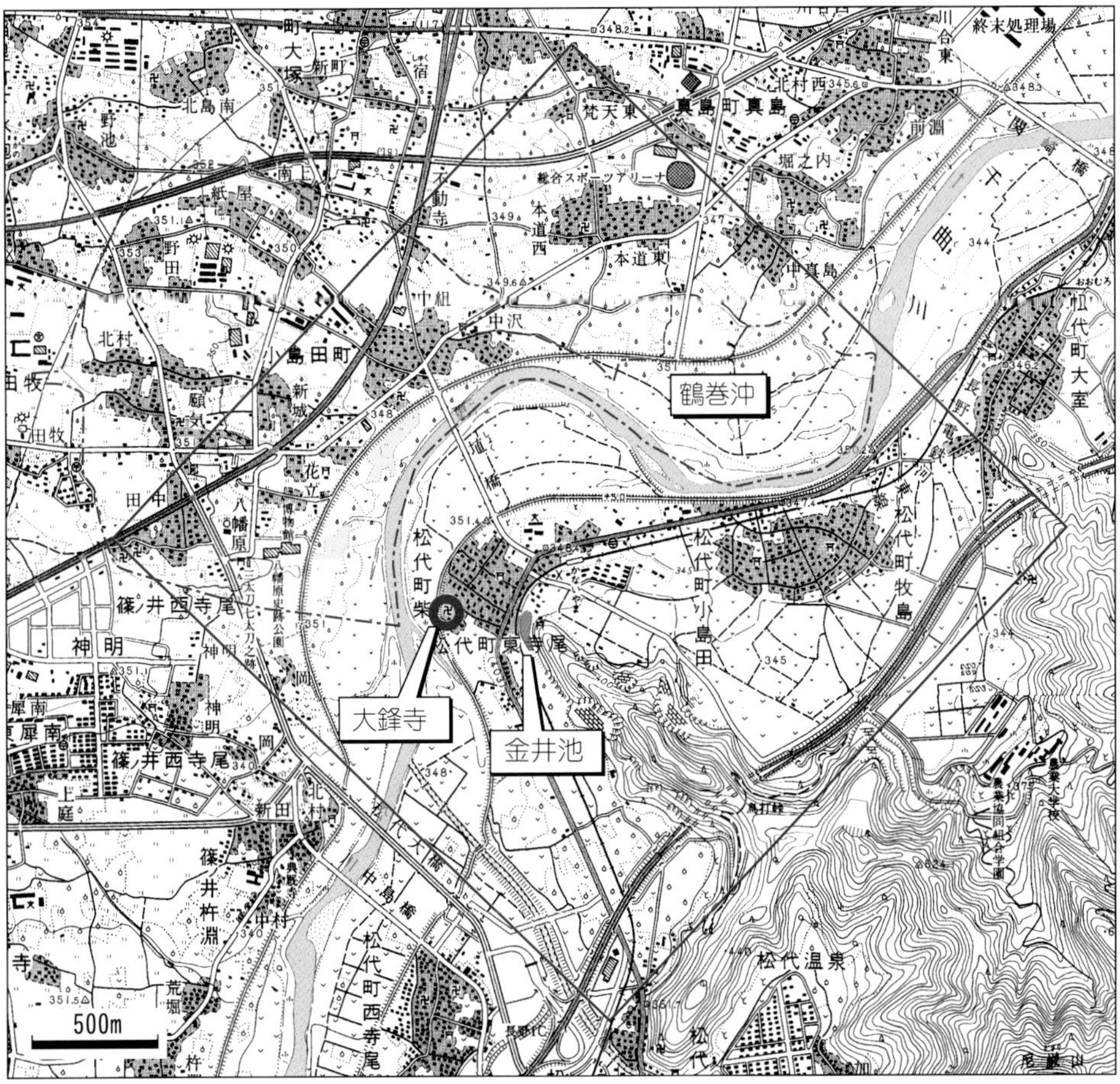

【写真４】松原遺跡近くを流れる蛭川橋の欄干には土器の置き物

書で発表、その中で、千曲川の自然堤防をⅠ群とⅡ群に分けた。「Ⅰ群はより古い自然堤防で、縄文時代の遺跡などが残っている。それに対して、Ⅱ群の方は、古い遺跡などは見つかっていない。本来あったのかもしれないが、流されたり削られて見つかっていない。Ⅰ群の方が早く安定して、古くから人が住んだと考えられる」という。松原遺跡は古い自然堤防群に乗っている（図1）。

長野市内の民家に伝えられている「犀川乱流図」（113ページ**写真2参照**）で、千曲川の流れを見ると、松代の西で、大洪水で何度か河道が変わったことが記されている。「氾濫原では、川の流れは、自然堤防、微高地、旧河道などの相互関係によって、変わる」と長野市立博物館学芸課長の山口明さん。「千曲川でも一番、蛇行しているところだから、河道も一番変わるところだ」という。

大鋒寺では、「戌の満水」の時、「一、御長屋並本堂庫裏其外諸堂不残大破仕候　一、前後之門惣囲之土塀並大門之杉木、松之木、五六本も相残押流申候」と松代藩へ報告している。杉、松の木は門前の参道に植えられる。それが流された――というのは、通常は、現在のように寺の裏（西）を流れていたが、記録的な大水で、門前（東）の旧河道の金井池にも流れた。このため、千曲川右岸の大鋒寺、柴村も、左岸の杵淵村、小島田村も大きな被害を受けたのだ。

「川は昔の道（川筋）を知っている」といわれる。旧河道や旧支流は洪水時、大水が流れ、被害を出すから要注意――という意味だ。千曲川工事事務所がこのほど、「戌の満水」のシミュレーション（模擬計算）の資料として、「絵図や治水地形分類図より推定した寛保二年当時の河道位置」（図2）をまとめた。それも、今のように大鋒寺の裏（西）を流れ、牧島の南を蛇行していた――とみている。河道がよく変わる地点なので、被害も大きくなったようだ。

（注1）　大鋒寺

松代藩の初代藩主・真田信之が、明暦2（1656）年、隠居した柴の館をそのまま、寺にしたもの。信之は、元和8（1622）年、上田城から移封され、埴科・更級・水内・高井四郡で10万石を領知し、松代藩の基礎を固めた。隠居2年後の万治元（1658）年、93歳で没した。

（注2）「朝陽館漫筆」

「寛保壬戌八月の洪水は前代未聞なり。溺死するもの其数を知らず城中舟にて往来し、覚性公及び後宮も舟にて開善寺へ避給へり（中略）。其後、川普請あり寺尾村の西へ堀川を穿ち分水せし故、其以後松城水難なし。此分水の策、小隼人生涯の大功といへり。昔は千曲川　城の憩樹の前より向寺尾と荒神町との間へかかりて柴村の裏へ流れたり」。

松代藩家老・鎌原桐山が書いた「朝陽館漫筆」巻之四の「千曲川の改修工事」の項の一部。その中に「昔は千曲川……柴村の裏へ流れたり」とある。「文中の小隼人は、瀬直しを進めた家老・原八郎五郎のこと」と北村保さん。

（注3）　松原遺跡

平成2年、上信越自動車道の建設に伴う遺跡調査で、長野市松代町東寺尾地籍で、4メートル地下から縄文前期末から後期の集落跡、弥生中期の環濠集落、平安集落、中世の遺構が発掘され、「なぜ、こんなところから」と関係者を驚かせた。

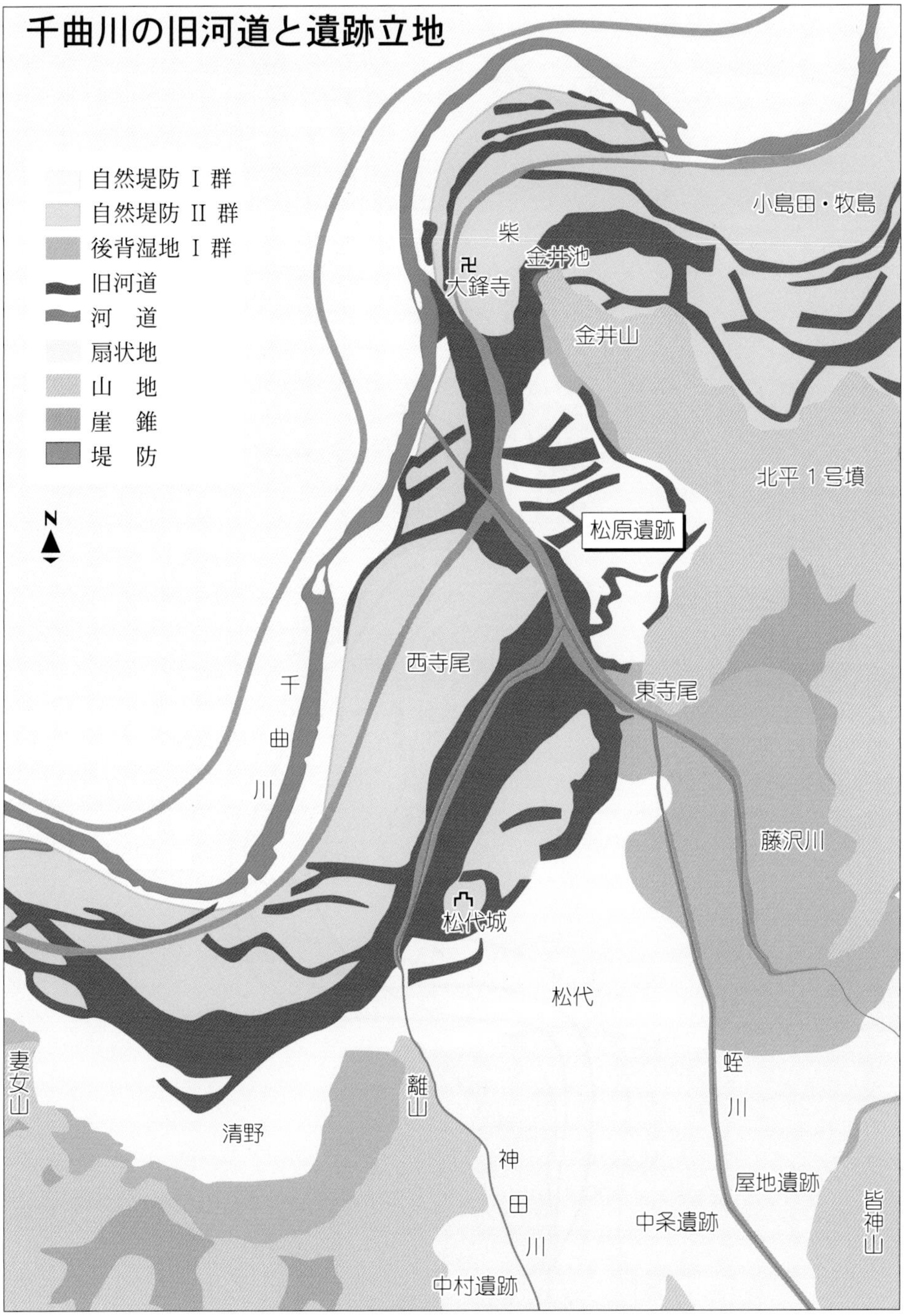

【図１】千曲川の旧河道と遺跡立地

（市川桂子「上信越自動車道埋蔵文化財発掘調査報告書４　松原遺跡―縄文時代」1998年）

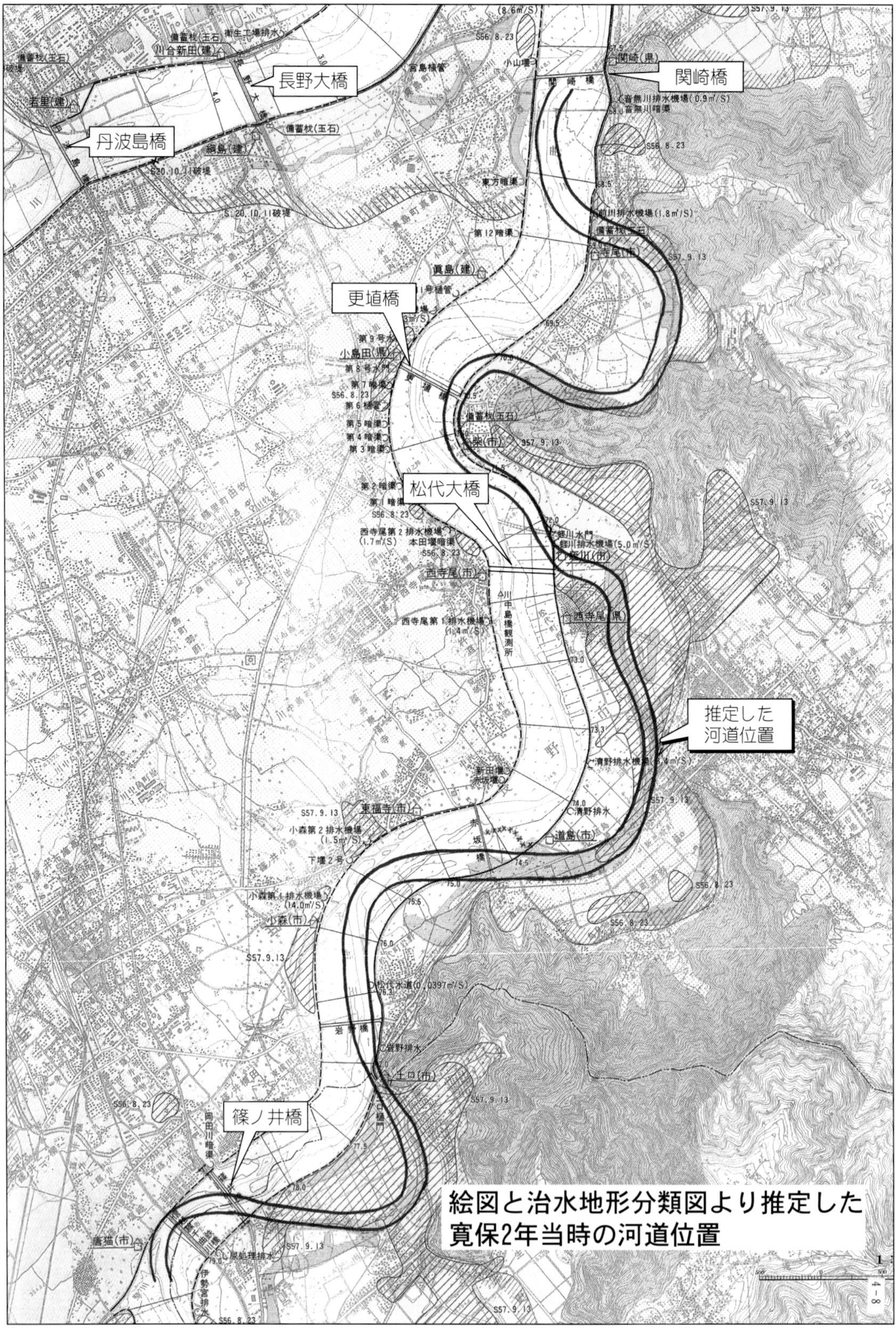

【図２】絵図と治水地形分類図より推定した寛保２年当時の千曲川河道位置（千曲川工事事務所提供）

河川敷の中の水田

小島田村（長野市）

川中島古戦場にある長野市立博物館（長野市小島田町）脇の千曲川左岸には、堤防の中の河川敷に約3ヘクタールの水田がある（写真1、119ページ地図参照）。長野盆地を蛇行する千曲川・犀川は、河川敷が広く、堤防内でも、リンゴ・モモなど果樹や長芋など根菜類の栽培が広く行われている。しかし、水稲栽培は珍しい。

堤防の中で、水稲を栽培する結果になったのは、大正6（1917）年から始まった内務省堤防の建設による。川幅約500メートルで、堤防を築くことになり、対岸に松代藩初代藩主・真田信之の墓がある大鋒寺があり、この大寺は動かせず、小島田側の花立地区では22戸のうち15戸と大部分の土地が堤防の中に入ってしまった。近くの1戸を加え、16戸が移転したが、水田は従来どおり私有地として耕作することになったからだ。

松代大橋近くの千曲川左岸の堤防上で行った第3回「千曲塾」現地研修会で、岡沢由往さん（長野市誌編纂専門委員）は「眼下の河川敷は、千曲川の沖積地で沖積土が堆積していると思われますが、1メートルも掘ると、犀川の河原の石が出てくる。千曲川が造った沖積地ではなくて、犀川が運んできて造った扇状地なのです。犀川

【写真1】長野市小島田町の千曲川河川敷内にある水田。県内では珍しい（見える橋は更埴橋。左の建物は花立排水機場の一部。119ページ地図参照）

扇状地の末端にあたり、掘りますと、千曲川の水が出てくるのではなくて、犀川の伏流水が出て来て、井戸水として使っていたのです。千曲川は、すぐ横を流れているが、ここの田んぼにかける水は、約8キロメートル上流の犀川の犀口から運んでくる。千曲川の水がすぐ横にありながら使えない。川中島地方は、千曲川の恩恵で繁栄してきたのではなくて、犀川の水によって育まれてきた」と説明した。

今も河川敷で2反6畝の水田を耕作している岡村謙司さんは「減反で転作を迫られ、さらに田んぼをやめるようにいわれている」という。堤防の下を水田の用水路を引いている。それが、大水の時、堤防を崩す「アリの一穴」となる危険があるというのだ。

さらに、小島田町は千曲川の河川敷の中を下流に向かって、ツルの首のようにのびている（119ページ地図、旧小島田村境参照）。

そこの畑で収穫をしていた宮林和さんは「ここは、『太神宮さんの畑』と呼んでいる。かつて、近くに伊勢社があった。真島地区に食い込んでいるように見えるが、千曲川を挟んで対岸は松代町小島田。以前は更級郡でこちらと一緒だった。食い込んでいるわけでも何でもない。寛保の洪水で千曲川の流れが一変し、分断されたからです」と話した。この時、牧島の南を湾曲して流れていた千曲川が牧島の北を流れるように変わり、小島田、真島、川合に大きな被害を与えた（122ページ図2参照）。

小島田地区の地籍図を見ると、現在の堤防内の河川敷に上鶴巻、中鶴巻、下鶴巻とあり、その中鶴巻沖地籍に「住村《じゅうむら》」と呼ばれる小字がある。「江戸前期の文書に、住村と出て来る。住村は『人が住んで居た村』という意味で、集落があったところ。それが、寛保の洪水以後は見えなくなる」と岡沢由往さん。「現在、堤防の近くに桜宮（桜田神社・写真2）がある。桜宮は、流亡した住村にあって流され、再建されたお宮だ。お宮の氏子は普通、お宮の周りに集まっており、集落全体で氏子になるでしょう。ところが、桜宮だけは、氏子が各地に散っている。住村に住んでいたころの氏子が、水害を避けて各地に移ったからだ。主に、どこへ移ったかというと、紙屋という2キロメートルほど離れた、現在、新光電気のあるあた

【写真2】かつては住村にあった桜田神社（桜宮）。このお宮も移転してきたが、氏子も各地に点在している

りに移って、新しい集落をつくった。中組・中村に移住した者もある」という。

「戌の満水」の時、小島田村では、入西寺の護摩堂・庫裏、民家50軒が流されたり、壊され、男女77人、入西寺の僧1人が流死した。馬も1頭水死。耕地は村高1792石のうち、26%が「川欠け荒地永引」の河原と化した。鶴巻地籍にあった伊勢社などは、本殿・社地ともに流失した。

現在地に移転した入西寺には、真新しい宝篋印塔が建っている。その由来記に「当入西寺開山以来、六百余年、法灯護持になされたる先代先師三十余世を寂するも、その墓の大半は千曲川洪水の為、川底に眠ると聞く。弔う術なし。因って（中略）歴代先師の菩提を弔うべく宝篋印塔を建立す。昭和六十一年六月吉日　嶋田山入西寺」と刻まれている。

【写真3】完成した小島田地区の千曲川護岸

入西寺近くの花立排水機場には「千曲川護岸・花立排水機場竣工記念碑」（注1）が平成13年に建てられた。「瀬直しされた千曲川は、蛭川によって押され、小島田側がどんどん削り取られて、川縁は崖になった。平成10年の千曲川の大氾濫で、崖が大崩落した。それで、護岸工事が行われ、平成13年に完成した（写真3）。小島田地区は『寛保の大洪水』から260年で、ようやく、長年の圧政から解放された」と岡沢さんはいう。

（注1）「千曲川護岸・花立排水機場竣工記念碑」碑文

荒れ荒れし千曲の川は治まりて　皐月晴れゆく柳水やさし　重光

当町は千曲川左岸に位置し、中世は鴛間田之郷と称し、風光明媚の地であった。しかし、戌の満水は当町に七十八人流死・五十戸流失・田畑全部浸水の被害を与えた。松代城も被害を受け、藩は城と城下町の水害防止策として千曲川本流の瀬直しをおこなった。その結果、当町は千曲川本瀬で分断され、左岸の地は本瀬の曲流部となり、川辺は常に崩落し、耕地は流亡した。明治二十二年、右岸の荒屋・釜屋は埴科郡寺尾村となり、当町と袂を分かった。一方、大正末期の千曲川築堤工事により堤外地となった花立十四軒は頤気沖に移転し、花立南沖・花立沖の堤外地は洪水常襲地と化した。同時に犀川用水堰末流の当町は千曲川が増水するごとに湛水被害に苦しんだ。

このたび千曲川護岸・花立排水機場建設工事が行われ、本日ここに竣功式典を迎えることができた。この感動押さえ難く、町民あい謀りて竣工記念碑、タイムカプセルを建立、設置し、この憶いを後世に伝えんとするものなり。

請い願わくは二千百年五月三十日午前十一時に開蓋し、昔人の憶いを享受され、地域発展に貢献されんことを。

帰去来子文撰　鶴雲謹書

平成十三年五月三十日　　小島田町内会建之

「一村流失」と記された真島村

真島村（長野市）

千曲川と犀川の合流点に近い村々も、被害が大きかった。小島田村の下流になる真島村（長野市真島町真島）では、「真島・川合両村の田畑は全部浸水し、真島村では生存者はまれで、家屋流失して一村全滅した」（長野市誌第九巻 旧市町村史編）とある。

――真島村の具体的な死者数などは……。

岡沢由往さん（長野市誌編纂専門委員）「一村流亡――と書いてある」

――渡辺敏編の「長野史料」（191ページ資料5参照）には「真島村　溺死百十七人内三十三人男八十四人女　流馬六匹　流家九十九軒」とありますが……。

岡沢さん「矢野家文書にも、そう載っている。古文書には、枝郷で東方組というのが出てくる。ところが、寛保の洪水以後は出てこない。流れてしまったのだ。千曲川端の村だったと思う。いま本道・中真島の人たちが『古屋敷の田んぼ』と呼んでいるところがある。地籍でいうと、本道南沖道下や中真島南沖。現在、一部が堤防の下になっている。枝村には、東方村のほか、中真島村、東通村、南真島村、梵天村、中村、北村、前淵村があったが、寛保2年の大洪水で、東方村、東通村、南真島村は流亡した」

――本道組・中真島組の人たちが、古屋敷と呼ぶ場所は？

本道組の小山孟さん（明治44年生まれ）「お飯縄さんと呼ぶところがある。田んぼの真ん中に10坪くらい、高くなっていて、大きなケヤキの木が立っていて、遠くからも分かる（写真1）。本道組の西に尊良寺がありますが、昔はお飯縄さんの近くにあった。そこに、村もあったと聞いている。それで、古屋敷とでもいったのでしょう。古屋敷と呼ぶところは、中真島の東端にもあった。それから、川合に近い中沢正美さんの家も古い家だが、何回もあちこち、避難した――と話していた」

中沢正美さん「私の家は、『戌の満水』の時、流されたが、その時は関崎橋の下流の東河原にあったと聞いている。そこから、現在の住所で3回目になる」

前淵の宇敷敏寛さんも「古屋敷は、この集落のいちばん東の端、関崎橋の近くにあった。お宅によっては、『うちの古屋敷』と呼んでいる。そこから移ってきたということは聞いている」という。

――古屋敷と呼ばれる場所は、いくつかあるようですね。

小山さん「そう。昔、先祖が住んでいたところで、そこから避難してきた。そして、『古屋敷』と呼ぶ場所が生まれた。千曲川は古くは、牧島の南を流れていた。だから、牧島村などはこっち（更級郡）だった。千曲川は真島からはズーッと離れていたから、ここは平穏無事なところだったと思う。それが、寛保の『水まし』で、でかい荒らし方をして、千曲川がでかく動いた。小島田村の真ん中へ

【写真1】左のケヤキの大木があるところが「お飯縄さん」と呼び、古屋敷があった一帯。遠くにホワイトリングが見える辺が本道組。手前は千曲川の堤防。千曲川沿いには「古屋敷」「旧屋敷」と呼ぶ場所が多い

Column

敗戦直後の水害

小山孟さん「終戦直後の10月、丹波島橋の東で犀川の堤防が200メートルほど切れて、大豆島の川下の方は空っぽになって、犀川の水はそっくり真島へ来てしまった。その時、水がつかなかったのは、わしら本道の約100戸と中真島ぐらいだった。明け方、『犀川の土堤が切れた』というので、消防団の方で、堀之内の東端と今の関崎橋の下流の万野の2カ所で、土堤を切った」

――わざと?

小山さん「犀川の流れ込んだ水が抜け出るように。その切り口へ水がどんどん、はけたから、こちらへは水が来なかった。規則では土堤を切ってはいけない――といったが、堤防を切らなければ、小島田の方まで、水がついてしまった。後で建設省の方で言ってきたが、緊急の時だから、問題にもならなかった。九州の西部軍の特攻隊が真島に来ていて、後始末などをしていた。役に立つ者が残っていた」

【写真２】長野市真島の航空写真（1947年、米軍撮影）。終戦直後で建物も少なく、土地利用から旧河道が何本も推定できる。地名「おん流れ」と呼ばれる犀川旧河道は、上手中央に帯状に水田が延びているところ。昭和20（1945）年10月の犀川決壊の際にも、ここを犀川の水が流れた。地図の赤斜線は「古屋敷」があったところ。赤枠内が航空写真の撮影範囲

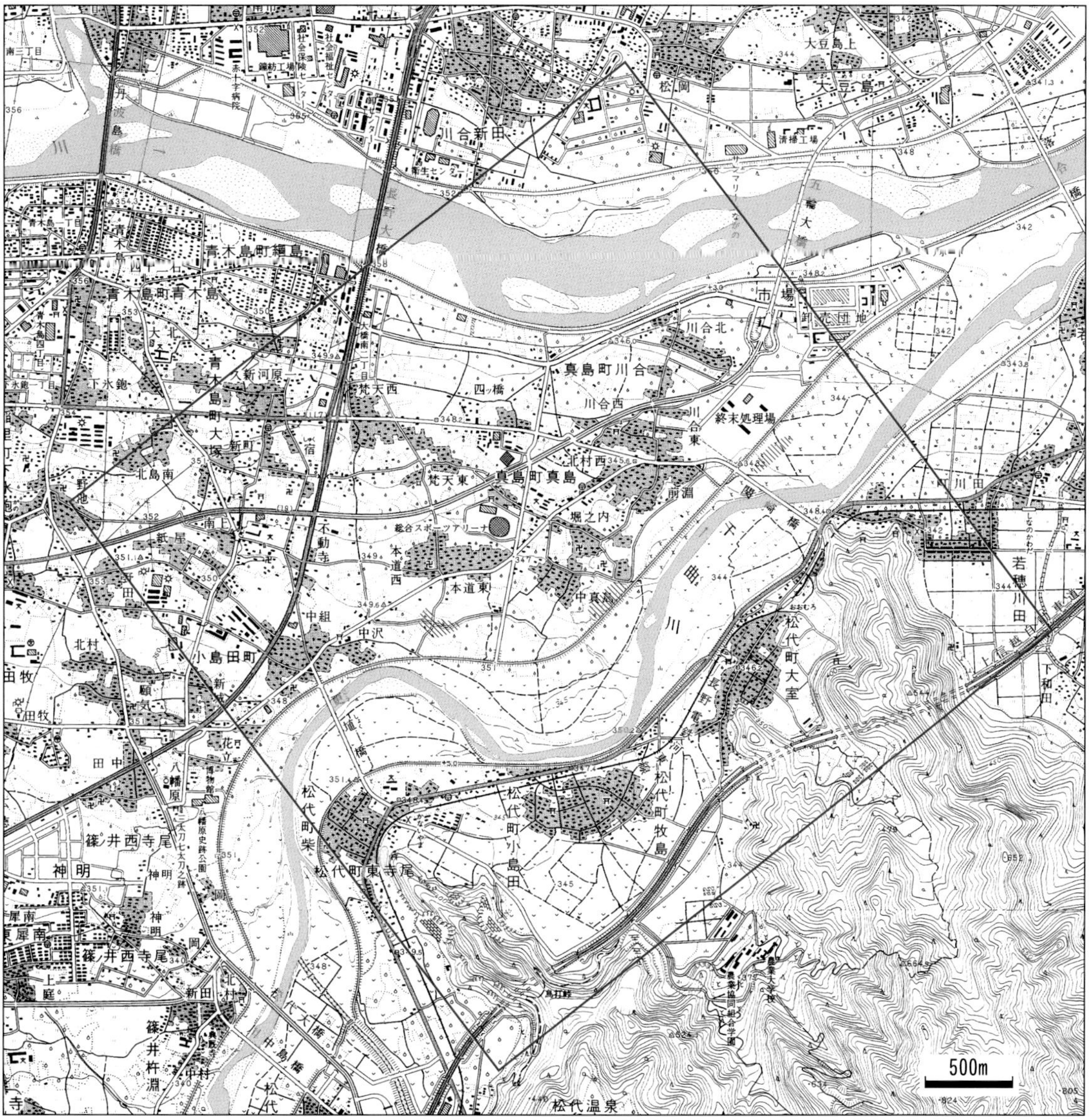

千曲川が入って、牧島の北側を流れるようになってしまった」

流れが緩やかな千曲川の沿川では、河道の変遷が激しく、集落も追い立てられるように移った。そして、「古屋敷」「旧屋敷」があちこちに誕生した。さらに、大正時代からの内務省堤防の建設で、堤防の外に移住した人たちの「古屋敷」が新たに生まれた。

小山さん「わしら親類が、対岸の牧島にあった。村長もやった阿部長右衛門といって、年始にきたことがあった。ちょうど、わしの長男が生まれた年で、その時、『今年で戌の満水から200年になる』と昔の話を始めた。『戌の満水』の時、家が浮かんで流された。大室の離山にぶつかって、そこに流れて行くまでに大人は、みな水死してしまったが、子どもだけ2人、屋根の煙出しからはい出した。そして、川田の今の小学校あたりで、引っ掛かって、助けられ、川田の方の親類の者に大きくしてもらったのだそうだ」と話した。

対岸の長野市松代町小島田荒屋の阿部さんの家を訪ねると、阿部成子さん（大正12年生まれ）は「男の子2人が煙出しから出て助かったんですって。それで、助けて下さった川田の小出の方に『何をお礼にしたらいいかー』ってお聞きしたら、『檀家を増やして欲しい』と。それで、私の家の菩提寺は西寺尾の西法寺なんですが、その後の別家（分家）はみんな小島田の八幡原近くの常然寺が菩提寺になっています」と話した。

Column

盛り土

水害常襲地には、高い石垣や盛り土をした家が目立つ。

――ここの家も高く盛り土してありますが、昔から。

小山孟さん「昭和24年、家を建て替える時に盛った。終戦の年の『水まし』のこともあるし、大雨の時は床下が湿気たので、親類中の人を頼んで、土もっこで土を運んだ。2日半運んで、3尺盛った。屋敷にできた穴は、2間に3間、深さは1丈ぐらいになった。その穴も、毎年行う『堰掘り』で用水路にたまる砂を運んできて埋めて、田植えまでしてしまった。若いころは、元気でした」

――穴は、深く掘っても土でしたか。

小山さん「9尺ほど掘るまで、バラス（砂利）が出なかった。大昔は自然と高いところに、家を構えたものですな」

――出て来た砂利は犀川、千曲川、どちらのものですか。

小山さん「犀川です。割合に白いですな」

宇敷敏寛さん「私の家の盛り土は2メートルぐらいある。昭和20年、犀川の堤防が切れた時、土蔵の石垣の一番上まで、水が来た。母屋と庭は土が盛ってあったので、良かった。近くに精米所がありますが、水がついてしまい、わしの庭で籾を干していました。その時、私の家へ5、6軒避難してきました。うちで炊き出しもして、木っ端船でむすびを配った」

犀川流域は中荒れ

川合村など（長野市）

千曲川と犀川が合流する川合村（長野市真島町川合）は、二つの川に翻弄されてきた。リンゴ畑の真ん中にある川合宮島墓地に、昭和57（1982）年、村の歴史を刻んだ「観音誌」が建てられた。それによると、「人命のもっとも多い災害は、寛保2（1742）年8月1日のいわゆる『戌の満水』で、古い史料に『この時、川合村は男女八十一人を失い、家屋五十一戸流失』とありますが、その他の洪水でも、たくさんの村びとが亡くなっています」とある。

寛保の洪水の時は、千曲川沿いの東河原にあった下川合がそっくり流された。下川合は関崎橋の下流、現在の終末処理場「アクアパル千曲」東の河川敷あたりにあったらしい（写真1）。

「生存者は、藩庁に出張していた大地主の長百姓源太左衛門一人だけだったという。洪水ののち、しばらくして帰村して見ると、自分の所有地であったあたりの河原がさかんに開墾されている。源太左衛門は自分の所有地であることを主張したが、村びとは承知しなかった。当時の慣行では、洪水流亡の土地はだれでも自由に開墾できたからである」（長野市誌第九巻 旧市町村史編）という。

「生存者は1人だけだった――と伝えられているが、実際は長百

【写真1】関崎橋東詰から見た、下川合のあったあたり（対岸の河川敷）。建物群は「アクアパル千曲」

【写真２】長野市真島町真島、川合の航空写真（千曲川工事事務所提供）。中央の橋は関崎橋。関崎橋下流左岸にアクアパル千曲が見える。その南、河川敷あたりに下川合（地図の赤斜線）があったらしい。赤枠内が航空写真の撮影範囲

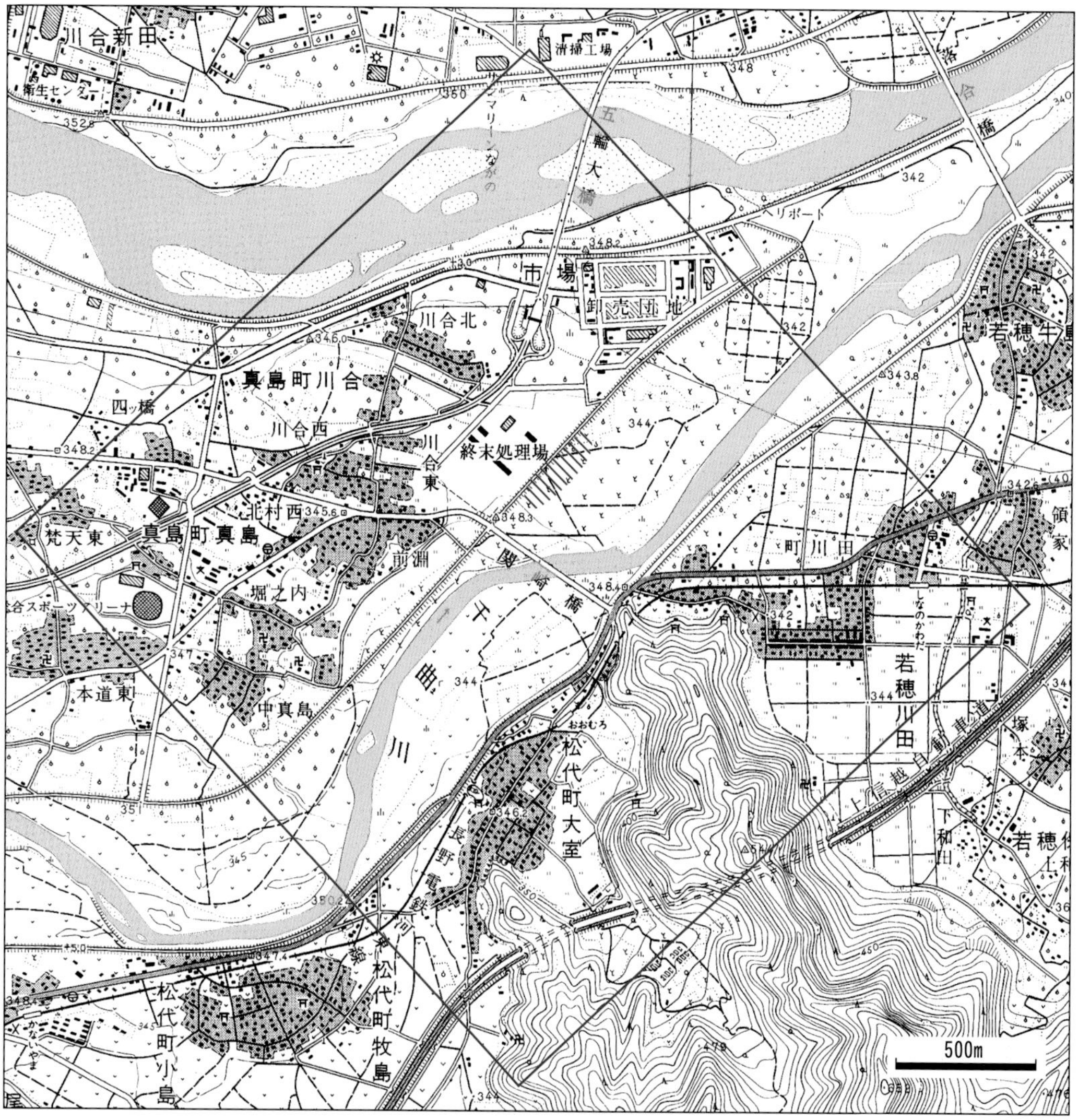

姓の土地を開墾している人たちがいたわけで、全滅したわけではない。5軒ほど助かったらしい」と元・長野市会議員の中沢正美さん。「私の家は、その時の1軒。どうして生き残ったか——というと、対岸の川田山へ逃げ上がって助かったと言い伝えている。東河原の古屋敷と呼んでいた土地には庚申塔があった。川合地区の地籍名をみると、宮島・稗島・三番島・半右衛門島、東河原・関崎原と、島か河原ばかり。千曲川と犀川に振り回されてきたことを示している」という。

「観音誌」には、千曲川より、犀川に痛めつけられてきたことが強調されている。「約四百年前、秀吉が日本全国を検地した時の記録によりますと、我が川合村は石高一〇八一石、戸数二百余であります。その後、花井遠江守吉成が、妻科から東に流れていた裾花川を現在のように南に落としたので、それまで荒木から大豆島北側を通っていた犀川が南に押し出し、川合村はいまの新田川合と二つに分断され、また、たび重なる水害等で敷地も荒れ、一時は戸数二十余戸にまで減少しました」とある。川合村は、「戊の満水」の時は、

【写真３】長野市丹波島橋・長野大橋の航空写真（千曲川工事事務所提供）。「戌の満水」では、犀川はあまり荒れなかった。長野盆地の犀川流域は、裾花川の付け替えで、右岸の村々は水害に悩まされた。北から流れ込む裾花川が犀川を南へ押している。地図の赤枠内が航空写真の撮影範囲

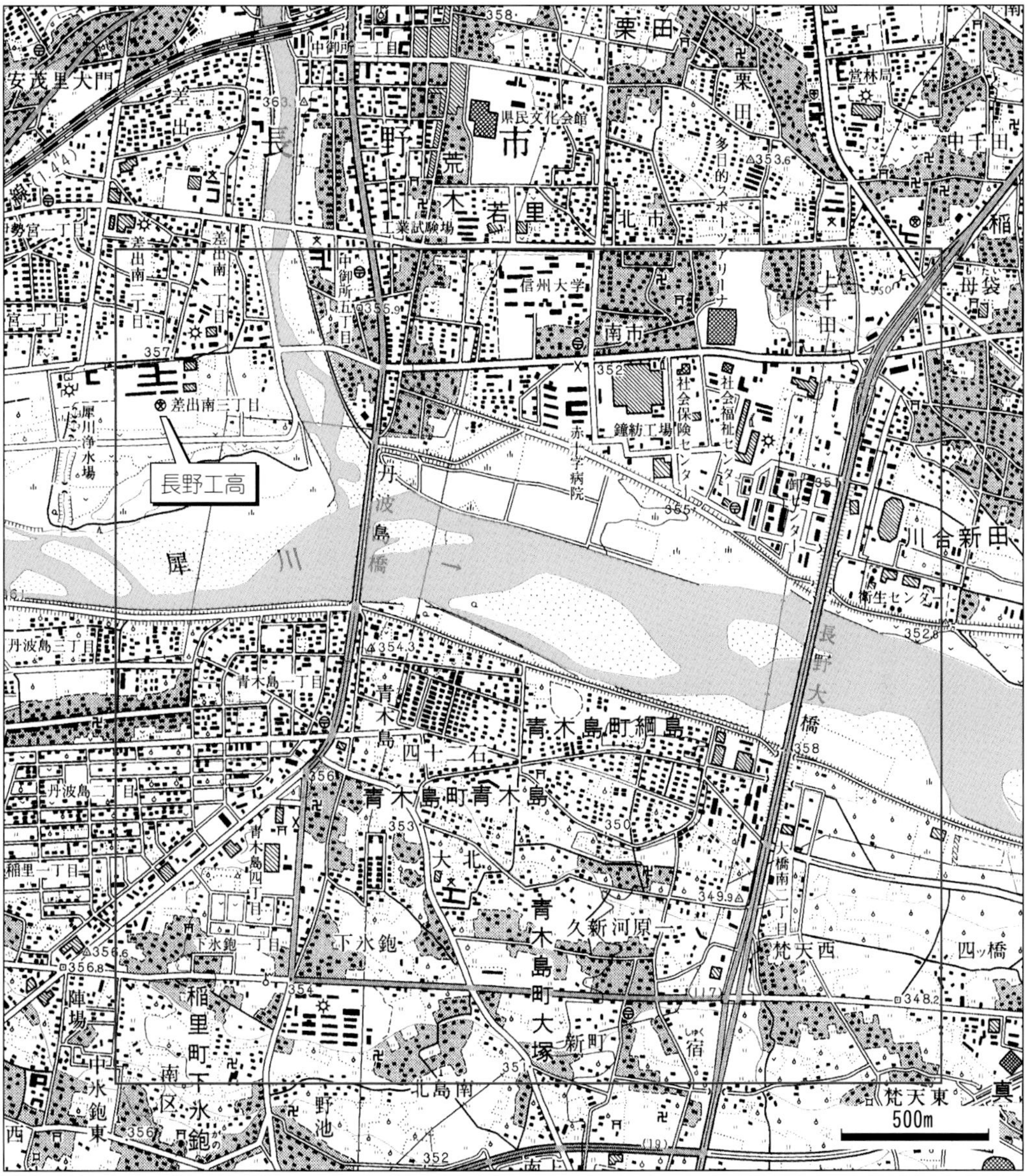

千曲川による水害がひどかったが、いつもは犀川による水害が大きかった。

「戊の満水」の時、犀川流域はどうだったのだろうか。犀川流域の市町村史・誌を見ても、松本市、旧豊科町、旧明科町、旧信州新町では、田畑の被害を中心に記されている。千曲川流域ほど荒れなかった。

犀川が長野盆地に入ってからも、「長野市誌第九巻 旧市町村史編」によると、▽青木島「戊の満水」で、田畑全部浸水、隣村死者多し、▽大豆島「戊の満水」や弘化4年大地震後の洪水でも大きな被害を受けたが、洪水により死者が出たことは伝えられていない、▽安茂里「戊の満水」による被害は、犀川・裾花川の沿岸にも及んだ。小柴見村では、裾花川の堰が220間ほど切れて、跡形もなくなり、金山沢が抜け出て田を埋めた。寺沢も200間の堰を埋めた――などの記述にとどまる

【表1】松代領四郡水害荒廃高調
（「長野史料」から）

	拝領高改出新田共	荒廃高計	荒廃率
水内郡	4万3339石	9225石	21.3％
更級郡	4万4635	1万4103	31.6
埴科郡	1万6671	6504	39.0
高井郡	1万1756	4518	38.4
計	11万6401石	3万4350石	29.5％

（199ページ資料15参照）。

寛保の洪水時の「松代領四郡水害荒廃高調」（「長野史料」）を見ても、表1のように、犀川流域の水内郡の荒廃高の割合が他郡に比べ10％以上少ない（194ページ資料8参照）。

長野盆地の犀川沿岸は、裾花川の瀬直し後、それによる押し出しに悩まされてきた。犀川本流は、南に押され、犀川右岸を侵食した。このため、犀川右岸にあった大豆島村は、その後、村ごと左岸に移った。明治11（1878）年まで、大豆島村が更級郡だったのは、かつて犀川の右岸（南側）にあったからだ（190ページ資料4参照）。

オリンピック記念アリーナ「エムウェーブ」の近く、長野須坂インター線の交差点の角に「舟着き場跡」という碑が建っていて驚く（写真4）。裏に「昔　裾花川がこの辺を流れていて　ここは舟付き場になっていた。ここに『ひむろ』の大木があり舟を繋いだと語り継がれて来た。その大木も平成九年に道路拡幅のため切り倒された。この事を後世に残すべく茲に碑を建立する。平成十年十一月　南長池区」とある。

【写真4】裾花川の「舟着き場跡」碑。後ろにエムウェーブが見える

Column

長野工業高は青木島だった

長野工業高校は、昭和41（1964）年3月に現在地へ新築移転した時、地籍名は更級郡更北村大字青木島字太子河原だった。その年の10月、長野市へ合併、安茂里地籍に変わった。犀川左岸に上流から、本上河原・二経塚・押切河原・太子河原・鍛治沼という地籍名が付いており、青木島地籍だった。「本上河原は昔、犀川本流がこの北側を流れていたことを示す地名と思われる」（更北地区地名調査委員会編「更北地区の地名」）という。

裾花川の瀬直しにより、犀川は南へ押され、左岸に更級郡青木島村地籍が残ってしまったのだ。

※現在の所在地名は長野市差出南3丁目

「輪中の村」は逃げ足が速い

牛島村（長野市）

「正直なところ、輪中《わぢゅう》（注1）なんて知らなかったんですよ。それまでは、大土手に対する小土手という認識だった。輪中という用語は、区誌を作る途中で、長野県史の宮下さんたちが教えてくれた。だから、最初は輪中に重きを置いて書いていない」と「輪中の村　牛島区誌」の編纂主任・倉島浜治さん（大正11年生まれ）。「そう言われて、『なるほど、輪中は、内陸では珍しい』ということで、表題を『輪中の村　牛島区誌』としたら、社会科の先生や中学の子どもたちが興味を持って、公民館でも『ようこそ　輪中の村・牛島へ』という看板を、堤防道路や街角に建てた（写真1）」という。

千曲川と犀川の合流点の村・牛島村（長野市若穂牛島）は、水害とともに歴史を刻んできた。「戌の満水」では多くの家屋が濁流に流され、屋根に乗ったまま延徳田んぼを漂流して救出された村びともいた。輪中堤防も、洪水に備えて堤防を築いたところ、結果的に集落の周りを丸く囲んだだけなのだ。

――「戌の満水」では、牛島村の死者の数が26人とも、64人ともいうが。

倉島さん「どちらが正しいか分からない。たび重なる水害で史料は流れてしまっている。それに、牛島村は千曲川と犀川に挟まれていて、江戸時代は更級郡だった。そこで更級郡へ史料を求めて調べに行くと、明治になって上高井郡に移ったので、里子に出されたような感じ。牛島村に関する史料は残ってないのです。史料集めには苦労しました」

【写真1】「ようこそ輪中の村　牛島へ」の看板も

（注1）　輪中
木曽・長良・揖斐の3川が合流する濃尾平野西部は、低湿地帯で古くから洪水に悩まされてきた。このため、自然堤防の上に人工堤防を築き、集落や田畑などを丸く取り囲んでいる。このような集落を輪中と呼ぶ。土盛りした上に洪水時に避難する小屋（水屋）を建てている家も多い。

【写真2】千曲川と犀川の合流点付近の航空写真（千曲川工事事務所提供）。中央の橋が落合橋。橋の南に、道路で丸く囲まれた格好の集落が「輪中の村」牛島（地図の青点線）。旧牛島村の地籍は犀川の左岸にまで広がっている（赤点線）。赤枠内が航空写真の撮影範囲

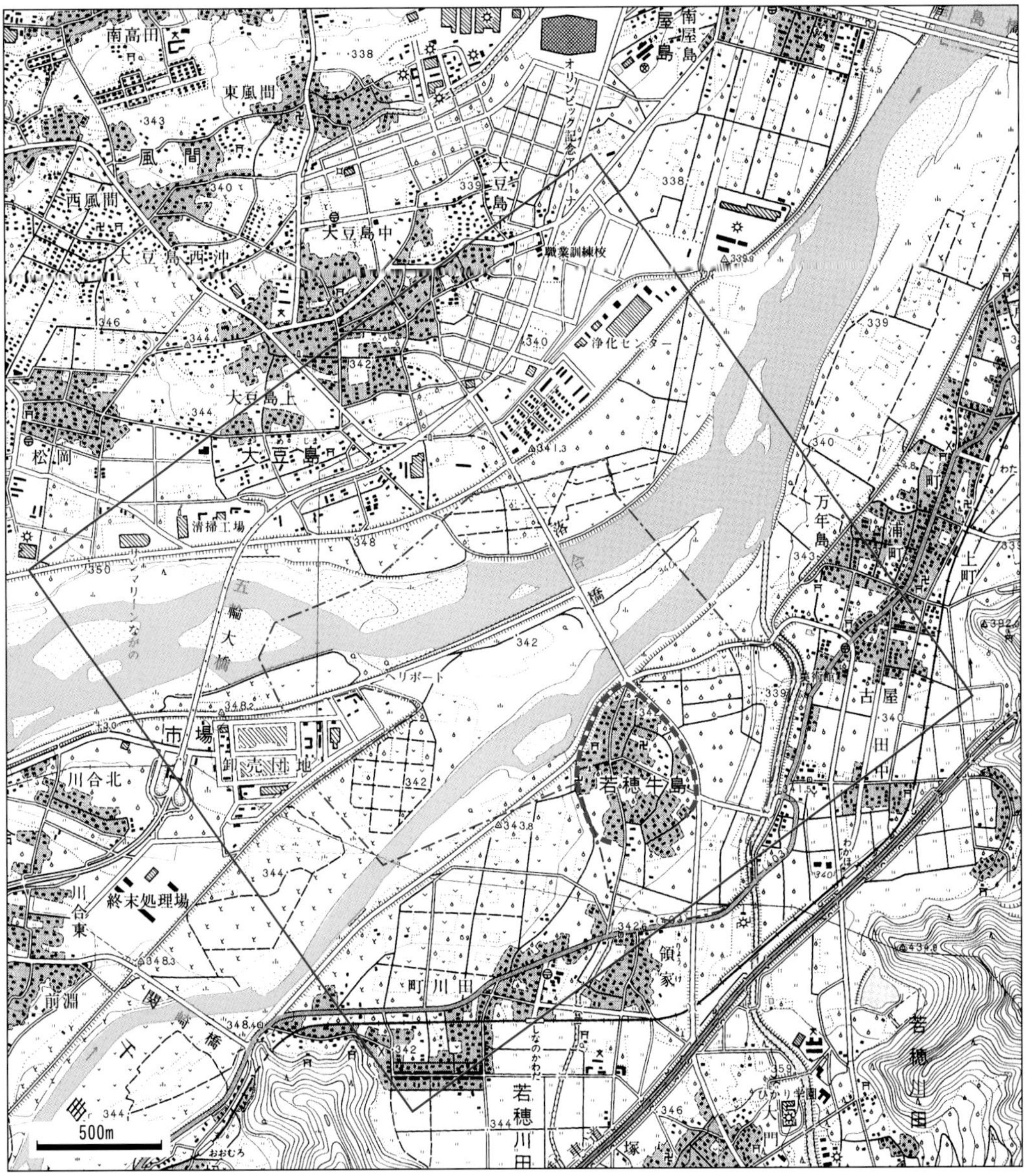

Column

牛島村の輪中堤

境界争いのために残された絵図を見ると、宝暦6（1756）年の絵地図には輪中堤防らしきものは見えない。その45年後、享和元（1801）年の絵地図（**写真3**参照）には、犀川、千曲川に対する堤防と集落の南部まで、ほぼ集落を取り巻く状態になっている。集落の東部、保科川、赤野田川に対する堤防もでき、牛島区を完全に輪中におさめたのは明治初年である。

記録によると、輪中堤防の大工事を施したのは「戌の満水」後。松代藩の資金援助を得て行われた。その後は、毎年のように区民総出で、冬期間の年中行事として行われた（「輪中の村 牛島区誌」から）。

現在は、千曲川堤防や赤野田川の堤防が完成したことから、輪中堤は削られて道路になり、湾曲した道路（**写真2**）に輪中堤の名残りを留めている。

——それにしては、古い絵図（写真３）がたくさん残っていましたね。

倉島さん「あれは、水害のたびの境界争いのものです。だから、残っているのです。牛島村で、特に被害の大きかったのは、寛保の『戌の満水』と弘化の善光寺地震の後の水害。隣の赤野田村へ逃げて行って、そのまま、居着いてしまった人もいる。だけど、なんで、この水害の村へみんな帰って来るのかね」

——それは、洪水で流れてくる土壌が肥えているからですよ。作物の出来が違う。

倉島さん「確かに土は肥えている。だけど、私自身も、小学校を終わったころは、逃げ出したい気持ちだった。長男なもので残る結果になったが……」

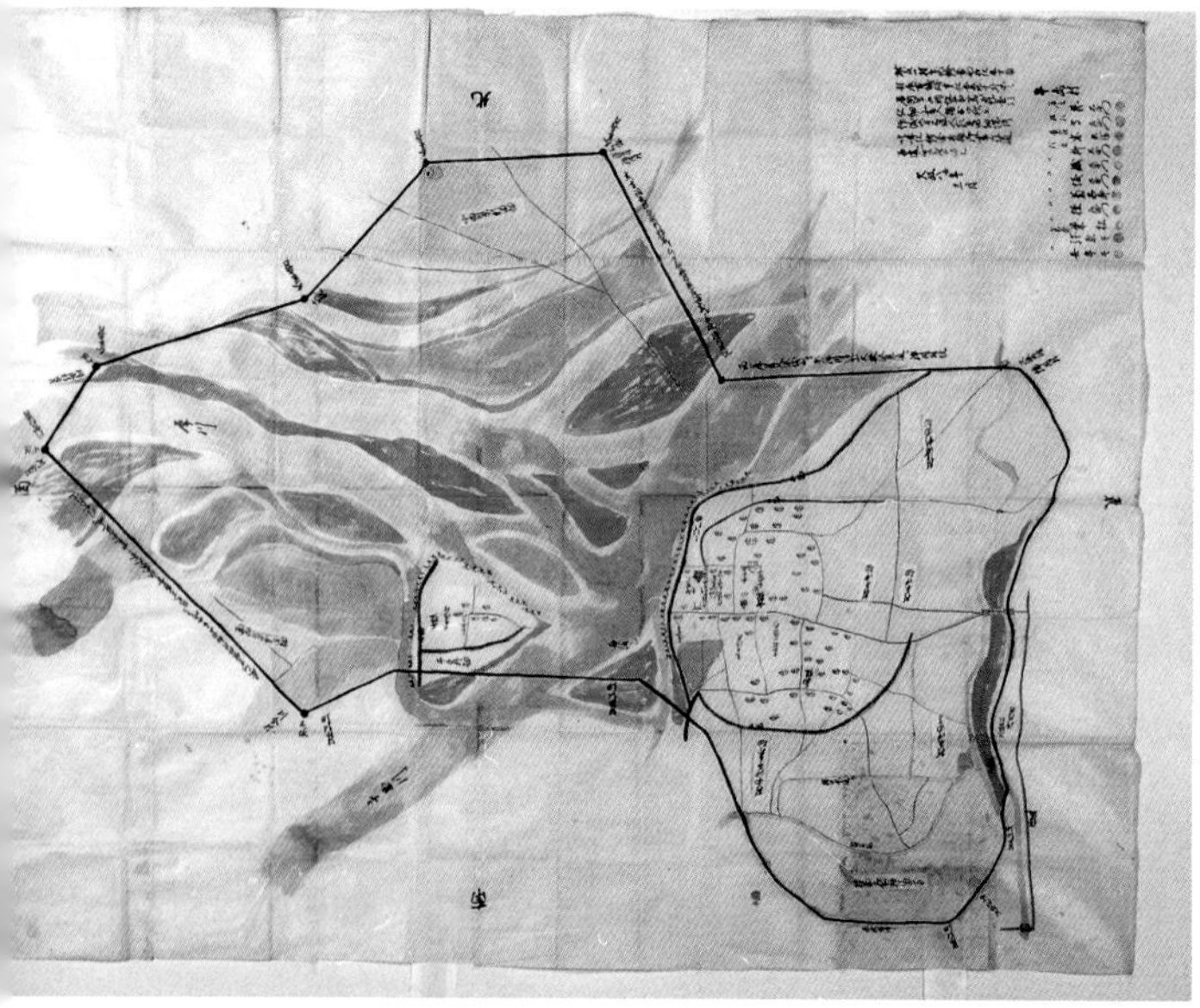

【写真３】享和元（1801）年の牛島村の絵図
（「輪中の村 牛島区誌」から）

——「戌の満水」の死者は、「長野市誌」では26人と少ない方を採用している。周辺の村々は100人近い死者を出したのに比べ、「水害の村」にしては少なかった。

倉島さん「水害に、たびたび遭っているので、逃げ足が速い。明治43（1910）年の大洪水の時の話です。犀川・千曲川の氾濫に加えて保科川が決壊して、両側から水が押し出してきた。落合橋は舟橋だった。その管理をしていた船頭さんが『橋だけは守らにゃ、いかん』と頑張っていたが、最後に『どうしても、だめだ』と堤防へ上がったら、牛島は水の中で、もうだれもいなかった——というのです。山ろくの綿内村春山や小出村、赤野田村へ逃げてしまった。逃げ足は速いのです。家財道具よりも我が身——というのが、長年の経験から得た水害地の知恵です」

【写真４】秋葉山の乗る石塔は、どこでも高いが、牛島神社境内のものは浸水に備え一段と高い

——「戌の満水」の時、対岸の真島村、川合村も大きな被害を受け、「一村流失」している。牛島村は。

倉島さん「牛島村は、かつて上牛島・中村・下牛島と3集落だった。上牛島がなくなったのは、『寛保の洪水』の影響です。松代藩で千曲川の瀬直し（河道改修）をやったでしょ。それで、大量の土砂が押し出してきて流れが変わり、上牛島が孤立状態になってしまった。慶応4（1868）年に、残っていた7戸が移住してなくなった」

千曲川と犀川の合流点の標高は340メートルで、合流前の犀川の河床は千曲川より約1メートル高い。千曲川は河床勾配1000分の1の緩やかな流れで蛇行してくるのに対し、犀川は1000分の3の河床勾配でまっすぐ流れ下ってくる。増水すると、犀川が牛島へ突っ込んでくる。そこで、国は、合流地から下流へ向かって背割り堤防を造って、二つの川の流れを安定させた。

「背割り堤防を造るとき、千曲川の右岸の堤防が亀岩の下流で、川へ突き出しているのが問題になり、千曲川工事事務所では『まっすぐに』といった。そこで、堤防を調べたら、中心に柴石が入っている。それで、頑丈なのです。建設省では、柴石の築堤を崩して堤防を築き直す――という話もあったが、結局、それはできなかった。あの柴石の築堤で、牛島は助かってきたのではないですか。かつて柴石を川船で各地へ運んでいたが、船頭さんに一杯やっては、あそこに、柴石を積ませたのだ――という話も残っている。洪水が昔話になったのは、ここ20年ほどのことです」と倉島さんは話した。

Column

川瀬の変化に一喜一憂

洪水によって運ばれてきた土砂で島ができる。これを「起返《おきがえ》し」と呼び、開墾して耕地とした。現在の向河原や若衆島である。一方、大雨の増水で一朝にして川になることもある。これを「川欠《かわか》け」と呼んだ。

「牛島区民は、川瀬の変化に一喜一憂してきた。洪水のために、大豆も甘蔗も野菜類はもちろんのこと、リンゴの大木も根こそぎ流された例も珍しくなかった。一面、翌年は積もった土のため、肥料はほとんど要らないほど肥えたところもあった。長い目で見れば、川のもたらす肥沃な土壌によって豊かな収穫を上げてきたことも事実である」（「輪中の村 牛島区誌」から）。

Column

地割慣行

洪水常襲地では、農地の「川欠け」や「起返し」のため、土地の割り替えが必要になり、地割慣行が広まった。現在は一部に残っているだけだが、戦後の農地改革の時点で、最も大規模に残っていたのは上高井地方であった。それだけ、千曲川の流路の変遷が激しかったことを示している。

「割地制度と農地改革」（古島敏雄編、東京大学出版会、1953年）によると、戦後まで、犀川流域では東筑摩郡下川手村・中川手村、千曲川および合流点付近では埴科郡杭瀬下村、更級郡真島村、上水内郡朝陽村・大豆島村、上高井郡川田村・綿内村・井上村・日野村・豊洲村・小布施村、下水内郡常盤村に及んでいた。特に上高井郡の村々は連続して地割慣行地帯となっていた。上流では跡部村（佐久市）に残っている。

土地の割り方は、細長い短冊型にするのが普通で、川に向かって直角に分割している。

自然堤防上でも3・38mの浸水

長沼地区（長野市）

「千曲川に沿ったところは、川に沿って集落が延びています。自然堤防です。長野盆地を見ますと、更埴市（当時）から下流、千曲川は蛇行しています。河川勾配が1000分の1、長沼周辺は千曲川工事事務所の地図で見ますと、5000分の1以下です。越後平野の河川勾配が5000分の1～7000分の1です。それと同じ河川勾配ですから、一挙に自然堤防が発達します。長野盆地の自然堤防の中で、一番比高が大きいのが赤沼です（写真4）」――。

長野市長沼の千曲川左岸の堤防上を走る、第3回「千曲塾」の現地研修会のバスの中で、市川健夫塾長は説明を続けた。「いま、通過している集落は村山（長野市）です。対岸も村山（須坂市）です。元、この集落は一つでした。千曲川が移動して、村山村は二つに分かれたのです。須坂市の福島新田と北屋島（長野市）も、かつては一つの村だった。それが、明治になって分かれた。右岸の綿内村と左岸の南屋島（長野市）もかつては一つだった。牛島（長野市）も、長野市に合併する前は上高井郡だった。さらにその前は更級郡だった。松代町大室も、高井郡だった（写真1）のが、明治になって埴科郡になった。千曲川の沿岸は、常に河川が移動する。それに伴って、集落も移動してきた。いかに、水害がひどいか分かります。水害はひどいのですが、一面、肥えた土を持ってくる。しかも、礫がないから、長芋とか、ゴボウなど根菜類の最適地になっています」。千曲川は、埴科郡と更級郡、高井郡と水内郡との境界となっているが、河道の変遷で、各地で入り組んできた。

【写真1】長野市松代町大室の「高井大室神社」。大室は明治17（1884）年まで高井郡、その後、埴科郡になった

長沼地区は現在、洪水水位を本堂の柱に記録してきた妙笑寺（写真2、写真3）のある地区、それを基準にアップルライン近くに「善光寺平洪水水位標」を建ててある地区として、水害研究者に

全国的に知られるようになっている。長沼地区は自然堤防の比高が大きく、幅も広い――といっても、すぐ横を千曲川が流れているから、堤防がなかった時は、洪水のたびに被害を受けてきた。

善光寺平洪水水位標を建てた深瀬武助さん（1889～1964年）は、「建設に就いて」を書いている。長野県の北半分に降る雨は、千曲川・犀川によって、全部、長沼へ集まって来る。

「従って上流地方に一度豪雨あらんか、忽ちにして濁水滔々千曲川の堤防を破壊し此地一帯湖水と化し家屋を流し人畜を殺傷し田畑を荒し農民酷苦の作物を一朝にして収穫皆無となさしめた例、実に枚挙するに遑なき有様であった。別ても寛保二年、明治二十九年の大洪水（写真5）の記録を見る時、其惨苦の夥しき事実の慄然膚に

【写真2】長野市津野の玅笑寺境内にある「洪水水位標」。本堂の柱に記録された水位をレベルで測定して、建てた

水害に備えての知恵（「長沼村史」から）

① 建物の敷地に土盛をして高くするか、石垣を積んで高くする。
② 半二階とか二階の部分をどこかに造っておく。
③ 時には、屋根裏に滑車をつけて綱を用意した。大事なものを釣り上げたり、脱出するためだった。
④ 筏を組める材料を屋根裏などに常備しておく。
⑤ 大麦の粉《こうせん》や米の粉を用意しておく。
⑥ 避難場所を持っている家に、洪水の時のことを頼んでおく。
⑦ 水見舞いには、粉製の食糧を。
⑧ 水害救助船の第一の仕事は、飲み水の分配。

【写真3】千曲川堤防脇にある玅笑寺
（手前が堤防。左は水防倉庫）

【写真４】長野市長沼地区の航空写真（1947年、米軍撮影）。自然堤防上の果樹・畑作地帯（黒い）と、後背湿地の水田地帯（灰色）がハッキリ分かる。現在の国道18号（アップルライン）は２つの地帯の境目を走っているが、この時はまだない。地図の赤丸が妙笑寺。青丸が善光寺平洪水水位標。赤枠内が航空写真の撮影範囲

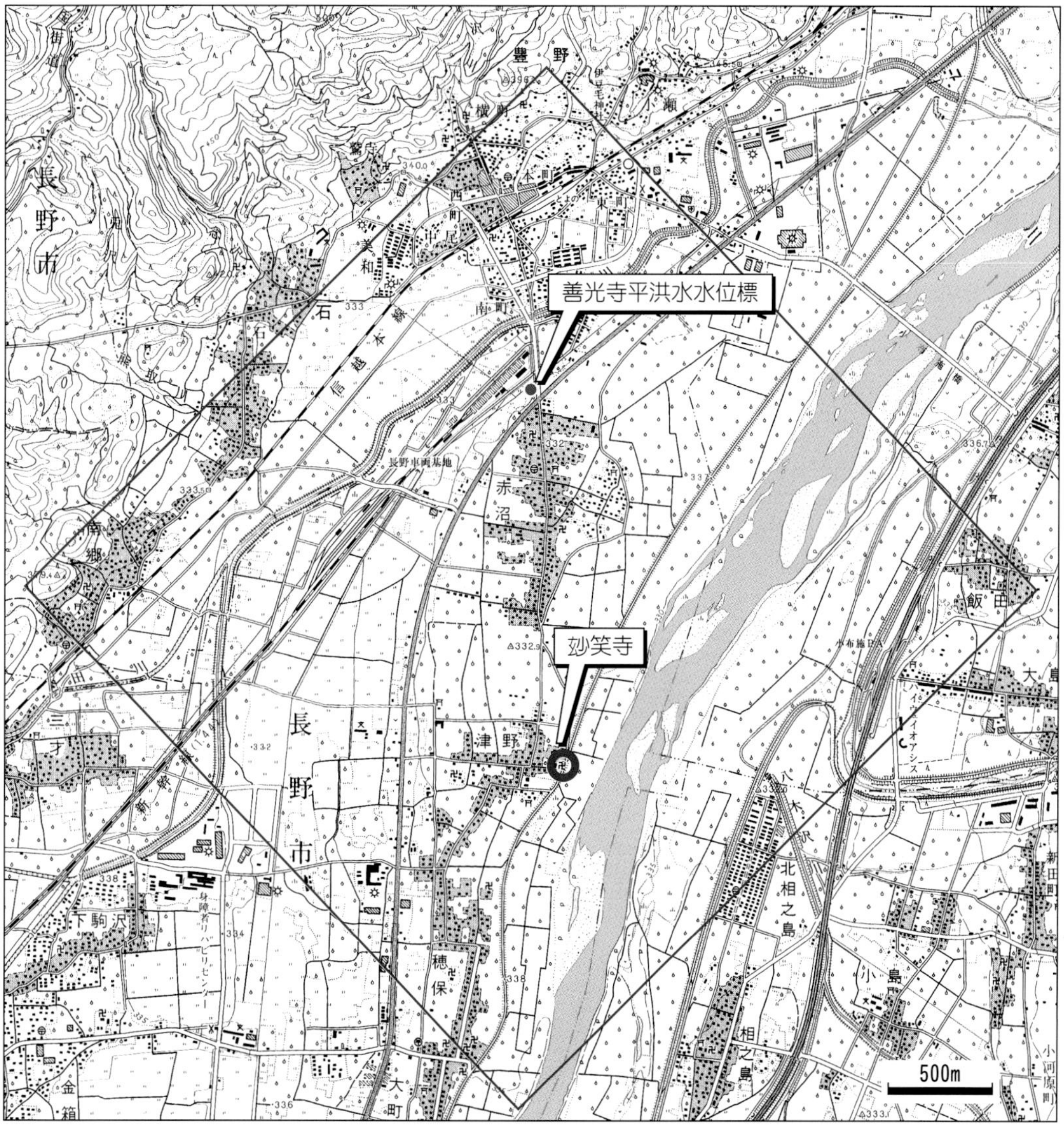

Column

庄屋が流された里村山村

長沼の上流・里村山村（長野市村山）は死者22人、流失家屋22軒の被害を出した（「松代満水の記」）。「出来事で綴る里村山村　北小坂家文書・近世編」によると、「信濃善光寺一帯は冠水二丈余りとなった。このため、庄屋の家が流れてしまい、元々御水帳は無く、又、寛文年中に高名寄帳を作って長百姓方へ預けておいたのだが、川欠高御吟味御引帳等は流失してしまった。

　又、西村山村と東村山村の間の河原にあった里村山村側の砂溜り新田の伊勢地と離島が川欠になってしまった。そして、そこには伊勢宮の御神木が生えていたのだが、その大木も水底に埋もれてしまった」という。

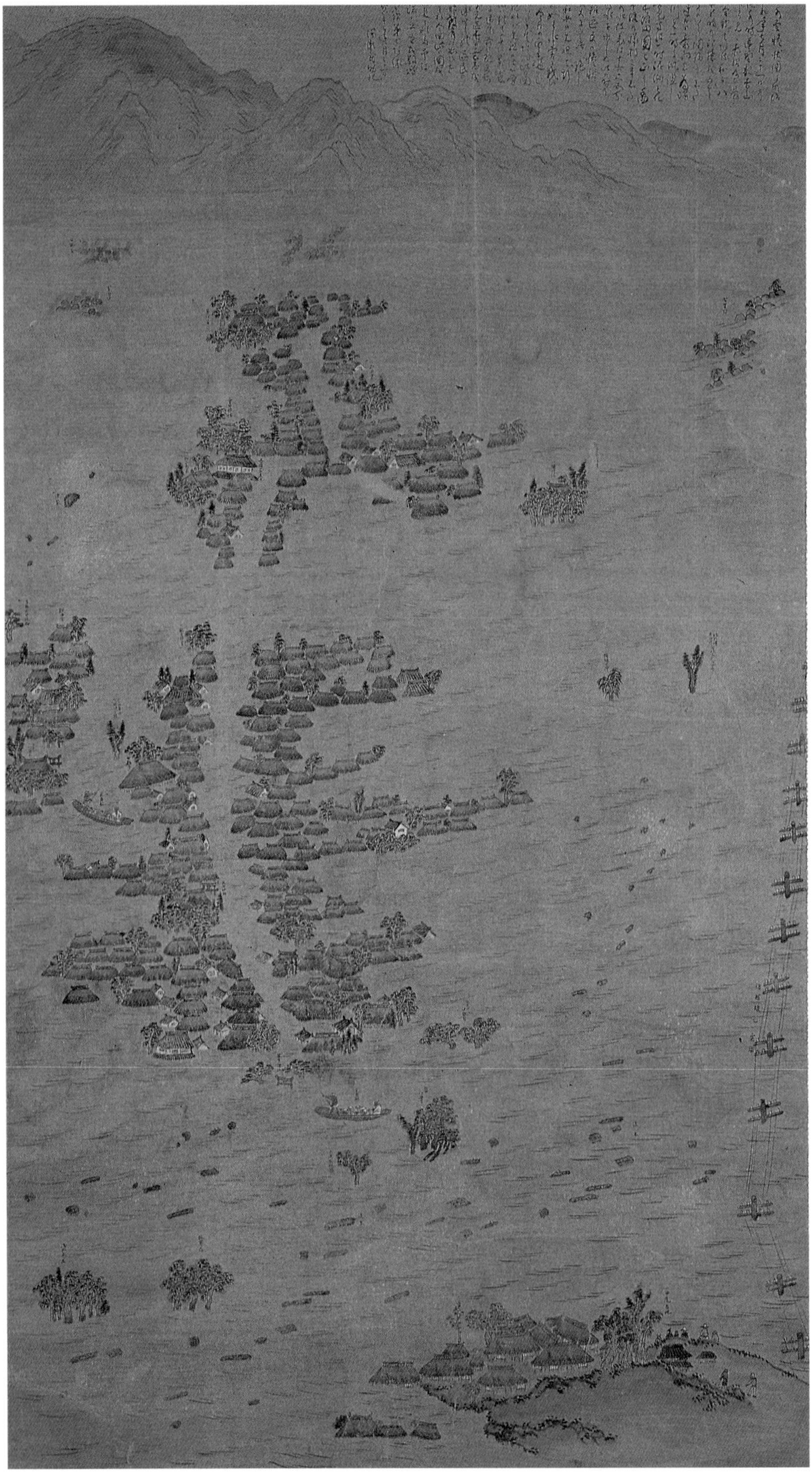

【写真5】明治29年赤沼・長沼洪水絵図。赤沼の篤農家・深瀬武助が、子どもの時に体験した明治29（1896）年の大洪水を思い出して、昭和15（1940）年に描いた（長野市赤沼区蔵）

粟を生ずる。

村内に保存せる当時の記録によれば　寛保二年八月二日全村の家屋殆ど水中に没し

上町　潰家十三戸、流死人男五人女七人　計十二人
栗田町　潰家十五戸、流死人男女計十三人
六地蔵　潰家三十六戸、流死人男六人女十五人　計二十一人
内町　潰家十三戸、流死人男三人女三人　計六人
津野　潰家五十七戸、流死人男十人女二十五人　計三十五人
赤沼　潰家百三十七戸、流死人男二十一人女三十三人　計五十四人
河原新田　潰家三十六戸、流死人男八人女十九人　計二十七人

となっている。

吾が長沼村戸数の大半即ち三百七戸は潰家となり、流死人総計百六十八人を数えたのである。此の標はこの洪水を始め、明治二十九年、弘化四年、明治元年、同四十三年、同四十四年等の記録に残る大洪水の水位を標示したものである」

毎年のように襲った水魔に悪戦苦闘、屈せずに今日を将来した祖先の苦労を忘れてはならない――という。そして、最後に「ありがたや　祖先の苦労　リンゴ花」と詠んでいる。

長野盆地では、「戌の満水」より、その105年後の弘化4（1847）年の善光寺地震で犀川がせき止められ、19日後に決壊して襲った大洪水の記録や伝承の方が強く残っている（注1）。

「みなさん一番よく御存じなのは、弘化4年の善光寺地震の洪水。一般の民家では、軒先の高さだったそうです。この時は、犀川にたまった水が一気に流れたから逃げ遅れ、妙笑寺の檀家でも、50人くらい水死なさっています」と妙笑寺の笹井義英住職。「この辺の方々は、水害に慣れていたので、ふだんは水が増してくると、水害に遭わないように、自分の家の家財道具を整理して、畳を上げた。それから、お寺の本堂に、畳上げを手伝いに来ると、ちょうど、水が増してくるというくらい、妙笑寺は高い場所にあります。

本堂は茅葺きでしたが、何度も水害に遭い、昭和54年に改築しました。残したのは、洪水の水位を記した柱とケヤキの須弥壇だけです。須弥壇は、解体して組み立て直したのですが、その板と板との間に、細かい『花どろ』がいっぱい詰まっていました。本堂は1丈1尺余（3・38メートル）の水に浸かったのですから当然ですが、こんなところまで、『花どろ』が入って、被害を受けたのだなあと思いました。

私は水害の常襲地に生まれ、50年余になりますが、まだ水害に遭っておりません。もし、水害になったら、どう自分たちの生活を守ったらよいのか。昔の言い伝えが薄れていくのを心配しています」と話した。

（注1）　善光寺地震による死者は、8300人前後とみられているが、地震後の洪水による死者は、事前に避難していた者が多く、極めて少なかった。松代藩内では11人という記録が残っている。

収穫皆無の村が続出

豊野の村々（長野市）

寛保の大洪水「戌の満水」では、千人単位の流死者が千曲川を流れ、流れが緩やかになった場所に次々と流れ着いた。その犠牲者の供養塔が、千曲川流域に三つある。上流から上田市秋和の正福寺境内、長野市豊野町多賀神社石段脇と飯山市常盤・柳新田である。中でも、豊野町の「流死人菩提」碑（写真1）は、裏面に「大満水此処マデ湛《たたう》」と刻まれていることから、水文学や水害研究者は、満水の最高水位を示すものとして注目している。ところが、石碑は過去、2回移転していて、最初の場所がハッキリせず、貴重な最高水位もハッキリしない。

「あの石碑が最初、どこにあったかが問題です」と豊野町誌編集委員長だった金井清敏さん。「豊野駅前にあったのを、駅をつくった時に、駅長の官舎の一角に移し、さらに現在地に移した――と聞いている。だから、現在の碑の位置は標高などは考慮されていないでしょう」という。

最初に碑のあった場所は、駅前のどの辺だったのだろうか。商工会館の横に、大正年間に建てられた地蔵尊がある。「そのころ、その一帯では悪いことばかり続き、わしらのおじさんたちが供養のために、お地蔵さんを建てた。明治初年の地図を見ると、その場所に三昧場《さんまいば》とある。三昧場とは火葬場のことです。中尾村の野辺送りの場だった。昔は一帯が畑で、お宮より東、いまの駅前には人家がなかった。流死人菩提碑は最初、三昧場のあたりにあった可能性はある」と金井さん。「とにかく、人はお宮より上（北）にしか住んでいなかったから、『戌の満水』の時、豊野では死者はなかった。中尾村だけが、ちょっと低い所にある。そこへ、死体が流れ着いた。今、信越線が通っているところは、もともと窪地で蓮池と呼んで湿地帯だった。そこを埋め立てて、信越線の線路を敷いた。ここで水が渦巻くような形になって、死体が滞留したのではないか」と推測

【写真１】豊野駅近くの多賀神社石段脇にある「流死人菩提」碑。裏面に「大満水此所マデ湛」と刻まれていて、水位標になると注目されたが…

【写真２】昭和58年９月28、29日の台風10号災害で浸水した旧豊野町域（千曲川工事事務所提供）。浸水の激しいのは中尾沖。細く流れるのは浅川。右は国道18号。左の直線は信越線（現・北しなの線）

する（写真2、145ページ地図参照）。

豊野駅の標高が334・7メートル。地蔵尊のある辺は、約336メートル。豊野駅から南へ800メートルのところに、有名な長野市赤沼の「善光寺平洪水水位標」がある。そこに記されている寛保2年の洪水の水位が標高で336メートル強。ほぼ一致する。豊野町では、昭和56、57、

Column

流死人菩提碑

案内板に「江戸時代の寛保二（一七四二）年八月、台風による集中豪雨は近世最大の水害である『戌の満水』を引き起こし、千曲川流域に大被害をもたらした。この時、上流の松代藩領では一二〇〇人以上が流死、死体は多賀神社の丘に流れ着いた。この碑は、犠牲者の供養とともに、この時の最高水位を示している。平成十年三月　豊野町教育委員会」とある。

「流死人菩提」碑は、豊野駅（標高334・7メートル）の西北西150メートルの小高い丘の上にある多賀神社（標高約345メートル）の石段の中腹にあって、標高約342メートルである。石碑の裏面に「大満水此所マデ湛」と刻まれているが、標高を無視した移転で、貴重な水位が生かされていない。

【表1】飯山領分当戌年損亡高書抜帳（豊野町周辺分）

	村高	損亡高	損亡率
水内郡			
三才村	286石	268石	93.7%
南郷村	526	526	100.0
石　村	893	893	100.0
神代村	1325	1180	89.0
浅野村	953	903	94.8
蟹沢村	675	414	61.3
大倉村	666	361	54.2
田子村	272	157	57.7
吉　村	430	178	41.4
（中尾村）	155	155	100.0

中尾村は幕府領

【写真3】昭和57、58年の連続水害の後、町内の各地に取り付けられた「千曲川高水位三三六メートル」。近くの長野市赤沼の「善光寺平洪水水位標」では、「戌の満水」の時に、この高さまで湛水したという

58年と3年連続した水害（写真2）の後、町の各地に「千曲川高水位336メートル」の水位標（写真3）を取り付けて、大洪水の時は、水がここまで浸水する——と啓蒙している。

豊野町は南に、千曲川の後背湿地の水田が広がり、そこを浅川が流れている。そして、豊野丘陵の縁を走る活断層が、西上がり東落ちの活動を繰り返して、水田を低くしている。このため、「どぶ」と呼ぶ地籍名が水田地帯に並んでいる。中尾地区には、内土浮《うちどぶ》、外土浮《そとどぶ》。南郷には中土腐《なかどぶ》。昔から、浅川沿いの標高330メートル以下のところでは、大雨のたびに浸水を繰り返してきた。

「戌の満水」の時は、死者こそ出なかったが、現在の豊野駅をすっぽり水没するほどの水位で、田畑は収穫皆無の村が続出した。中尾村、南郷村、石村が収穫ゼロ、三才村、浅野村もわずか5〜6%の収穫だった（表1参照）。「豊野町の歴史」に「享保十年（一七二五）〜慶応三年（一八六七）の中尾村取米高」のグラフが紹介されているが、「戌の満水」の酷さが一目で分かる。

明治29（1896）年の洪水も、水位標で2番目の記録となっているが、この時は信越線が水浸しになり、豊野駅のプラットホームで手を洗えたと言い伝えられている。

Column

どうして中尾村だけ幕府領なのか

飯山藩は、常盤平と木島平の水害に困り、幕府へ替地を願い出ていた。享保9（1724）年に許可され、常盤平と木島平の水害常襲地の村々は幕府領になり、代わりに水害の少ない幕府領の村々が飯山領になった（170ページ注4参照）。その中には、現在、豊野町になっている南郷、石村、神代、浅野、大倉、蟹沢、川谷の各村が入っている。

しかし、中尾村だけが、幕府領として残り、幕末まで幕府直轄領のままだった。どうして中尾村だけ幕府領として残ったのだろうか。水害の常襲地であったためではないだろうか。

須坂藩は死者ゼロというが…

須坂・上高井地方

松代藩1220人、小諸藩584人、上田藩158人、飯山藩16人――。これまで、長野県史や市町村史・誌で使われている寛保の大洪水「戌の満水」の時の各藩の流死者数である。ところが、須坂藩はゼロである。

――どうして須坂藩はゼロなのでしょうか。

宮川孝男さん（須高郷土史研究会長）「須坂藩は百々川の扇状地の上にあって、水害の出るようなところに、領地の村々をあまり持っていなかった。死者を出した『暴れ川の鮎川』沿いは松代領と幕府領、やはり暴れ川の松川沿いも幕府領が多かった」

鮎川沿いの八丁村は死者6人、流家・潰家57戸を出し、史上最大の被害といわれ、仁礼村も死者1人を出したが、いずれも松代領。千曲川沿いで死者26人を出した福島村（須坂市）も松代領だった（196ページ資料10・11参照）。松川流域の小布施一帯も流家23戸、潰家117戸、半壊94戸の被害（200ページ資料16参照）を出したが、大半が幕府領だった。

青木広安さん（高山村誌編纂室長）「その時の雨の降り方もある。広い範囲の集中豪雨だが、特に浅間山ろくに強く降り、北に行くほど弱かったことは考えられる。死者10人を出した須坂市宇原川の水害（注1）も、雨は局地的だった」

――須坂藩の水田の被害は、石高の52・7％に達した。その内訳を永荒、泥砂入、当年損耗と三段階に分けて詳しく幕府へ報告している（197ページ資料12参照）。

青木さん「小藩だから調査しやすい。激甚災害だが、死者が出なかったから、田畑の被害調査に力を入れられたのだと思う」

――「須坂市史」の中に、相之島村の古文書が紹介され、「寛保二（一七四二）年の大満水で、またまた居屋が残らず流失し溺死者も多く、四十余人が生き残っただけである」とある。須高地方では、

（注1）　宇原川土石流「災害復旧記念碑」

「昭和五十六（一九八一）年八月二十三日未明、台風一五号の襲来とともに、山岳地帯の集中豪雨により、仁礼山ロットの沢上流付近の土砂崩壊が土石流となり、宇原川沿岸の巨岩立木悉く席巻し、泥濘濁流となり、恰も小山瞬動、暗空を圧して一気に下流を襲い、人家人命諸共一瞬にして呑み込み、十名の貴い生命を奪い去る。加えて、仙仁川これ又濁流氾濫、合して鮎川沿岸を荒土と化し、家屋流失四十戸、損壊十七戸、田畑の流失冠水十一町歩余、山林の流失三十町歩余の大きな被害を受け、正に言語に絶する大惨事となる（後略）」。

台風15号の雨は22日朝から降り始め、夕方から豪雨となり、翌23日朝まで降り続いた。その総雨量は、峰の原（千峰苑）で、224・5ミリに達し、年間雨量1000ミリのこの地域では観測史上最大となった。特に、23日早朝には、時間雨量30ミリの豪雨が4時間も続いた。

【写真１】須坂市相之島の航空写真（千曲川工事事務所提供)。相之島地区の周囲を水田が囲み、集落は自然堤防上にあることが分かる。北に整然とした相之島団地が続く。対岸の茶色い屋根は長野市津野の妙笑寺（地図の赤丸)。橙線は相之島団地のコンクリート塀。赤枠内が航空写真の撮影範囲

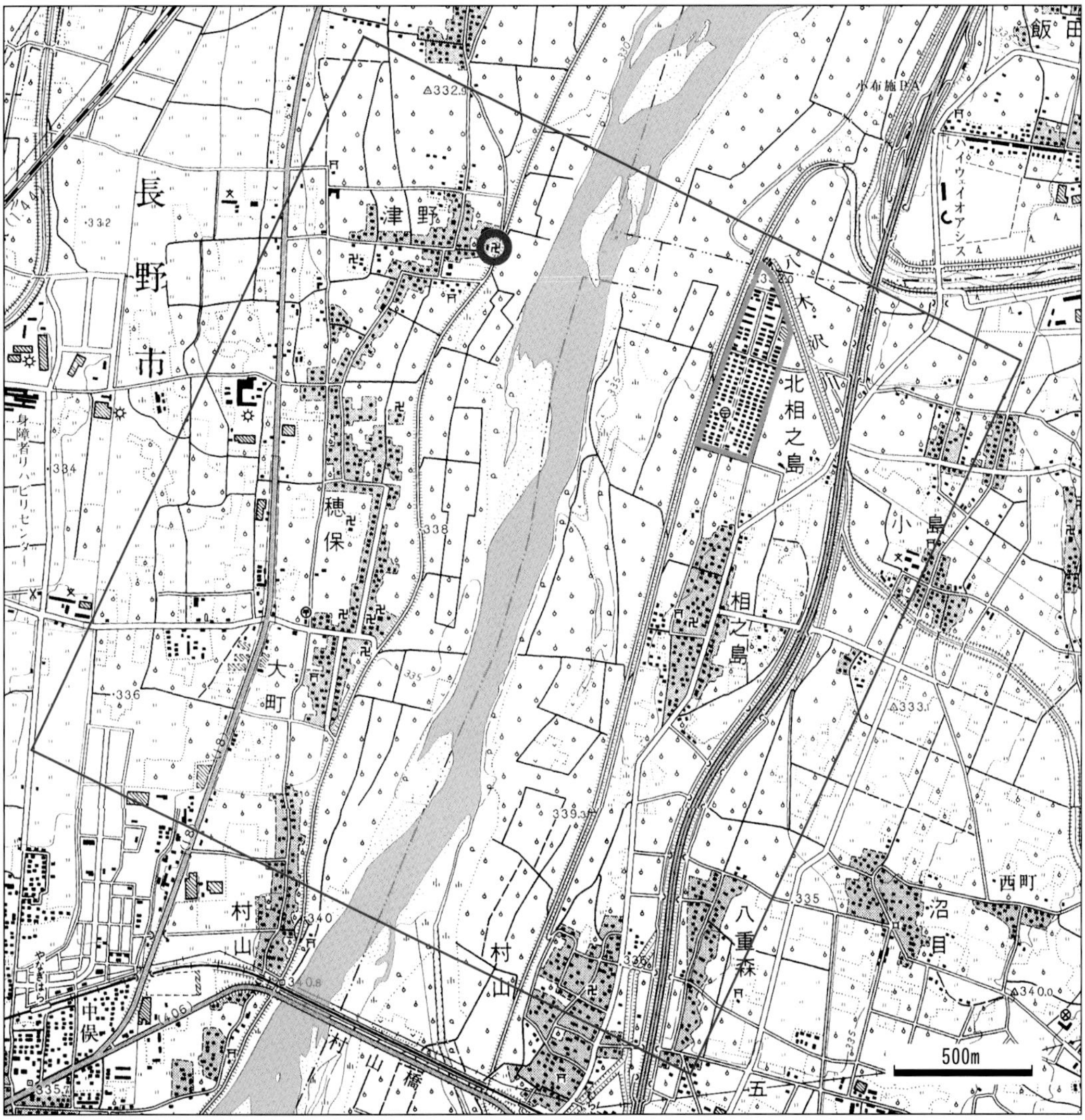

死者の多かったのは、相之島村ではないかと推定されるが。

　市村栄三さん（須坂市相之島）「そのことは、先代から聞いてない。相之島は、自然堤防の上にあるが水害常襲地です。集落の上流の西と南に堤防を造って、下流の北側を開けてあった。だから、満水になれば、下流から水が入ってきた。その堤防が、内務省堤防ができてから取ってしまい、道路になった。相之島の地籍は、道路を境に土手内と、土手外になっている。土手外は共有地で地割慣行があったが、戦後の農地解放でなくなった」

　日本の水害常襲地には、地割慣行（１４１ページ参照）が広い範囲で残っていたが、最も大規模に存在したのは上高井地方であった。中でも相之島地区は耕地総面積86ヘクタールのうち、70％の59ヘクタールが割替地で、農地改革を前に研究者は相之島地区に泊まり込んで調査した。その結果は「割地制度と農地改革」（古島敏雄編、東京大学出版会、１９５３年）に集約されている。それによると、相之島村は江戸時代から明治時代にかけて、平均して10年に1度の割合で大水害に遭い、「検地帳上の石高反別はおよそナンセンスと思われるほど、耕地の変貌はいちじるしい」という。村高735石に対し、諸荒高は享保15（1730）年の702石、荒廃率95％を最高に、文化3（1806）年87％、天保14（1843）年68％、天明2、5（1782、1785）の両年65％、正徳5（1715）年60％、寛政7（1795）年56％と、村高の半分以上に及ぶ水害がたびたび起こっている。「千曲川の氾濫、河道の移転がこの村にとって、どれだけ大変だったか。幕末に現在の旧堤防ができるまでは、集落を囲む堤防と本田を守る堤防だけで、新田は全く千曲川のなすにまかされていたようである」という。

――戦後も、昭和24年9月1日に村山―相之島間で千曲川の堤防が切れた。

市村さん「キティ台風です。私の家は代官の休憩所になっていて、地面から1・6メートルの高床式の水屋造りになっていますが、床上浸水20センチメートルぐらいになった。地面に建っていた母屋は軒先まで水が浸かった。先代は『明治の大水害の時は水が入らなかった。その時より水位が高い』と言っていました」。

須坂・上高井地方では、長野盆地を流れる千曲川と扇状地を流れ下る支流との流れ方の違いを、うまく表現している。「おら方の川は女川だが、鮎川や松川は男川だ――と相之島ではいう」と青木広安さん。相之島の横を流れる千曲川の増水は徐々で女性的だが、鮎川・松川は、土石を押し流す暴れ川で男性的だ――というのだ。

【写真2】相之島公民館前にある洪水水位標。キティ台風による堤防決壊、湛水の水位が一番下に見える

「鮎川は、ふだんはちょろちょろ流れる川だが、『水まーし』になってくると、恐ろしいほど大きな石がゴロンゴロンと流れてくる」と宮川孝男さん。「昭和56年の宇原川土石流災害をきっかけに、植林のあり方が問題になった。特に戦後は全部、スギとカラマツ。ところが、スギやカラマツは根が浅い。それが、根こそぎ崩れ落ちて土石流となった。村では昔から、家の東（上流側）に竹を植える。竹を植えると、川や水は竹を避けて流れる――といった。治山治水へ目を向けた植林にしないと」という。青木さんは「いま、相之島でキティ台風の体験記をまとめていますが、『湛水しても、堤防を切ってはいけない。切ったら、家財まで運び出されてしまう』とか、『飯は、少し残して置かなければいけない。何があるか分からない』といった年寄りの話が集まってきています」と話した。

相之島の下流に造成された相之島団地は、連続水害の反省から周囲をコンクリート塀で囲み（写真3）、入り口には、板を下ろすか、土のうを積んで浸水を防ぐようにしている。現代版「輪中」である。

Column

水位標あれこれ

長野市津野の妙笑寺境内の洪水水位標、同市赤沼の「善光寺平洪水水位標」、同市豊野町の「流死人菩提」碑は、よく知られているが、その他にもある。

旧豊野町内では昭和57、58年連続水害をきっかけに、「寛保の大洪水」の時に達した標高336メートルを「千曲川高水位」として、旧町役場（現・JAながの豊野町支所）の駐車場など町内各地に掲示している。

水害常襲地だった須坂市相之島の相之島公民館にはキティ台風の湛水位を中心にした水位標、上高井郡小布施町押羽には立ヶ花の歴代洪水位を基準にした水位標が建っている（**写真2**、**写真4**）。

【写真3】相之島団地を取り囲むコンクリート塀。「現代の輪中」

【写真4】小布施町押羽の「千曲川大洪水水位標」

【写真5】小布施町大島に残る寛保3亥年建立の「溺水亡霊地蔵」

「延徳田んぼを漂流した話」

中野・下高井地方

「戊の満水」は、どこでも「未曾有の災害」「前代未聞の水害」と記している。その中で「中野町誌」（大正8年刊）だけは、「天正の水害に次ぐものを寛保二年の水害とす」と2番目にしている。

「我が中野創建以来、惨の殊に惨なりしを天正六（一五七八）年の水難とす、此の歳六月降雨連日、夜間瀬川氾濫して全村を横流し、一般民家より神社仏閣に至るまで悉くその浚ふ所となり、中野一面茫茫たる河原と化し人畜の死傷数ふべからず、当時安全なりしは只普代部落ありしのみ」という。

合併前の中野市は、夜間瀬川の扇状地に立地する現在の市街地だけで、延徳田んぼなどは含まれなかった。そのため、「天正の水害に次ぐ」という記述となったようだ。「寛保二年の水害」については「五月霖雨あり八月尚歇まず、千曲川氾濫して沿岸六郡の地を浸し、溺死者一萬余。此の時、夜間瀬川亦大に溢れ（201ページ資料19参照）、竹原一本木江部等を横流し、中野平一面水に浸さる」と書いている。

「溺死者一萬余」はオーバーだが、「中野平一面水」となった高井郡23カ村はこの時、幕府へ直訴している。長野県立歴史館にフィルムで保存されている「寛保三年亥二月　江戸表ニテ高井郡廿三ヶ村飢人夫食御拝借御直訴願書写」（小布施町羽場区蔵）によると、直訴した23カ村は、現在の上高井郡小布施町の山王島、飯田、小布施、押切、羽場、北岡、清水、矢島、六川、福原新田、大島、松村新田、中条の13カ村と、中野市の草間、安源寺、安源寺新田、片塩、西江部、東江部、新保、小沼、桜沢、大熊の10カ村。延徳田んぼを取り囲む村々である（図1参照）。

「（前略）近年打続水損ニテ困窮仕候上、去戌五月中千曲川満水ニテ麦作不残泥腐仕夫食無御座、拝借用ヲ以取続き罷有候処ニ、同八月朔日夜半頃、千曲川、松川、松崎川、篠井川大満水、俄ニ川々押懸候故家居流失潰家ニ相成、人馬流死御座候、相残候者共家之棟を切破り筏ニ乗り立のままにて逃除き、命斗相助り申候」と、5月の満水で麦作が泥腐りになり、その上8月1日の大満水で、命だけ助かった状況で、中野代官所では60日分の夫食（食糧）を貸し与えた。

しかし、「何年にもない大変」のため、「第一陣として、中野村組頭の金八が郡中総代として、御勘定所へ見分を願い出ている。その結果、12月下旬、坂木代官所大草太郎左衛門一行が見分に来た。ところが、千曲川の御普請場（堤防）の、どこを直せばよいか――と災害現場ばかり見ていて、『弐拾三ヶ村壱万石余程水損亡』の実情や『深泥石砂入田畑』になり復興も難しい『百姓難儀』を見てくれなかった。そこで、第二陣として、翌寛保3年正月11日、23カ村代表が直訴願書を持って、江戸へ出発、幕府の勘定所へ直接、願い事

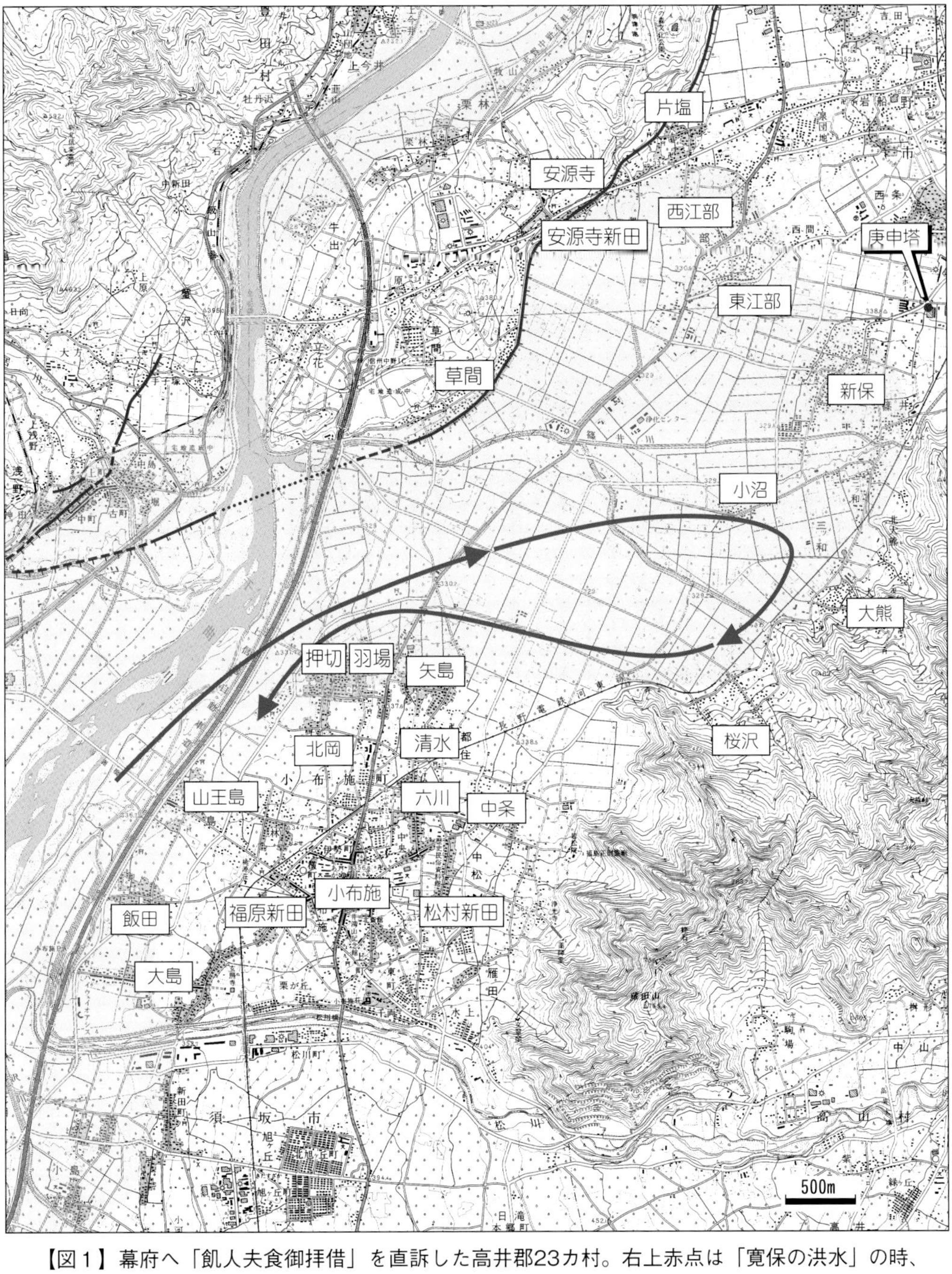

【図１】幕府へ「飢人夫食御拝借」を直訴した高井郡23カ村。右上赤点は「寛保の洪水」の時、近くまで浸水したという庚申塔の位置。青薄色は冠水範囲（推定）。矢印の線は、牛島の人々が漂流したコース。赤線は長野盆地西縁活断層

【写真1】明治44年延徳沖洪水写真（中野市立延徳小学校蔵）。諏訪湖に匹敵する広さになる。中央の浮島のように見えるのが中野市小沼。中央奥に右側から半島のように延びているのが高丘丘陵

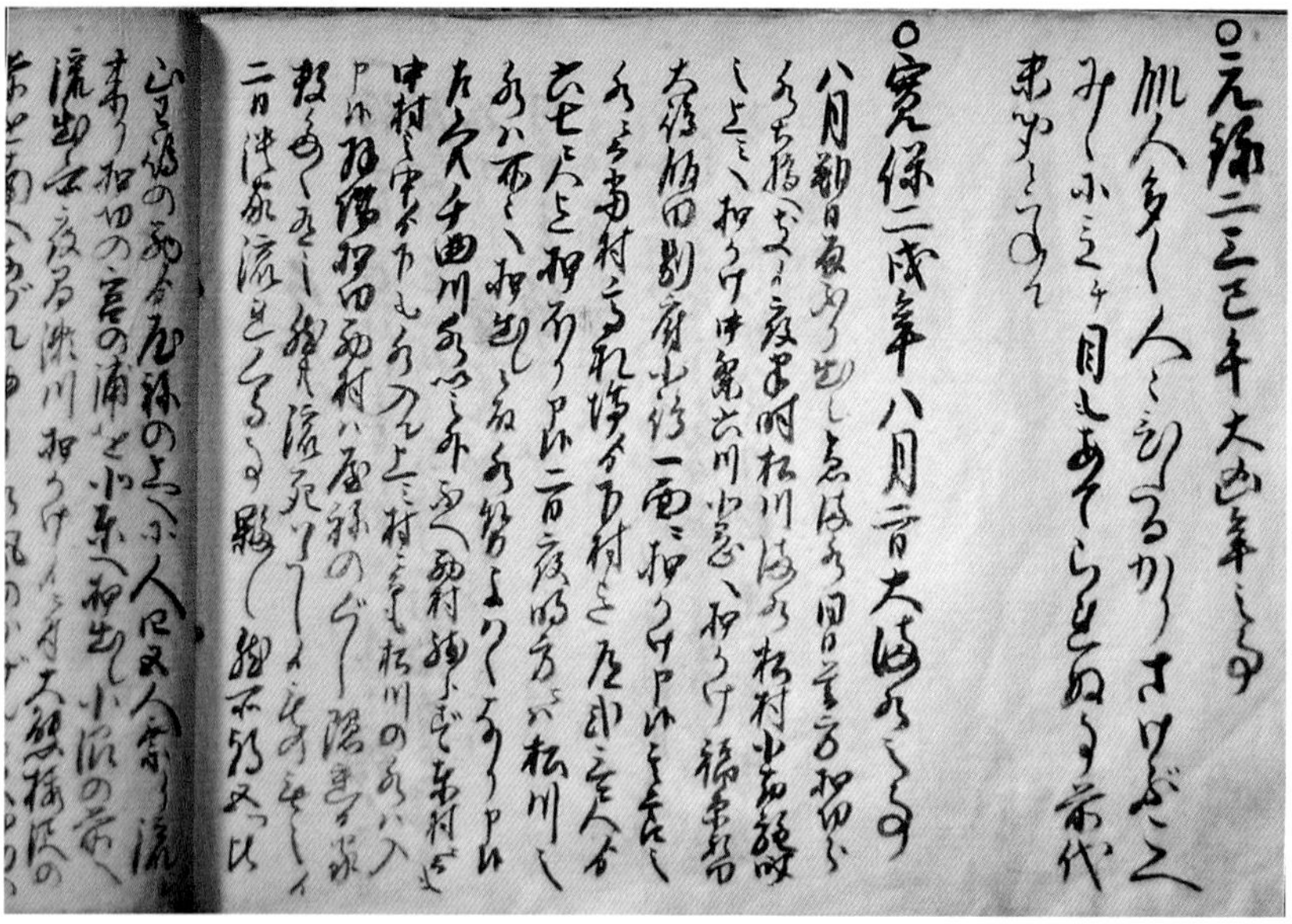

【写真2】「延徳田んぼを漂流した話」が載っている「書留帳」（市村明久氏寄託、NPO長野県図書館等協働機構許諾）

に行ってしまった」と前・長野県立歴史館文献史料課長（現・佐久市立中佐都小学校教頭）の樋口和雄さん。「23人もの名主がこれだけの期間、村を空けて直訴するというのは、相当なことです」という。

一行は、滞在途中で旅費が足りなくなり、押切、小布施、六川、東江部、草間の5村の名主を残して、18カ村の名主は村へ帰ったが、その身なりは乞食のようだったという。

残った5人は2月21日に呼び出されて、吟味した結果、さらに1カ月分の食糧を拝借することができた。嘆願書の中で「信州は雪国で百姓の冬仕事は何もない。わら仕事は、大事な冬かせぎなのに、そのわらもない。村々の百姓は餓死しそうだ」と訴えている。

中野平、通称・延徳田んぼは広さ約1300ヘクタールの代表的な水害常襲地。「延徳沖水害記録」（平野村役場）によると、明治年間だけで、12尺（約3・6メートル）を超えた浸水が28回、20尺（約6メートル）を超えたのが13回。20尺を超すと、耕地の被害面積は931ヘクタールに達した。「寛保の洪水」に次ぐ明治29（1896）年には、水位

32尺（約9・6メートル）に達し、小沼・新保・東江部を中心に600戸、1180ヘクタールの田畑が浸水した。諏訪湖（1291ヘクタール）に匹敵する広さである。

「戌の満水」の時は、これをはるかに上回ったと推定され、「延徳田んぼを漂流した話」（注1、写真2、図1）が伝えられている。牛島村（長野市若穂町）の人々が屋根に乗ったまま流されてきて、延徳田んぼを小沼—大熊—桜沢と一回りして助けられたという。この時、小沼村（注2）は「溺死十八人内男三人女十五人、家二十七軒内流家二十軒潰家七軒」と「長野史料」の「高井郡之内松代領水難」（196ページ資料11参照）にある。

延徳田んぼの真ん中・中野市小沼の渡辺一男さんは「『戌の満水』の時は、新保の上の庚申塔（図1参照）近くまで、水がついたといわれている。軒先より水が増えてくると、わら屋根が浮き出し、縛ってある縄が音を立てて切れ、屋根が平らになったと聞いている。

【写真3】土盛りした上に石垣を築いて建てた土蔵（中野市小沼）

（注1）「延徳田んぼを漂流した話」

○寛保二戌年八月二日大満水之事（原文は199ページ資料14参照）

「八月二日の夜明けから千曲川の水位の上昇により、小布施町の羽場や押切では多くの家が屋根のグシまで水没し、やがて上流から家が押し流されてくるようになった。午前八時ごろ、山王島の西の方から屋根の上へ四、五人が乗ったまま流れてきた。押切から北東の小沼まで流されたが、北から流れ込む夜間瀬川の濁流に流され、さらに東へ流された。大熊、桜沢の前を南へ回って再び押切へ戻され、夕方になって、漸く山王島と押切との村境の柳の木にひっかかった。ところが、この洪水では助けようが無い。夜通し大声で助けを求めていた。夜明けを待って、大島から舟を借り、ようやく助け出した。助けてみると、なんと牛島の者たちだった」（「豊野町の歴史」から）。

この文書は小布施町の市村明久氏に寄託されている寛政9（1797）年の「書留帳」の「○寛保二戌年八月二日大満水之事」に載っている。「豊野町の歴史」に掲載した金井清敏さん（前・豊野町誌編集委員長）は「隣町の史料だが、寛保の大洪水の規模を示すものとして載せた」という。牛島から、丸1日かかって、約16キロメートルも漂流したことになる。

（注2） 小沼村は、東西両組に分かれ、元和8（1622）年から約200年間、東組は松代藩領、西組は幕府領だった。

【写真４】中野市大俣の航空写真（千曲川工事事務所提供）。中央の橋は上今井橋。湾曲した旧河道（地図の緑部分）は、有名な「明治の瀬直し」により生まれた。上方千曲川右岸に大俣。Ｌ字型の輪中堤防に守られている（橙線）。地図の赤枠内が航空写真の撮影範囲

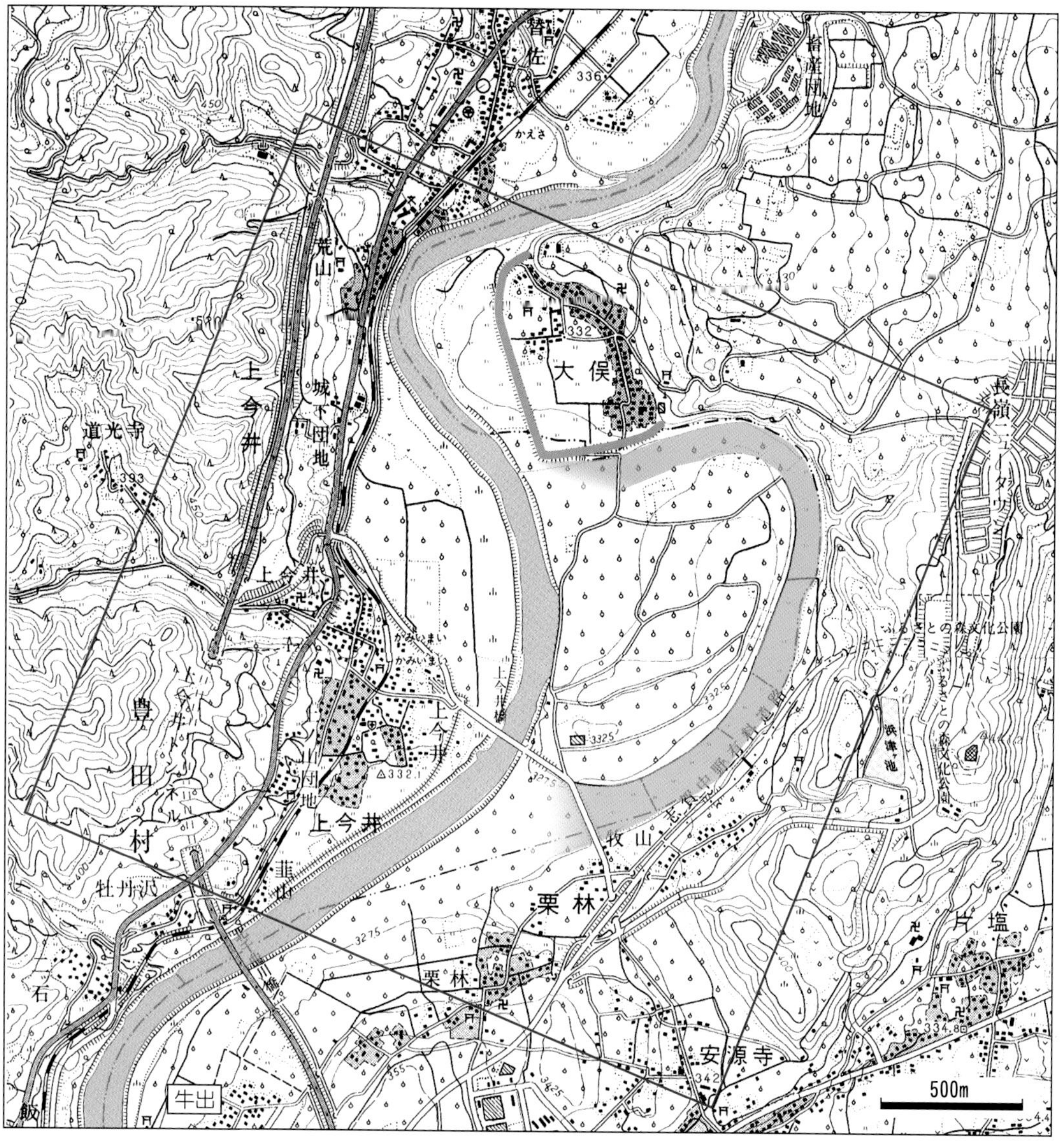

今は2軒残っているだけだが、昔はどこの家にも、煙出しがあって、水に浸かった時、そこから逃げ出した。山沿いにある桜沢の集落とは、縁続きの家が多く、水がついてくると、馬を預かってもらったものだ」という。新保区長だった番場袈裟男さんは「『戌の満水』の話は聞いてないが、善光寺地震の洪水の時は本家に味噌が入ったままの一石桶が流れ着き、桶の底に北小川と書いてあった。明治29年の洪水も、家の『け出し』まで水がついた――と聞いている」と話した。

延徳田んぼは、篠井川に排水機場が整備されてから冠水被害は激減したが、それまでは千曲川の遊水池のように冠水した。大正3（1914）年発行の大日本陸地測量部の5万分の1の地図「中野」を見ると、小沼の北西や、桜沢の西北西に広い沼地が残っている。戦時中の食糧増産運動で沼地の開拓が一気に進んだ。

【写真５】昭和58年９月29日、台風10号による中野市大俣の浸水状況（千曲川工事事務所提供）。水中に細長く取り残された台地の黒い森がお宮。「戌の満水」の時は、拝殿まで水がつき、拝殿で手足を洗えたという

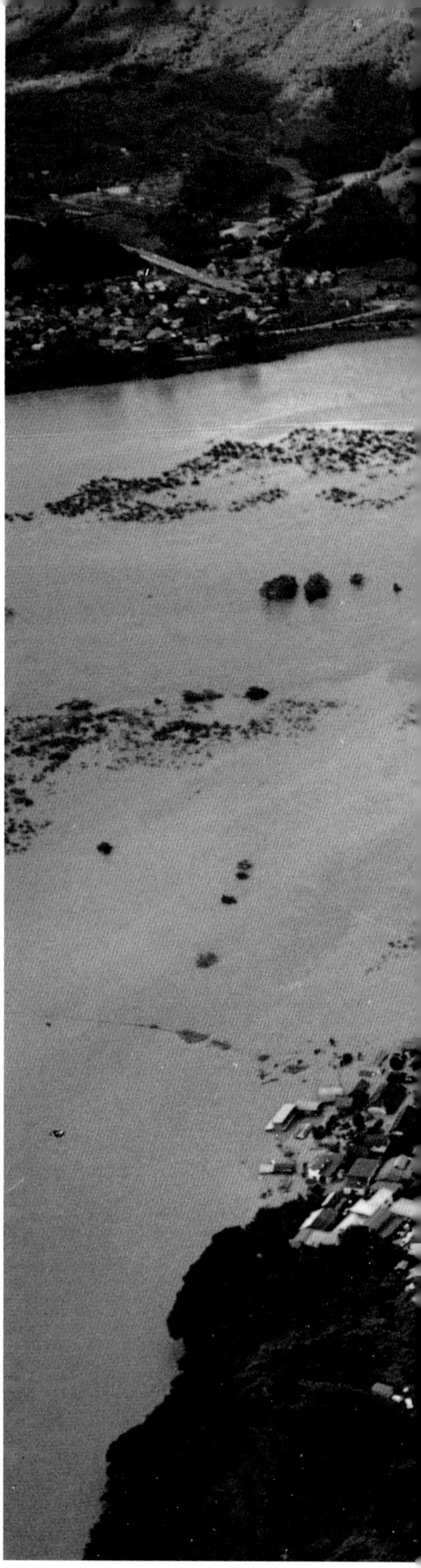

Column

現役の輪中・大俣

千曲川右岸にある中野市大俣は、昭和62（１９８７）年に輪中堤防が完成した現役の輪中集落（**写真４**）である。大俣で、祖父の代から土蔵の柱に洪水位を記してきた浅沼健治さんは「『戌の満水』の時は、台地にあるお宮の拝殿で手足を洗えた」と言い伝えている。お宮の高さは、今の堤防の高さと同じくらいだから、大変なことだったと思う。この水害後、３軒引っ越した。大俣は何回も水害に遭い、書いたものは何もない」。

「昭和58年の水害（**写真５**）の時は、鴨居の下10センチメートルまで、水がついた。この家は幕末に建てたものだが、水害の経験から先祖が中2階を造ってある。荷物はそこへ、運び上げる。中2階などのない家は運び出して、丘の上へと持ち上げて行く。家畜は動くから良いが、家財道具は大変です」

上流の牛出（161ページ地図参照）は「戌の満水」の時、21戸そっくり流され、8人亡くなった。その後、牛出は高い所へ上がったが、お宮はそのまま残っていた。しかし、今度の堤防工事でお宮も上に引っ越した。牛出のお宮跡近くのリンゴ畑で作業をしていた鈴木茂さんは「お宮はこの辺では一番高く、昭和34、57、58年の水害の時も、周りの畑は水浸しになってもお宮は床下浸水だった。しかし、堤防の外になるので、平成6年に高速道脇に移した。そこが牛出で一番高い」という。

Column

上今井の瀬直し工事

代表的な水害常襲地・延徳田んぼ等の村々は、弘化４（１８４７）年の水害をきっかけに、抜本的な治水対策に取り組んだ。一つは、千曲川に大堤防を築くこと、もう一つは立ヶ花下流の上今井村（現中野市）で、大きく曲流している千曲川をまっすぐにして流れを良くすることだった。

上今井の千曲川新堀川工事は、安源寺村（中野市）の丸山要左衛門が提唱。明治２（１８６９）年に、水害に悩む村々を説得し、途中、反対派に負傷させられたり、洪水で破堤したりしたが、明治５年に完成させた。長さ約１・５キロメートル、幅１０９メートルの大工事だった。旧河道が、航空写真でもよく分かる（**写真４**）。

「戌の満水」より「連続水害」

飯山・下水内地方

「『戌の満水』は知らない」——。

飯山市へ「戌の満水」を調べに行くと、通じなかった。飯山市消防防災係長・小川恵一さんは「飯山市で水害といえば、昭和57、58年と連続して堤防が決壊した水害（写真1、写真2、図1）。そして、復旧工事、『洪水避難地図』の全戸配布。直面した水害です」と話した。

「雨が降った時は、立ヶ花（中野市）と杭瀬下（千曲市）と小市（長野市）の水位観測所のデータが全部、市役所へ入ってくる。それを見て判断する。千曲川の場合、長野県の北半分に降った雨は全部、飯山市へ集まってくる。上流の雨の状況には気を使っている。なかでも、立ヶ花の水量が一番。あそこから、飯山まで2時間から2時間半で到達する。立ヶ花の警戒水位は5メートルなんです」という（185ページ表1参照）。歴史的な水害などにかかわっている余裕はないというところだ。

——立ヶ花から飯山まで2時間余という到達時間は変わっていませんか。

小川さん「早くなっている、早くなっている——といわれるが……」

——住民の洪水への対応は。

小川さん「昭和57年、58年の時は、それまでの年寄りからの言い伝えで、『この辺までしか水が来ない』と思っていたのが、全然、違ってしまった」

——全戸配布の「洪水避難地図」は。

小川さん「連続水害の時の浸水状況を基準に、深さ5メートル以上から50センチメートル未満まで5段階に浸水被害を想定している」

【写真１】昭和57年９月13日、台風18号による豪雨で樽川の堤防が決壊、飯山市木島地区が泥水に浸かった。右端の森は天神堂の天満宮。水死した203頭の牛の畜魂碑がある。手前が樽川堤防。上が千曲川堤防（千曲川工事事務所提供）

【写真２】昭和58年９月29日、台風10号により、千曲川の堤防が決壊、飯山市戸狩常盤地区が水浸しになった。手前の瑞穂地区の堤防沿いも浸水した（千曲川工事事務所提供）

――「戌の満水」では、西敬寺（飯山市）の恵三律師が「手前の庫裏の掾の上に三尺程の水なりき」（注１）と記している。

小川さん「洪水避難地図では西敬寺の辺は、ギリギリ水が浸かるように予想している」

飯山盆地は、千曲川の河床勾配が１０００分の１と緩やかな上、下流の関沢・大倉崎の丘陵によって流れが遮られて、両岸の木島平と常盤平に水があふれる洪水常襲地帯である。連続災害も、木島平、常盤平の順で起きた。

「戌の満水」の時は、千曲川沿岸全体で被害が出ているが、流死者は飯山の城下町に集中、流死15人、建物被害３７３軒に達した（１９８ページ資料13参照）。

冠水・浸水被害は、水害常襲地の常盤平がひどかった。「前代未聞の大満水で、八月一日の夜半、山のような大水が押し寄せて、寝所から着の身着のままで逃げ出し、棟を切りやぶって屋根に出て、助けを待った。二日になっても水が退かず、三日の夜明けになって少し水が引き、山手の村から舟や筏を出して救出された」（「寛保二年十二月　水内郡小沼村等満水飢人救助願」・注２）。小沼村など9カ村（飯山市）は、計３９４軒のうち、流家１１０軒、潰家１７１軒、半潰れ94軒、飢人《うえびと》１８９３人と代官所へ訴えている。常盤平では死者こそ出なかったが、95％強の家が濁水に浮き、水が退く時に流されたり、壊された。

――飢人１８９３人を死者に数えた本もあるが、その後は。

前・長野県立歴史館文献史料課長・樋口和雄さん「飢人には、

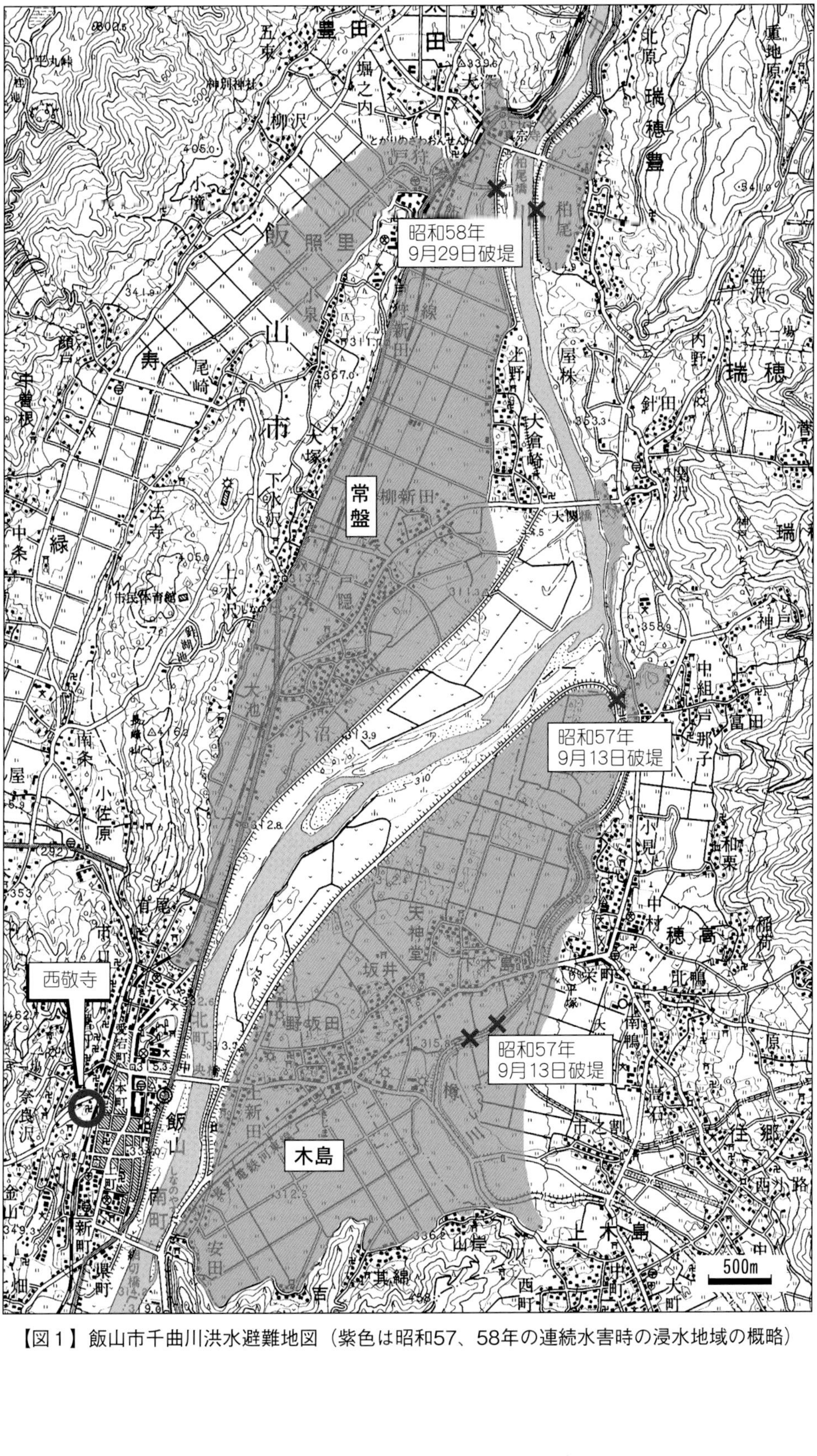

【図１】飯山市千曲川洪水避難地図（紫色は昭和57、58年の連続水害時の浸水地域の概略）

【写真３】飯山市柳新田にある地蔵尊と「溺死者萬霊等」。「戌の満水」の時、千曲川の流れがよどむ常盤平にもたくさんの死体が流れ着き、流死者を葬って供養した

役所の方で手当を出すし、村の裕福な百姓衆から寄付を集めて、施している。餓死するようなことはなかった」

「戌の満水」の時、常盤平には上流から多くの死体が流れ着いた。その流死者を供養した地蔵尊と「溺死者萬霊等」（写真３）が飯山市柳新田にある。

近くに住む海野洋四さんは「万という仏さんが流れ着いたというが、１０００人くらいのものじゃないかな。お地蔵さんは7回忌の時に作った（２０１ページ資料18「地蔵尊造立由来」参照）。その発起人４人の中の海野九郎兵衛が、おらうちの2代目。10年前に、柳新田区で２５０回忌を行った」という。

「昭和58年の水害の時は、鴨居の下、1尺くらいまで、水がついた。荷物は、二つの物置の2階に上げたが、一つの物置はやや低くて、5寸くらい水がついて、みんな濡らしてしまった」と海野みつさん。「その時は、下流の戸狩で、堤防が切れて逆流してきた。石垣で高くした木内四郎さん（元・参議院議員）の生家の土蔵（写真４）まで水が入った」と海野洋四さん。

木内四郎さんの生家の木内まさ江さんは「たんすの引き出し1段目まで水が来ました。それは土蔵の話。母屋は帯戸まで。膝を悪くした年で、いけなくて。嫁が来月、子どもが生まれるという時で、家の中のものを、みんな濡らしてしまいました。お仏壇の中の物が助かったくらい。先祖が水の入らないようにお金をかけて高くしてくれましたが、入ってしまいました。庭先には、乳牛が何頭も流れ着きました」という。近くの店では「座敷に、ブタが流れ着いた」

【写真４】高い石垣を積んだ木内四郎・元参議院議員の生家の土蔵も水が入ってしまった

という話も聞いた。

昭和57年の水害では、木島平で２０３頭の牛が水死、飯山市天神堂の天満宮に「綱を解く間もなく、水死させた」ことを悔いた畜魂碑（注３）が建っている。飯山盆地では、２６０年前の水害より、20年前の水害の話にすぐに戻った。木島平・常盤平は、水害がひどいため、飯山藩が幕府に申し出て、幕府領に変わった歴史のある水害常襲地だ（注４）。

（注１）　西敬寺・恵三「一代記」

「（前略）七月晦日よりの大雨にて八月二日四ツ時満水、町家中一面の水也。東山の麓より西山の麓まで、唯一面水也。誠に前代未聞の大変なり。手前の庫裏の椽の上に三尺程の水なりき。御堂は御拝五段の踏段四段かくるる。暮六ツ時、前の田に船の往来するに、三間竿立たず（後略）」（「下水内郡誌」から）。

西敬寺の岩倉彰見住職は「水は正直だ。やや低いところにある庫裏は床上浸水したが、本堂は大丈夫だった。この時の水位と現在の千曲川の堤防の高さと同じ――と聞いている」という。

（注２）「水内郡小沼村等満水飢人救助願」（続き）

「ようやく助けられた人々は、小菅村大聖院より『こうせん』一袋・塩少々の差し入れがあり、薬のようになめて元気を取り戻した。ところが、四、五日の引水で家は押し流されたり、潰れてしまった。流木を掘り出し、俵をもらい集めて、小屋を建てたが、十月十日の初雪で、三分の二が押し潰されてしまった。田畑は、立っている作物は皆無で、深砂泥で埋まり、来春の農作業も難しい」と窮状を訴えている。

（注3） 畜魂碑建立の記

時は昭和五十七年九月十三日、台風十八号のもたらした豪雨は千曲川を大洪水となし、樽川へ逆流した。午前六時四十五分、樽川堤防はついに下木島地籍等三カ所で越水、破堤した。濁流は津波のごとく堤内に乱流、瞬時にして木島全域を泥水の底に沈めた。その惨状は筆舌に盡し難く、この時綱を解く間もなく、もがき苦しみ泥水に命を沈めた牛二百三頭。滞水退きし後は、まさにこの世の地獄を現出し凄惨を極めた。これより数十日を過ぎてなお深夜呻き苦しむ声を耳にし眠れぬ夜を過ごす。十一月この地に集まりて、一大法要を営み、死せる魂の安らかたらんことを念じると共に、再びこの苦しみと悲しみを繰り返すことなく、命あるもの総べてにとって、永遠に安住の地となすことを霊前に誓った。いま遥かに樽川堤を一望できるこの地に鎮魂の塔を建立、一同誓いの証となすと共に永く後の世に語り伝える資となさん。昭和五十八年九月十三日記す。畜魂碑建設者。

（注4） 飯山藩の替地

連続水害に遭った飯山市の常盤平・木島平は昔から洪水常襲地だった。このため、水害に悩まされ続けていた飯山藩は、幕府へ替地を願い出た。享保9（1724）年に許可され、飯山藩の財政は良くなった。しかし、水害常襲地の村々は幕府領に変わっただけで、その後も水害が続いた。

●この時、水害常襲地として飯山領から幕府領になった村は次の30村

▽下高井郡　立鼻、牛出、栗林、大俣、田麦、厚貝、壁田、下笠原、赤岩、上柳沢、田上、岩井、岩井新田、安田、山根、上新田、吉村、坂井、山岸、其綿、天神堂、下木島、野坂田

▽下水内郡　水沢、小沼、戸隠、三ツ屋、柳新田、大倉崎、上野

●幕府領から飯山領になった水害の少ない村は次の37村

▽下水内郡　中条、顔戸、小泉、小境、下柳沢、五束、大川、富倉、堀の内、北条、五荷、瀬木、蕨野、曾根、温井、上境、下境、下今井

▽上水内郡　赤塩、倉井、普光寺、芋川、東柏原、船竹、荒瀬原、柴津、平出、石村、吉村、神代、浅野、大倉、蟹沢、川谷、田子、三才、南郷

【写真５】飯山市中央橋下流の千曲川河川敷付近の田畑の畔の円形模様。旧河道の曲流に沿って田畑を地割していたためである。千曲川の白い中洲の左岸が小沼地区。小沼の大熊松五郎さんは「堤防で川をまっすぐ流れるようにしたため、対岸に小沼の田畑が残り、少し前まで渡船で農作業に出かけていた」という。右岸が木島平、左岸が常盤平で水害常襲地（千曲川工事事務所提供）

昭和57年の樽川堤防決壊

伊東周二さん（飯山市木島天神堂）

「57年の水害の時は、床上1メートル70センチメートルまで水がつき、2階からボートご避難した。家は、サッシになっていたから、すぐに水が入って来ないと思っていたら、基礎の通気口から床下に水が入ってきて、その水が畳の下に敷いてあったパネルをドーンと突き上げてしまった。昭和34年の水害の時を考えて、勝手の食卓の上にはしごを渡して、床上1メートルの高さへ畳を上げて置いたが、何の役にも立たなかった。

その後、横に建て増した家は、コンクリートで2メートルの基礎工事をして、その上に建てた。洪水にも豪雪にも強い高床式住宅だ。畑もビニールハウスや、マルチ栽培で、雨が地下へ染みないで、水路や川へ流れ出してくる。その水路や川もU字溝やコンクリート三面張りで、猛スピードで流れ出してくる。降水量が変わらなくても、水の出が速くなっているから、瞬間的に堤防を乗り越えたりすることが起きる。いかに、千曲川の排水をよくするかだ」

上野松雄さん（元・飯山市文化財保護審議委員、飯山市市ノ口）

「57年の木島が水害になった時は、木島の新田の同僚のところへ、『荷物を上げる手伝いに行け』というので自転車でとんだ。『上げろ、上げろ』というので、畳を上げて、そう言っている間に水がどんどん増えてきて、『これはいけない』というので、畳の上に置いた物を、今度は2階へ上げて、帰りになったら、もう私の胸回りまで水が来ていた。道は広いが側溝があって、『危ないよ、危ないよ』というので、電柱を目安に水の中を歩いて帰ってきたが、水面は油でギラギラしていて、衣服はベタベタ。着物は全部、駄目。中央橋のたもとに消防署がありますが、たどり着いてホッとした。消防署近くまで、水が入ったことは、なかった。

昭和57年には、樽川の堤防が切れて千曲川右岸の木島平が、58年には千曲川の堤防が切れて左岸の常盤平が大きな被害を受けたが、お互いに『木島が切れてくれれば、常盤が助かる』『常盤が切れれば、木島が助かる』といったものです」

水害後、飯山市では、水害対策と豪雪対策を兼ねて、1階を車庫や物置にして住宅を高く建て替える家が続出した。飯山市木島天神堂が特に目立つ

第3章　大洪水に学ぶ

中野市—豊野町の千曲川にかかる立ヶ花橋の新橋（左）と旧橋。立ヶ花周辺は千曲川の狭窄部にあたり、その上流は洪水常襲地帯で長年苦しめられてきた。写真右方面に延徳田んぼと長沼田んぼが広がる。70年間役目を果たした旧橋は1983（昭和58）年、台風10号の大雨で冠水した（184ページの写真参照）。95年夏開通した新橋は増水に対応するため旧橋より4.5～9.4メートル高い（1995年10月、信濃毎日新聞社撮影）

いま「戌の満水」が起きたら

いま、寛保の大洪水「戌の満水」のような大水になったら、どうなるのだろう。

これまで、妙笑寺本堂の柱に記録された水位や民家の土蔵に残っていた浸水線などを中心に、研究論文がいくつか発表されている。「千曲川における寛保2年（1742）8月大洪水の考察」（法政大学工学部・山田啓一ほか、1985）、「千曲川下流の歴史洪水の復元と考察」（信州大学工学部・寒川典昭ほか、1992）などだ。

国土交通省千曲川工事事務所では、昭和57、58年連続水害を踏まえて、平成7年に「千曲川・犀川洪水氾濫危険区域図」（図1参照）を作り、公表している。さらに、平成14年3月、「戌の満水」のような大水になったら、どうなるか、シミュレーション（模擬計算）して、まとめた。その方法や結果を国土交通省千曲川工事事務所調査課の杉本利英課長に聞いた。

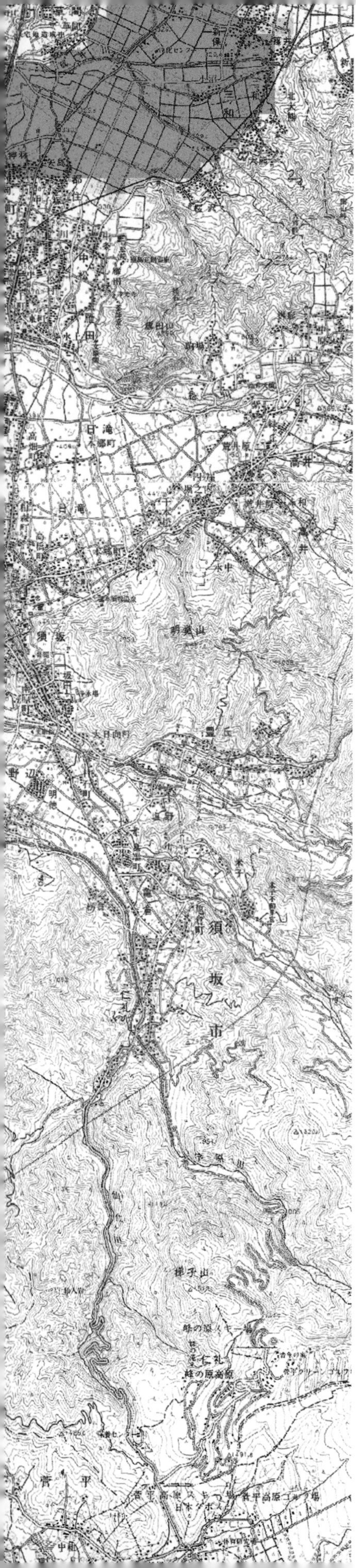

【図1】千曲川・犀川洪水氾濫危険区域図
概ね100年に1回程度起こる大雨で、2日間雨量が186㎜の規模の洪水により堤防が破堤した場合の洪水氾濫状況をシミュレーションした結果を図化したもの。

洪水氾濫危険区域は主に、上田市―飯山市間の千曲川沿川と、松本盆地の犀川沿川。千曲川沿川では、その面積が13900ha、区域内人口（昭和60年時点）は17万6000人（4万7900戸）。浸水深0・5m未満（青色部分）1万2000戸、0・5m～2・0m未満（黄色部分）2万2500戸、2・0m以上（赤色部分）1万3400戸。

松本盆地の犀川沿川では、危険区域内面積は2530ha、区域内人口は2万2900人（6200戸）。浸水深0・5m未満5150戸、0・5m～2・0m未満990戸、2・0m以上60戸。

この地図は国土交通省千曲川工事事務所が測量法29条に基づき、国土地理院長の承認をえて作成したものの一部を転載したものである。

凡　　例
浸水深が0.5m未満の区域
浸水深が0.5m以上～2.0m未満の区域
浸水深が2.0m以上の区域
長野市

――「戌の満水」の基礎資料は。

杉本課長「近世以降最大の洪水といわれるが、資料が少ない。妙笑寺（長野市津野）の痕跡水位と松代城（長野市）の湛水位くらいしかない。小諸藩の『寛保二戌年小諸洪水変地図』のような絵地図が残っていれば、シミュレーションしやすいが、ない。また、雨量とか気象データもない。

そこで、妙笑寺と松代城の2地点の洪水位から、『寛保の大洪水』とは一体、どのくらいのものだったのか、まず浸水範囲と氾濫総量とを求めた。妙笑寺の痕跡水位は336・452メートル、松代城の湛水位は353・8メートル（注1）。妙笑寺の下流は、立ヶ花狭窄部があるため、妙笑寺の水位で湛水したとし、妙笑寺―松代城間は計算水位の勾配で浸水したものとし、松代城より上流は、松代城地点の水位が再現できた時の水面勾配を元に浸水区域を求めた（図2参照）。

その結果から、寛保2年洪水の氾濫ボリュームを算出すると、3億1060万立方メートル（県庁舎〔13万トン余〕の2370杯分に相当）となった」

――長野県では最近、昭和34年、57、58年の水害が大きな被害を出し、特徴的だった。その三つの水害を参考にして、シミュレーションしているが。

杉本課長「寛保の洪水は、全国的な被害の発生状況などから、台風による雨か、前線性の雨か――は類推できる。これまでの史料では、寛保2年は異常な年で、梅雨明けもなかったように雨が降り続いた。その後、台風が来て、ドーッと被害が出た――といわれてきた。

そこで、まず気象はどうだったのか。特に、千曲川流域は、全国的に見ても雨の少ない地域で、そこで洪水が起きるのは、過去の実例からすると台風しかありえない。台風のコースがどういう時に災害を起すか――というと、三つぐらいのパターンがある。その一つが34年の台風。長野県を縦断、全域に大雨を降らせた。次が57年の台風。長野県の東側を通過、千曲川上流で大雨を降らせた。三つ目が58年の台風。長野県の南を通過、千曲川、犀川上流で大雨を降らせた（21ページの図2参照）。

さらに、台風でも、前線を伴うものと、伴わないものとでは全然違う。三つとも、前線を伴っていた。台風が近づく前から降っていて、台風が来た時に、集中的に雨に降られ、被害が出ている。寛保の大洪水「戌の満水」もまさに、そういう雨だったのではないか。

昭和34年、57年、58年の三つの洪水については、立ヶ花（中野市）のハイドロ（時間流量曲線）があり、千曲川の水の出方が分かっている。三つともタイプが違う。そこで、もし寛保の洪水と同

（注1）　松代城の湛水位

「松代町史」に「松代、御城本丸二丸御殿床上六尺余水揚　地形よりは一丈余……」とある。本丸二丸の床面高が352・0メートルであることから、6尺（1・8メートル）を加え、浸水位を353・8メートルとした。

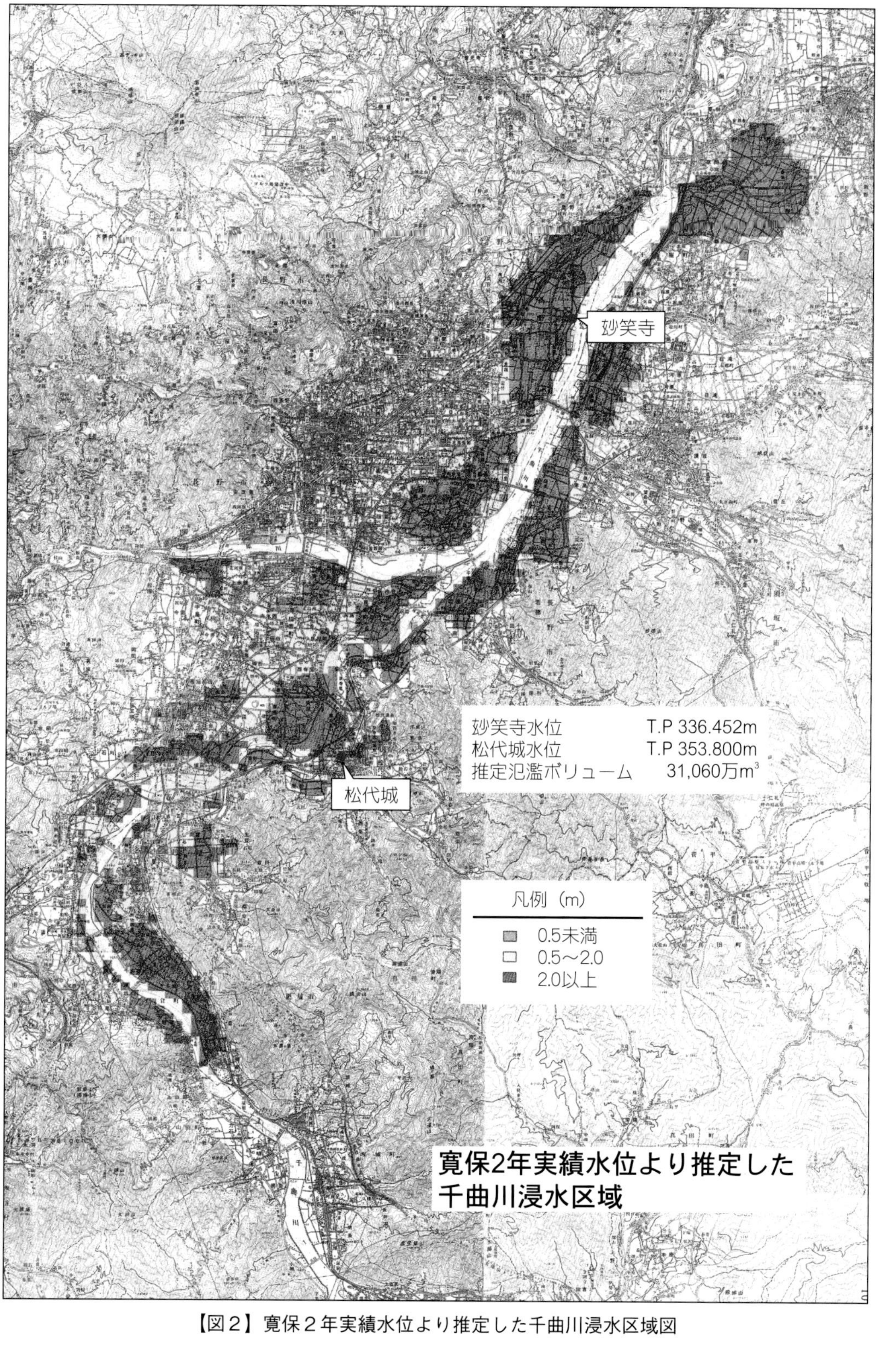

【図２】寛保２年実績水位より推定した千曲川浸水区域図

じような水が来たら、どうなるか。ハイドロの流量を1・5倍とか、2倍とか計算して徐々に増やして図上で氾濫させ、先に算出した氾濫総量（3億1060万立方メートル）に達した時、時間流量曲線で最大流量はどのくらいか――と、流量波形から読み取る。そして、浸水範囲、浸水深をつかむ。その方法で、シミュレーションした結果、いずれの年も、ハイドロの流量を2倍以上に増やさないと、氾濫総量にはならなかった。そして、最大流量は、昭和57年が1万2000立方メートル／秒強と出た。これがボリューム（氾濫総量）から寛保の大洪水を再現する方法です。

もう一つは、水深から再現する方法。妙笑寺の痕跡水位と、松代城の湛水位とに、それぞれ達するまでハイドロの流量をどんどん増やして、最大流量はどのくらいか、浸水範囲はどうか――求める方法。

妙笑寺の痕跡水位に達するまで、流量を増やした結果、その時の立ヶ花の最大流量は、57年が1万2000立方メートル／秒強だった。二つの再現方法の計算の結果は、ほぼ同じだった」

――この結果から、いま、「戌の満水」のような大水になったら、どうなりますか。

杉本課長「千曲川の基本高水流量は立ヶ花で1万1500立方メートル／秒だから、寛保の洪水は、それをやや上回る大洪水だったことになる。この基本高水流量が流れるとした時に、どこかで、破堤したと仮定して、氾濫した水はどうなるか。おおよそ2キロメートル間隔で破堤させて、作ったのが、洪水氾濫危険区域図（図1）であり、今回のシミュレーションによる浸水図（図2）です。細かく見れば、違いもあるが、大体似ています。地形は、寛保の洪水当時と変わっていない。だから、当時と同じ状況が間違いなく現れる。堤防の完成により、川の近くまで開発しており、経済的被害はむしろ比較にならないほど大きくなる」

――豊野町（現長野市）へ行くと、町内の各地に「千曲川高水位三三六メートル」という水位標があるが。

杉本課長「千曲川は500メートル刻みで距離標があって、河道の横断測量をしている。例えば、立ヶ花地点で計画高水流量が9000立方メートル／秒。この9000立方メートル／秒が流れた時に水位が標高336メートルとなる。それがその地点の千曲川計画高水位です。豊野町では近くの小布施橋付近に距離標があり、おおよそ336メートルなので『千曲川高水位三三六メートル』としているのです」

――豊野町に隣接する長野市赤沼の「善光寺平洪水水位標」の寛保2（1742）年の大洪水の水位が、336メートル強です。

杉本課長「その数字とも合っています。私も千曲川工事事務所へ赴任して、寛保の洪水の水位と、千曲川の計画高水位が大体、合っているな――と思いました。これに、余裕高1・5メートルを加えた高さが堤防の計画高になっている。

名古屋市で起きた都市型水害をきっかけに、水防法が変わって、各市町村長さんが、ハザードマップ（災害予測地図）などで住民に危険個所や避難場所を知らせる義務が出てきました。しかし、基本は自分の身は自分で守る——ことです。まず、ハザードマップによって、どこが危険か、避難場所はどこかを確認し、万一の時はどこに避難したらよいか決めておくことです」

Column

計画高水《たかみず》流量

現在の治水計画は、洪水時の河道に流下させる高水流量（計画高水流量）により、川幅や堤防の高さなどを決めて管理している。川の堤防を築く時、まず「計画高水流量」と呼ぶ計画の目安となる洪水の大きさを定める。この流量は確率で表現されている。例えば、50年から100年に一度の大雨や、1時間に100ミリといった雨まで考えて、このような大雨の時に川を流れる水の量を「計画高水流量」として設定する。この流量や過去の洪水時の最高水位、沿川の地盤高をもとに、「河道計画」の基準となる最高の水位（計画高水位）を設定する。

この計画高水流量と計画高水位に耐えられるように、川の幅とか堤防の形と高さなどを決めて工事をする。

千曲川の計画高水流量の変遷

千曲川工事事務所管内では、次のように変わってきた。

1917（大正6）年　内務省、千曲川直轄改修工事に着手。第1期改修工事にて、計画高水流量を策定
　千曲川（犀川合流後）　5570立方メートル／秒

1942（昭和17）年　千曲川改修事業竣工

1948（昭和23）年　建設省関東地方建設局千曲川工事事務所開設

1949（昭和24）年　昭和20、24年の洪水に鑑み計画高水流量を改訂
　千曲川（犀川合流後）　6500立方メートル／秒

1962（昭和37）年　昭和33、34年の洪水に鑑み計画高水流量を改訂
　千曲川（犀川合流後）　7500立方メートル／秒

1974（昭和49）年　昭和40、41、42、44年の洪水に鑑み、基本計画高水流量を決定
　千曲川（立ヶ花地点）　1万1500立方メートル／秒

上流域で土石流　下流域で氾濫

今回、「戌の満水」の被災地を歩いて見て、上流と下流では、水害の型がハッキリ違っていた。

まず死者の発生をみると、上流では、上畑村の２４８人、小諸宿の５０７人、所沢川沿いの金井村、田中宿などで計１９５人以上など、支流の土石流によりに1カ所に集中して発生している。それに対して、下流の長野盆地では、１カ所の死者は50～１６０人と上流の土石流被害に比べたら少ないが、沿岸の村々が氾濫により軒並み、かなりの死者を出している。

その中間にある坂城広谷では、千曲川の網状流路の微高地を選んで暮らしてきたが、水除け（堤防）が切れると、旧河道沿いに濁流が流れ、被害を大きくした。例えば、上徳間村の水除けが切れて、上徳間村65人、内川村49人、さらに寂蒔村１５８人を押し流したと見られている。

雨はどこにも降るが、災害の起こりやすいところや、被害の大きくなるところは、地形や地質から、ほぼ決まっている。上流から地形的に見てみよう。

▽山地内谷底平野の集落は、破壊力の大きい洪水に遭いやすい――といわれるが、上畑村、本間村の被害はその例だ。特に、本流と大きな支流との合流点下流の集落は被害が大きくなる。両村ともその例である。

▽扇状地の河川は荒れる――といわれるが、金井村・田中宿などを襲った所沢川の土石流などは、その例だ。土石流扇状地を流れる所沢川は、日ごろの水量は扇状地をつくる力さえない。しかし、記録的な雨で土石流が発生すると、川筋を無視して押し出す。

▽本流の水衝部（攻撃面）は、被害が出やすい――のは当然で、中之条村、上五明村、上徳間村、塩崎村、岩野村、新馬喰町、柴村、小島田村、真島村、川合村、牛島村、長沼の各村などは、その例だ。ふだん、蛇行して流れていた千曲川が氾濫して、水衝部を直線的に流れ、被害を大きくしている。

▽氾濫原の自然堤防、後背湿地、旧河道など微地形は、被害の程度に微妙に影響する――といわれる。確かに、通常の洪水なら、自然堤防上に住んでいれば冠水しても、流失することはない。しかし、「戌の満水」のような記録的な大洪水になれば、それも関係なくなる。逆に、いつもは大丈夫だから――と安心していた分、予想外の水位に逃げ遅れて、被害を大きくしたようだ。例えば、千曲川本流沿いの自然堤防上の村、塩崎村、横田村、岩野村、西寺尾村、柴村、小島田村、牛島村、福島村、村山村、相之島村、長沼の各村々。特に死者１６０人を出した岩野村は、その典型例と見られる。

一方、地質的に、水にもろい火山灰土壌は被害を大きくする。このことは、シラス台地の多い鹿児島県・宮崎県ではよく知られてい

【写真1】「戌の満水」の激甚災害地を見て歩く「千曲塾」現地見学会参加者（長野市津野）

る。死者507人を出した小諸城下はその例である。いつもは全国的にも降水量の少ない地域なので、その被害が少なかっただけである。

「千曲塾」の現地見学会や現地取材を通じて、「戌の満水」の被災地が、住宅団地や工業団地、新幹線基地、高速道インターなど公共施設の建設場所に、よく選ばれていたのが気になった。堤防の完成で、かつての水害常襲地や氾濫原・遊水池が、地価の安い、まとまった土地として残っていて、開発されたからだ。現地見学会の時、土石流が残した大きな石のすぐ下流に団地が造成されていて、「大丈夫なのだろうか」と話題になった。

江戸時代中期以降、日本では、大水害が頻発した。この原因として、「小氷河期」（注1）で世界のどこもが今よりも約2～3度も低く、異常気象が続いたことがいわれている。もう一つの原因が新田の開発。「寛文6（1666）年に、幕府で『山川掟』（注2）を出している。新田開発が進んで、山が荒れ、水害が起きている。草木の根を掘り取るのを止め、立ち木のない山には苗木を植えよ――と通達している」と前・長野県史編纂委員の原滋さん。「耕地面積は、江戸前期の100年の間に急増している」という。越後では倍増、信濃でも39％増となっている。元禄15（1702）年の「信濃国郷帳」を見ても、新田村が急増する。開発と自然保護との問題は、古くから繰り返されてきた。

1896（明治29）年、河川法が制定され、千曲川では1918（大正7）年から国営事業による大築堤工事が始まった。計画の倍以上の年月がかかったが、1941（昭和16）年、完成した。通称「内務省堤防」である。これにより、洪水被害は激減した。しかし、逆に堤防の傍まで開発が進み、いったん、堤防が切れると、被害が増す危険が大きくなっている。このため、大都市部には最近、スーパー堤防（注3）が登場してきている。しかし、用地問題や費用などで、簡単には進まない。

流域は運命共同体ともいわれる。日本の屋根・長野県から流れ出す川は、隣接する各県へ流れ、水害、干害の苦しみを共にしてきた。森林をどのように守り、治山治水を進めるか、下流の各県から注目されている。一方、個人個人が災害から、どのように身を守るか。すでに、飯山市は全戸に「飯山市千曲川洪水避難地図」を、小諸市は「小諸市土砂災害危険区域図」を配布した。長野市も、市内を46地区に分けて、地区ごとに「防災マップ」を準備中だ。それには、地滑り防止区域・浸水危険区域などの危険個所や、地区内の木造家屋の割合や、地区内で過去に起きた災害事例も書き込まれる。マップで、危険個所と避難場所をよく確認して、いざという時に逃げ遅れないようにしておきたい。

（注1）　小氷河期

1783年、アイスランド南部のラキ火山の大噴火や、天明3（1783）年の浅間山の大噴火など世界的に火山の大噴火が続き、上空高くまで舞い上がった火山灰が太陽熱をさえぎって、世界の気候を冷涼化したという。

（注2）　山川掟

主な内容は次のとおり。

「一、近年は草木之根迄掘取候故、雨風之時分、川筋え土砂流出、水行滞候之間、自今以後、草木之根掘取候儀、可為停止事。一、川上左右之山方木立無之所々ハ、当春より木苗を植付、土砂不流落様可仕事。一、従前々之川筋河原等に、新規之田畑起之儀、或竹木葭萱を仕立、新規之築出いたし、迫川筋申間敷事。附、山中焼畑新規に仕間敷事」。

治山治水のまとまった法令は、これが最初。しかし、代官にあてたもので、対象は幕府領に限定された。

（注3）　スーパー堤防（高規格堤防）

計画を上回る洪水（超過洪水）にも壊れないように考え出された堤防。堤防の幅が堤防の高さの約30倍もあり、その幅広く盛り土したところを、公園や住宅団地、工場などに活用する方法。大都市の利根川、淀川などで進められているが、広大な敷地が必要で、町づくりと合わせて進めることが求められている。

「戌の満水」と戦後の連続水害

2002年は、「戌の満水」から260年、昭和57、58年の千曲川連続水害から20年になる。

千曲川の大洪水を、「千曲川治水誌」などにより、中野市立ヶ花付近の水位を年次で追って見ると、

寛保2(1742)年　36尺(10・8メートル)(延徳)
弘化4(1847)年　29尺(8・8メートル)(延徳)
明治29(1896)年　32尺(9・6メートル)(延徳)
明治31(1898)年　27尺(8・1メートル)(延徳)
明治43(1910)年　27・5尺(8・2メートル)(延徳)
明治44(1911)年　27尺(8・1メートル)(延徳)
昭和34(1959)年　10・44メートル(立ヶ花)
昭和57(1982)年　10・54メートル(立ヶ花)
昭和58(1983)年　11・13メートル(立ヶ花)

となり、戦後の水害は、「戌の満水」に匹敵し、昭和58年9月29日の午前5時には、「戌の満水」を上回っている。

堤防も満足になく、ほぼ自然のままに流れていた260年前と、連続堤防が出来上がり、その中を流れている現在とをそのまま、比較はできない。しかし、本流の堤防完成に続いて、支流の堤防も出来上がり、本流へ一気に集まるようになってきている。用水路や側溝もコンクリート三面張りになり、畑にはビニールシートが張られ、降った雨がそのまま川に流れ出し、出水時間が早まり、そのピークも瞬間的に高くなるようになってきているといわれている。

「明治29年7月の洪水の時は、上流の南佐久郡長にはじまって、各地の警察署長が長野県庁へ、増水状況や被害報告を電報で次々と知らせている。この記録などと、最近の各地の水位観測所の記録と比べて、千曲川の水の出方がどう変わってきているか」と前・長野県史常任編纂委員の越志徳門さん。「出水時間が早くなってきている——といわれているが、どうなのか。降水量が変わらなくても生活環境の変化で、出水時間が早まり、ピークが鋭くなってきていることを再確認して、防災に生かしたい」という(注1)。

昭和56年以降、千曲川は3年連続して荒れた。昭和56年8月23日

(注1)　水源から海に達する日数

水源地から海に達するまでの日数は、ナイル川やミシシッピ川で60日以上、ドナウ川で33日かかる。それに対して、日本の信濃川は4日、利根川は3日で流れてしまう。日本の川は、水源に降った雨がすぐ海に流れてしまう。ということは、日本の川は全部、滝だということです(ひろさちや「川と文化」朝日カルチャーセンター)。

明治の初め、政府がオランダから招いた土木技師、ヨハネス・デ・レーケが富山県の常願寺川を見て、「これは川ではない。滝だ」と驚いた話は有名だ(図1参照)。

【写真１】昭和58年９月29日午前５時、最高水位11.13ｍを記録、立ヶ花橋の橋桁を乗り越えて流れる千曲川。対岸はJR飯山線立ヶ花駅（中野市小沼・渡辺一男氏撮影）

【写真２】午前６時ごろ、やや水が引いたが、橋の上にはゴミが散乱、通行止めとなった（渡辺一男氏撮影）

の台風15号では、須坂市宇原川で土石流が発生し、死者10人、全半壊30戸、被害総額383億円を出した。続く57年9月13日の台風18号では、千曲川の支流・樽川で堤防が切れ、飯山市と木島平村で870戸が水没。長野市松代町の松代温泉団地、更埴市（現千曲市）土口、豊野町（現長野市）の団地で浸水、被害総額は620億円に達した。飯山市、更埴市、豊野町に災害救助法が適用された。

さらに、58年9月27日には、台風10号が県内全域を襲い、千曲川では、立ヶ花水位観測所で11・13メートルという未曾有の水位を記録した（**写真1、写真2参照**）。

千曲川本堤防が、飯山市戸狩の柏尾橋上流の左岸で決壊、濁流が常盤地区に押し出し、6キロメートル上流まで逆流し、700戸が浸水、田畑880ヘクタールが冠水した。松代温泉団地は3年連続して床上浸水になった。県内の浸水戸数は1万戸を超し、被害総額は1717億円余に達した。この連続水害は、流域の住民に千曲川に対する認識を改めさせるものとなった。

河川審議会は、2000年12月、「効果的な治水の在り方について」という中間答申を行った。その中で「我が国の治水対策は、流域に降った雨水を川に集めて、海まで早く安全に流すことを基本として行われてきた。しかし、都市化の進展に伴い、通常の河川改修のみによる対応では限界が生じてきている地域がある」とし、「ダムや築堤などの通常の河川改修を引き続き着実に実施することに加え、▽山地・丘陵等からの雨水の流出抑制対策、▽輪中堤・宅地嵩上げおよび土地利用方策、▽河川と下水道との連携強化、▽貯留施設等による流出抑制対策、▽ハザードマップ（災害予測地図）の作成・公表――などの流域対策を導入し、治水対策の多様化により、地域の選択肢を増やし、地域や河川の特性に応じた、より効果的な治水対策を実施すること」と提言している。

この中間答申は、これまでも「山に緑を」「川にもっと自由を」「遊水池を大切に」「水屋を地域で築く」などと、われわれの祖先が昔から河川と共生するため、生活の知恵として実施してきたことだ。

まず、「各河川の特性」を率直につかむことだ。日本の河川は、「五月雨をあつめて早し最上川」と芭蕉の句に代表されるように、

【表１】千曲川・犀川の水位流量観測所の数字

観測所	警戒水位	既往最高水位・流量
千曲川		
生田（上田市） （463m600）	1.90m	4.86m（平成11.8.14） 3625㎥/s（昭和57.9.12）
杭瀬下（更埴市） （355m942）	1.60m	5.25m（昭和34.8.14） 4131㎥/s（昭和34.8.14）
立ヶ花（中野市） （324m200）	5.00m	11.13m（昭和58.9.29） 7440㎥/s（昭和58.9.29）
犀川		
島橋（松本市） （560m83）	—	4.25m（昭和58.9.28） 778㎥/s（昭和58.9.28）
熊倉（豊科町） （550m）	4.00m	5.25m（昭和58.9.28） 1759㎥/s（昭和58.9.28）
陸郷（明科町） （498m600）	3.30m	6.29m（昭和58.9.28） 3172㎥/s（昭和58.9.28）
小市（長野市） （360m147）	0.00m	3.95m（昭和28.9.26） 3849㎥/s（昭和58.9.28）

観測所の（　）内は標高、㎥/sは毎秒の流量。
小市は河床が低下しており警戒水位が0mである。
市町村名は当時。

世界の河川と比べると急流だ（図１）。各河川ごとに特徴があり、さらに、上流・中流・下流によっても違う。堤防が切れた地点に立って、なぜ、そこで切れたのか、そして、流域の土地利用の変遷と水害との関連を考える。例えば、用水路と旧河道との関係、農業用水路と農地の大型商業団地化との関係などだ。周囲の急速な開発により災害環境も大きく変わってきている。かつて大洪水を起こした川が、市街地の地下を下水路として流れている実例も見た。流域の土地利用の現状と水害との関連を常に把握し直したい。

また、地下水の過剰汲み上げによる地盤沈下地域の拡大が問題になって久しい。これも、何も臨海地域だけではない。内陸の盆地でも、湛水地域の拡大につながり、被害を拡大している。

２００３年には、京都、滋賀、大阪を結んで、３月16日から23日にかけて、「世界水フォーラム」が開かれる。ワールドウオッチ研究所は「21世紀は水争いの世紀になる」と警告している。世界水フォーラムでは「人口の増加が水問題を深刻にする」「水が足りない」「水が汚れている」「地下水が危ない」が討論される。と同時に、「洪水で多くの生命と財産が失われている」「温暖化が水の循環を変える」なども討論される。地球温暖化の中で、異常渇水と同時に超大型洪水にも対応を求められている。身近な水、欠かせない水とともに、時に暴れる水について考えたい。

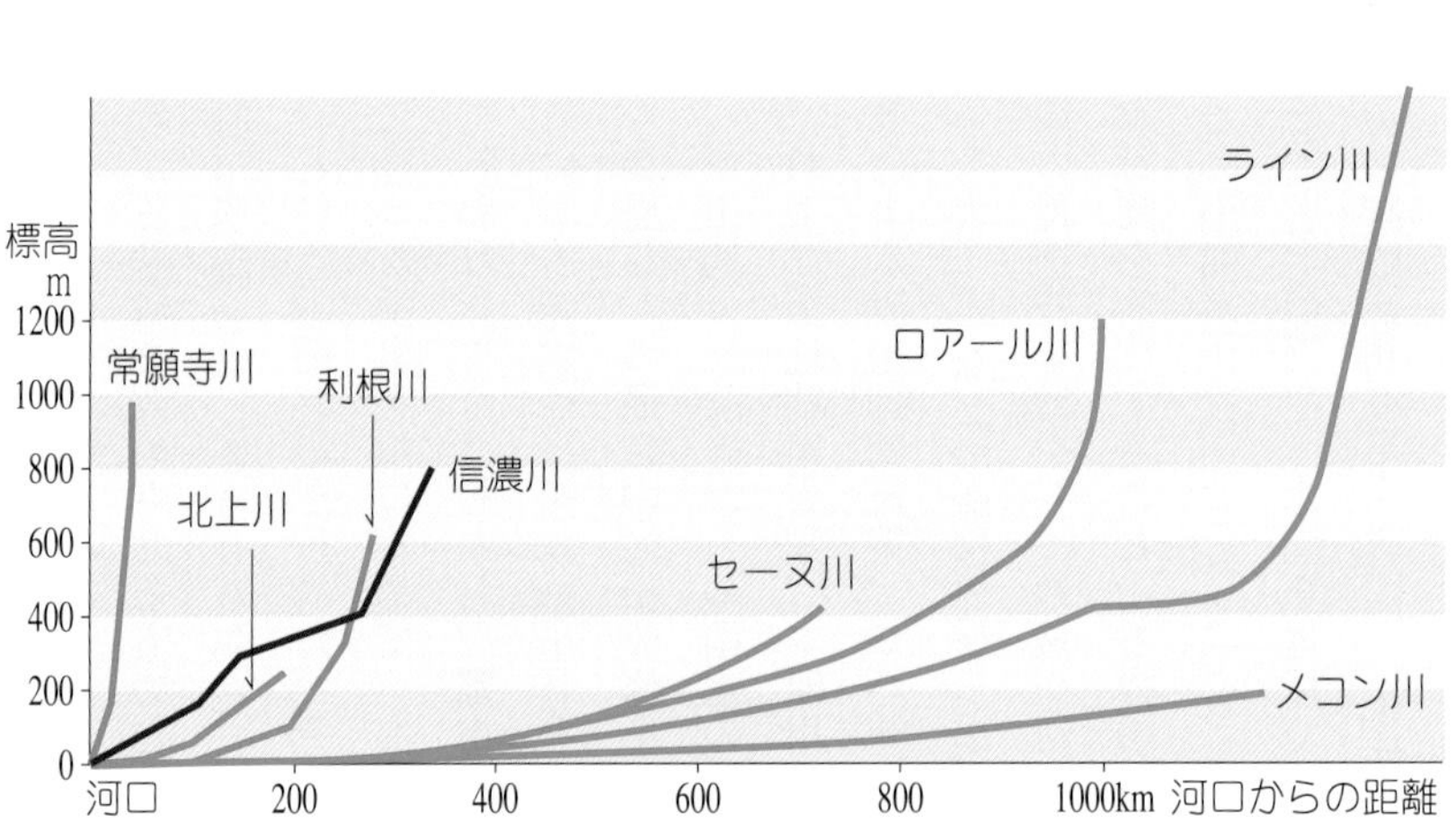

【図１】世界の河川の勾配図

資料・参考文献

資料１　都道府県別土砂災害危険個所数（「砂防便覧」ほか）

都道府県	面積（km^2）	土石流危険渓流数	地滑り危険個所数	急傾斜地崩壊危険個所数
北海道	83452	1848	437	1237
青　森	9606	941	63	1140
岩　手	15278	1790	191	795
宮　城	7284	1168	105	1350
秋　田	11611	1452	262	967
山　形	9323	1132	230	587
福　島	13782	1367	143	1132
茨　城	6095	483	105	746
栃　木	6408	857	96	619
群　馬	6363	1748	213	1266
埼　玉	3797	373	110	583
千　葉	5155	448	52	1333
東　京	2186	345	26	863
神奈川	2415	583	37	2038
新　潟	12582	2548	860	1615
富　山	4246	551	194	899
石　川	4185	1090	420	1195
福　井	4188	1931	146	814
山　梨	4465	1428	104	1112
長　野	13585	3403	1241	2392
岐　阜	10598	2748	88	2006
静　岡	7779	1932	183	3046
愛　知	5156	1184	75	2214
三　重	5774	2289	85	2513
滋　賀	4017	1260	62	629
京　都	4612	2144	58	1571
大　阪	1892	964	145	712
兵　庫	8391	3784	286	3532
奈　良	3691	1065	106	1146
和歌山	4725	1611	495	2287
鳥　取	3507	1440	94	1203
島　根	6707	2875	264	2737
岡　山	7111	2770	198	2095
広　島	8476	4930	80	5960
山　口	6110	2087	285	3436
徳　島	4144	889	591	1995
香　川	1875	1498	117	534
愛　媛	5676	2994	506	2698
高　知	7104	2206	176	3723
福　岡	4968	1993	215	1914
佐　賀	2439	1152	200	1566
長　崎	4092	2440	1169	4844
熊　本	7402	1840	107	2873
大　分	6337	2401	222	2939
宮　崎	7733	1221	273	2268
鹿児島	9186	1888	85	3238
沖　縄	2269	227	88	289
合　計		79318	11288	86651

面積は国土地理院「平成11年全国都道府県市区町村別面積調」による。小数点以下切り捨て。長野県は北海道を除いて、全国でも岩手、福島に次いで３番目に面積の大きな県だが、地滑り危険個所は全国一。土石流危険渓流（人家５戸以上対象）は、広島、兵庫に次いで３番目。急傾斜地崩壊危険個所も13番目と多い方だ。

資料 2　上田小県地方の死者・建物被害（各市町村史・誌から、判明分）

	死者	負傷者	流家	潰家	半壊	砂入
東部町						
下深井	—	—	3	—	7	
下吉田	—	—	—	—	6	
本海野	11	16	50	9	15	
田中	38	28	79	—	3	8
常田	30	31	41	—	7	
加沢	14	—	16+1	—	2	
海善寺	3	—	1	9	11	
東上田	—	—	—	—	—	
東田沢	4	—	2	10	—	
栗林	1	—	6+1	3	—	
中曽根	—	—	—	4	8	22
祢津東町	16		—			
金井	113		62			
上田市						
大屋	8		35		7	8
堀	7		47			
諏訪形	—		5			
御所	—		30			
中之条	42		36			
下塩尻	1		125			
窪林	—		14			
真田町						
軽井沢村	—		27		12	8
横尾村	—		1		2	12
真田村	—		21			
長門町						
大門村	11		26			

資料 3　更埴地方の死者・建物被害（「長野史料」など判明分）

	死者	流家	潰・半潰	死馬
坂城町				
上五明村	58	—	—	2
刈屋原	20	—	—	—
戸倉町				
上徳間村	65	58	—	2
内川村	49	41	—	—
千本柳村	2	25	—	1
若宮村	2	7	4	—
上山田町				
上山田村	0	21	7	—
力石村	0	6	3	—
更埴市				
稲荷山	2	35	—	—
寂蒔村	158	65	28	—
粟佐村	0	—	6	—
矢代宿	0	—	34	—
倉科村	11	—	35	—
生萱村	0	6	11	—
向八幡村	1	13	15	1
土口村	5	33	—	2
森　村	7	24	—	1
桑原村	0	—	8	—

資料4　松代領・更級郡分被害概要（「長野史料」荒廃高調等から）

更級郡	死者	家屋流潰	石高	荒廃高	率(%)	更級郡	死者	家屋流潰	石高	荒廃高	率(%)
網掛村（松代）			347	264	76.1	安庭村（松代）			193	55	28.5
上平村（松代）			596	261	43.8	山布施村（松代）			1011	371	36.7
上五明村（松代）	58	—	737	489	66.4	有旅村（松代）			746	98	13.1
力石村（松代）		9	635	196	30.9	布施五明村（松代）			1101	88	8.0
新山村（松代）			494	89	18.0	岡田村（松代）			1334		
上山田村（松代）		28	792	162	20.5	小松原村（松代）			907	45	5.0
若宮村（松代）	2	14	455	134	29.5	今里村（上田）			(1145)		
羽尾村（松代）			721	90	12.5	四ツ屋村（松代）			803	390	48.6
須坂村（松代）			253	187	73.9	上氷鉋村（上田）			(900)		
向八幡村（松代）	1	28	467	433	92.7	丹波島村（松代）			643	396	61.6
本八幡村（松代）			2469	742	30.1	綱島村（松代）	5	—	1011	990	97.9
桑原村（松代）		8	974	190	19.5	青木島村（松代）			541	182	33.6
稲荷山村（上田）	(2)	(35)	(702)			下氷鉋村（松代）			690	0	0.0
塩崎村（旗本領）	(83)	(30)	(2853)			中氷鉋村（上田）			(770)		
石川村（松代）		11	523	138	26.4	広田村（松代）			752	0	0.0
二柳村（松代）	28	21	1075	54	5.0	藤牧村（松代）			348	0	0.0
氷熊村（松代）			213	16	7.5	上布施村（松代）			241	0	0.0
赤田村（松代）			589	71	12.0	原　村（松代）			849	0	0.0
田ノ口村（松代）			609	150	24.6	戸部村（上田）			(1269)		
灰原村（松代）			68	0	0.0	今井村（上田）			(1112)		
高野村（松代）			197	13	6.6	布施高田村（松代）		30	830	20	2.4
小田原村（松代）			46	0	0.0	御幣川村（松代）	146	58	596	125	21.0
中牧村（松代）			736	390	53.0	横田村（松代）	13	53	524	196	37.4
南牧村（松代）			345	85	24.6	会　村（松代）	7	20	663	—	—
大岡村（松代）			2889	965	33.4	小森村（松代）	11	29	560	160	28.5
吐唄村（松代）			11	0	0.0	東福寺村（松代）	13	41	2184	638	29.2
和田村（松代）			33	0	0.0	中沢村（松代）	3	4			
鹿谷村（松代）			483	136	28.2	杵淵村（松代）	63	36	548	105	19.2
日名村（松代）			338	93	27.5	西寺尾村（松代）	13	73	1134	420	37.0
大原村（松代）			271	85	31.4	小島田村（松代）	78	50	1792	609	34.0
牧田中村（松代）			304	22	7.2	大塚村（松代）			986	0	0.0
下市場村（松代）			154	23	14.9	牧島村（松代）	2	25	254	93	36.6
牧之島村（松代）			188	55	29.3	真島村（松代）	117	99	1638	591	36.1
竹房村（松代）			329	57	17.3	川合村（松代）	74	53	1230	1178	95.8
須牧村（松代）			25	25	100.0	川合新田村（松代）			383	298	77.8
吉原村（松代）			204	82	40.2	大豆島村（松代）		5	1258	543	43.2
三水村（松代）			262	66	25.2	牛島村（松代）	64（26）	58	815	674	82.7
平林村（松代）			395	37	9.4						

荒廃高は、永久荒地と45年回復できない田畑の石高。冠水など当年だけの被害は除いている。

資料5　更級郡之内松代領水難（「長野史料」から）

網掛村　本田新田泥入（以下略）
上平村　用水堰押切　田畑砂入土手三百間諸処損　本田新田泥入罷成候
新山村　田畑川欠砂入泥入罷成候　用水堰山抜ニテ押埋申候
上五明村　郷中三分二流三分一潰　男女合五十八人溺死馬一匹
上山田村　家二十八軒流失内七軒ハ山抜ニテ埋　田畑不残石砂入罷成候
力石村　家九軒水失之内六軒流三軒潰　田畑水損多
羽尾村　両領山二十ヶ所抜　用水堰橋押払申候　田畑両沢通押払申候
若宮村　潰家十四軒　流死二人　田畑損之
八幡村　満水ニ付流去哉男両人見へ不申候　橋損之
向八幡村　十三軒流家十五軒潰家溺死一人、流死馬一匹
桑原村　山押出水ニテ家八軒潰　田畑損之
石川村　樋沢水出樋沢土手押切湯野沢水出　家十一軒押流
二柳村　家二十一軒押流　男九人女十九人見へ不申　馬二匹　柳沢土手五十間（中略）押流
御幣川村　家五十八軒押流　溺死男女合百四十六人　田畑砂入泥入　道二百間押水ニ損之
会　村　家二十軒押流　男女七人溺死　半生之者二十人見へ不申ノ者九人（略）
上横田村　家五軒流失六軒潰　溺死男女十三人　田畑大方水入
下横田村　家十九軒流失十一軒潰十二軒半潰（略）
東福寺村　家四十一軒流　溺死男女十三人馬一匹流死
西寺尾村　家二十軒流失五十三軒潰　溺死男女十三人内十人女　田畑大方砂入泥入
小森村　家二十九軒流失　溺死十一人内男六人女五人　田畑水押砂入
布施高田村　家三十軒流潰　湯沢土手四ヶ所押切田畑泥砂入（略）
小島田村　入西寺護摩堂庫裏流　下男一人流死　其他男女七十七人流死馬一匹流　家五十軒流潰（略）八幡池田宮鳥居伊勢宮城之宮天王宮社地共流
杵淵村　家四十六軒内十五軒流二十一軒潰　男女六十三人溺死
水沢村　古川柳御用木押堀流
中沢村　田畑不残押流　家四軒流　男一人女二人溺死
真島村　溺死百十七人内三十三人男八十四人女　流馬六匹　流家九十九軒
牧島村　家二十五軒内流家二十四軒潰家一軒　溺死男女二人　田畑砂入泥入川欠大方如斯
川合村　家五十三軒内三十六軒流十七軒潰　溺死七十四人内男三十一人女四十三人　田畑砂入欠ル
牛島村　溺死六十四人内男二十三人女四十一人　家五十八軒内二十八軒流三十軒潰　田畑川欠砂入泥入
綱島村　溺死五人　田畑不残砂入　当村之儀年々川欠家居少々残りの分如斯
小松原四ツ屋村堰守彦之丞勘左衛門訴　犀口三堰囲六ヶ所内
上堰分幅六間同所両幅九間余押切埋リ五尺余大口より百間余
中堰九間余埋り四尺大口より九十一間
下堰両まち居不残押掛申候　二門石皆抜〇少々残四ヶ所押流
大豆島村　潰家五軒　田畑水押
　右同郡山中分　水難沢々水押出山抜
青池村　山抜覆リ水出田畑砂入二十石余地面押流申候
和田吐唄村　橋道山抜沢欠　道押払申候
中牧村　足沼堤土手十一間余押抜　松代より大岡道之内道橋損之　新町より松本通之内往来道二十間余抜申候
氷熊村　山平林村より安庭通之内道橋損し申候
鹿谷村　道橋諸処損し申候
山平林村　三十石余山抜石砂入家三軒潰　水見沢川手油沢両所道不残抜申候
高野村　田畑十五石余山抜土手押切水押砂入此外畑方十五石余山抜
　右之外道橋損之数多

資料6　松代領・埴科郡分被害概要（「長野史料」荒廃高調等から）

埴科郡	死者	家屋流潰	石高	荒廃高	率(%)
鼠宿村（松代）			926	540	58.3
金井村（幕府・松代）			62	23	37.1
横尾村（幕府）			(208)		
中条村（幕府）			(1100)		
坂木村（幕府）	(20)		(1136)		
上戸倉村（幕府）			(251)	204	81.3
福井村（幕府）			(237)		
上徳間村（松代）	65	67	558		
内川村（松代）	49	41	437	417	95.4
千本柳村（松代）	2	25	814	789	96.9
寂蒔村（幕府）	(158)	(93)			
小島村（幕府）			(181)		
打沢村（幕府）			(135)		
桜堂村（幕府）			(245)		
鋳物師屋村（幕府）			(217)		
新田村（幕府）			(168)		
杭瀬下村（幕府）			(573)		
粟佐村（松代）		6	746	298	39.9
矢代宿（松代）		34	1703	512	30.1
雨宮村（松代）			1986	326	16.4
土口村（松代）	5	33	292	88	30.1
岩野村（松代）	160	144	857	570	66.5
生萱村（松代）		17	432	56	13.0
森　村（松代）	7	24	1389	243	17.5
倉科村（松代）	11	35	862	212	24.6
清野村（松代）		39	1033	306	29.6
紙屋町（松代）			171	171	100.0
西条村（松代）	1	27	1274	602	47.2
平林村（松代）			277	114	41.2
関屋村（松代）	5	36	339	113	33.3
桑根井村（松代）			145	8	5.5
牧内村（松代）		21	157	48	30.6
東条村（松代）		25	1101	416	37.8
加賀井村（松代）		6	142	40	28.2
田中村（松代）	1	8	463	205	44.3
東寺尾村（松代）	1	100	820	484	59.0
柴　村（松代）	70	40	233	95	40.8
新馬喰町（松代）	28	21			
松代城下（松代）	4	119			

幕府領の判明分も加えた。

資料7　埴科郡之内松代領水難（「長野史料」から）

鼠宿村　両村用水堰大口共ニ二百間余欠入大口欠損之
新地村
上徳間村　家六十七軒流失田地押流　溺死男女六十五人　馬二匹死
千本柳村　家二十五軒押流田地大方砂入　溺死人二人　馬一匹流死
内川村　家四十一軒流　溺死男女四十九人　馬二匹流死
矢代宿　家潰流共三十四軒　田畑砂入多
倉科村　家流潰共ニ三十五軒　溺死男女十一人　草山ノ内三十五ヶ所山抜
森　村　家流潰砂入共二十四軒　七人溺死　馬一匹流死　妙戸橋流道三百間余抜　田畑砂入多　板橋四ヶ所押流小道橋損堰抜多
生萱村　家十七軒内六軒流家　三軒山抜押崩レ八軒潰家
粟佐村　潰家六軒　田畑大方砂入　新田欠少々
土口村　家潰流共三十三軒　溺死五人内男一人　馬二匹流死　道三間余抜小橋所々
岩野村　家百四十四軒流　本田川欠不残砂入往来六百間全押流　溺死男五十八人女百二人　馬二匹
清野村　家屋敷三十九軒砂入押流　田畑不残泥入　河原新田中島田新田不残川ニ打成　山抜二十ヶ所
新馬喰町　溺死二十八人内男十一人女十七人　家二十一軒内流家九軒潰家十二軒
加賀井村　家六軒押流　山抜二十八ヶ所　東寺尾分山抜九ヶ所
右郡松代御城へ水入御殿御塀押返御〇〇水入腐レ御堀へ泥入諸処埋り多し　松代御家中　水入破損有之町之分左之通
殿町通　五十一軒
外曲輪清須町　二十三軒
竹山町通　五軒
代官町通之内　四軒
馬場町通之内　四軒
表柴町通之内　九軒
裏柴町通　三軒
田町通之内　二十九軒
〆百十九軒　此外少水入分ハ差除き　破損大小夥数有之
川口荘兵衛妻子共三人溺死　荘兵衛ハ恙無候
惣町分之内八十三軒流潰共ニ溺死一人　流馬一匹
竹村喜太夫御預り之内御馬十七匹溺死
竹内新左衛門御預り之内御馬十五匹溺死
〆三十二匹御馬溺死
中村勘平御預り御馬恙無
松代近辺迄大橋落の覚（略）
柴　村　四十軒余流家　溺死男女七十人　大鋒寺大門水押抜　古木抜流水流之跡　堤之様成行水不引
平林村　道六十間水押欠堰十一ヶ所砂入押潰之
桑根井村　道八十間水欠　堰八ヶ所損之
西条村　十一軒流家　男一人溺死　十六軒砂入り　道諸処八百間半潰　用水堰諸処損
東条村　流家十三軒潰家十二軒　善徳寺庫裏共潰　草山二十ヶ所抜　道百二十間損之　東条村之内荒町家三軒流十二軒半潰
牧内村　家十一軒潰十軒半潰　八十五ヶ所山抜　用水堰道橋損之（略）
田中村　家八軒潰　其外不残家砂入当分住居不罷成候　男一人溺死

資料8　松代領・水内郡分被害概要（「長野史料」荒廃高調等から）

	死者	家屋流潰	石高	荒廃高	率(%)		死者	家屋流潰	石高	荒廃高	率(%)
山穂苅村（松代）			244	12	4.9	長野村（善光寺）			(250)		
小根山村（松代）			633	240	37.9	中御所村（松代・幕府）			577	241	41.8
越道村（松代）			530	113	21.3	問御所村（幕府）			(188)		
新町村（松代）			396	17	4.3	市　村（松代）			448	132	29.5
上条村（松代）			174	17	9.8	荒木村（幕府）			(130)		
山上条村（松代）			366	44	12.0	七瀬川原村（善光寺）			(406)		
水内村（松代）		2	645	136	21.1	栗田村（戸隠山・幕府）			(887)		
長井村（松代）			455	167	36.7	千田村（松代・幕府）			525	76	14.5
大安寺村（松代）			201	94	46.8	風間村（松代）			690	41	5.9
笹平村（松代）			36	0	0.0	南俣村（松代）			316	0	0.0
瀬脇村（松代）			449	139	31.0	南高田村（松代）			969	65	6.7
宮野尾村（松代）			(422)			北高田村（松代）		14	964	30	3.1
吉窪村（松代）			567	183	32.3	権堂村（幕府）			(670)		
小市村（松代）			(312)			三輪村（松代）			1123	104	9.3
久保寺村（松代）			852	246	28.9	平林村（松代）			351	11	3.1
小柴見村（松代）			110	52	47.3	返目村（松代）			194	0	0.0
平柴村（善光寺）			(69)			箱清水村（善光寺）			(274)		
山田中村（松代）			469	97	20.7	上松村（松代）			(967)		
黒沼村（松代）			(636)			上宇木村（松代）			405	17	4.2
五十平村（松代）			261	94	36.0	押鐘村（松代）			235	24	10.2
橋詰村（松代）			572	243	42.5	吉田村（松代）			840	115	13.7
岩草村（松代）			457	178	38.9	桐原村（松代）			366	31	8.5
五十里村（松代）			205	81	39.5	中越村（松代）			268	0	0.0
中条村（松代）		6	786	299	38.0	下越村（松代）			246	2	0.8
青木村（松代）			437	164	37.5	和田村（松代）			917	138	15.0
久木村（松代）			142	27	19.0	西尾張部村（松代）			537	36	6.7
念仏寺村（松代）		6	519	219	42.2	南長池村（松代）			486	40	8.2
梅木村（松代）		22	493	105	21.3	北長池村（松代）		6	741	193	26.0
地京原村（松代）		7	602	243	40.4	北尾張部村（松代）			493	21	4.3
奈良井村（松代）		4	385	87	22.6	石綿村（松代）		2	402	78	19.4
伊折村（松代）			499	153	30.7	南堀村（松代）			354	28	7.9
和佐尾村（松代）		6	197	0	0.0	小島村（松代）		5	730	50	6.8
竹生村（松代）			1291	359	27.8	中俣村（松代）	10	13	652	51	7.8
瀬戸川村（松代）			768	278	36.2	布野村（松代）	3	18	411	180	43.8
椿峰村（松代）			286	0	0.0	里村山村（松代）	19	13	608	231	38.0
日影村（松代）			657	192	29.2	北堀村（松代）			354	55	15.5
鬼無里村（松代）		5	1266	353	27.9	富竹村（幕府）			(870)		
栃原村（松代）			1029	129	12.5	上　町（幕府）	(12)	(13)	(459)		
上楠川村（戸隠山）			(8)			栗田町（幕府）	(13)	(15)	(415)		
下楠川村（戸隠山）			(58)			六地蔵町（幕府）	(21)	(36)	(540)		
奈良尾村（戸隠山）			(53)			内　町（幕府）	(6)	(13)	(235)		
宇和原村（戸隠山）			(59)			津野村（幕府）	(35)	(57)	(907)		
上野村（戸隠山）			(626)			赤沼村（幕府）	(54)	(137)	(1119)		
二条村（戸隠山）			(111)			中尾村（幕府）			(155)	(155)	100.0
北郷村（松代）	1	3	487	40	8.2	下駒沢村（幕府）			(388)		
新安村（松代）			88	0	0.0	金箱村（幕府）			(334)		
泉平村（松代）			115	24	20.9	上駒沢村（幕府）			(498)		
上ヶ屋村（松代）			562	94	16.7	上稲積村（松代）			228	44	19.3
広瀬村（松代）		5	574	127	22.1	下稲積村（松代）			101	29	28.7
入山村（松代）	1	2	980	371	37.9	檀田村（松代）	3		409	139	34.0
上曽山村（松代）			203	38	18.7	山田村（松代）			202	23	11.4
下曽山村（松代）			249	24	9.6	徳間村（松代）			590	56	9.5
小鍋村（松代）			826	296	35.8	東条村（松代）			810	61	7.5
桜　村（松代）			428	141	32.9	西条村（幕府）			(647)		
たたら村（松代）			211	7	3.3	坂中新田村（幕府）			(23)		
茂菅村（松代）			127	27	21.3	台ヶ窪村（幕府）			(23)		
妻科村（松代）			636	155	24.4	福岡村（幕府）			(15)		
腰　村（松代）			288	0	0.0	上野村（松代・幕府）			382	72	18.8

松代領以外も判明分を加えた。

資料9　水内郡之内松代領水難（「長野史料」から）

布野村　家数十八軒内流七軒潰十一軒　流死男一人女二人　前土手二間五十
　間余　押切田畑大方水押五十石砂入　田方十三石四斗八升三合川欠
　土手都合千五百間損之
里村山村　流死十九人内男十一人女八人　家二十三軒内五軒流八軒潰　九間
　五十間　土手押切
中俣村　家十三軒内流家七軒潰家六軒　流死十人　田畑水入砂入泥入
小島村　流家潰家合五軒　田畑石入砂入諸処多荒
石綿村　家二軒潰申候　田畑水入
南俣村　煤鼻川下諸処押切　当村不残水入砂入田畑損之
千田村　煤鼻川岡田村より押切　当村田畑砂入在成候
南堀村　浅河原吉田村分ニテ押切　当村田畑砂入在成候
北高田村　潰家十四軒　泥砂入罷成候　湯福川中沢古川八幡水出　田畑水入泥
　入諸郷〇〇
北尾張部村　八幡川湯福川浅河原水出　田方六十石畑方二十三石砂入罷成候
上高田村　田方八十石押払不残砂地罷成候
吉田村　浅河原土手押切　御田地百石余石砂山之様ニ罷成候　堤二ヶ所土手
　押切道三百軒余押払申候
檀田村　溺死三人　田畑水入
上松村　用水堰諸処山抜押出し堰方一切相見へ不申　田畑諸処泥入水入
北長池村　田畑不残水押　家六軒流潰
中御所村　往還道諸処水押切　煤鼻川水居屋敷へ押込砂入罷成候
久保寺村　煤鼻川押切二百二十間堰方も押払申候　小柴見村立会ノ場ニ御座候
　右水内郡村々松代領之内山中分村々水難
北郷村　山抜潰家三軒溺死男一人　田畑少宛諸処損
上ヶ屋村　用水堰諸処抜落通路不自由　田畑少宛損之
入山村　潰家二軒溺死一人　山抜少々宛有之
広瀬村　潰家五軒内砂入押潰二軒　田畑砂入申候
桜　村　諸処道並小橋押払　田畑諸処押払申候
泉平村　道橋損し戸隠往来無御座候　山抜諸処土手押切田畑損之
鬼無里村　家五軒流潰共山抜ニテ如斯　田畑諸処損し
地京原村　山抜水押出家七軒潰石砂押込如斯　田畑諸処損之〆百七十石余欠砂
　入
念仏寺村　家六軒山抜ニテ押潰レ田畑損之申候
和佐尾村　高四十石余山抜川欠砂入　家六軒潰〇〇
奈良井村　家四軒潰　山抜水押出潰レ　田畑損之
中条村　山抜家六軒押潰レ道橋諸処押抜損之申候
　瀬戸川郷之内
埋牧村　高五十石余場所山抜川欠砂入　道小橋諸処損之
馬曲村　高五十六石余の所山抜川欠砂入　道橋諸処損之
夏和村　鬼無里村より新町通往還道十五間抜落道路一切成不申候
小根山村　田畑五十石余川欠山抜ニ罷成候　西堰東堰其外諸処道橋損之
椿峰村　高五十石余山抜石砂入　道橋諸処損之
黒沼村　五十平橋詰通用道大形損之
古間村　山抜潰家二軒　田畑少々損之
宮野尾村　保玉田方堰同舟久保田方用水堰大山抜押払　其外道橋損之
長井村　田畑大形山抜川欠砂入　其外道橋損之
梅木村　下領家二十二軒山抜損し申候　田畑諸処損し道橋用水堰七口共ニ押
　払申候
青木村　高百十石山抜川欠下田之頭三ヶ所堰川欠山抜ニ成申候　市場宮成山
　道損之
岩草村　往来道夥数損し　橋詰村へ通道三百間余損し古間通道三百五十間余
　損之念仏寺通道二間余損し五十里村移り道二百間損し堰諸処損し
　合七百間損之申候
大安寺村　笹平村より大町道　土尻川端迄道損し五十里村境より諸処道用水堰
　共ニ覆リ申候
専納村　道橋諸処夥数損之
水内村　家二軒山抜流　田畑損之

資料10　松代領・高井郡分被害概要（「長野史料」荒廃高調等から）

	死者	建物流潰	石高	荒廃高	率(%)
大室村（松代）	4	41	999	639	64.0
川田村（松代）	4	35	2100	1257	59.9
小出村（松代）			455	220	48.4
保科村（松代）	7	131	1451	585	40.3
赤野田村（松代）	5	9	—	—	—
仙仁村（松代）		12	121	62	51.2
宇原村（松代）			36	0	0.0
仁礼村（松代）	1	42	691	192	27.8
八丁村（松代）	6	43	621	229	36.9
幸高村（松代・幕府）			23	23	100.0
福島村（松代）	12	60	1317	779	59.1
小布施村（松代・幕府）			145	96	66.2
大熊村（松代）		7	559	28	5.0
小沼村（松代・幕府）	18	27	133	—	—
佐野村（松代）		31	969	98	10.1
湯田中村（松代）		3	457	47	10.3
沓野村（松代）		11			

福島村の死者は、「松代満水の記」では26人。

資料11　高井郡之内松代領水難（「長野史料」から）

大室村　家四十一軒内三十一軒流家十軒潰家　溺死男一人女三人　田畑水入
山抜川欠砂入泥入大方田畑不残道三百間損之

町川田村　御本陣御門荷蔵御○唐紙戸不残流　田畑川欠泥入砂入不残　家十八
軒潰流　山抜四ヶ所　溺死四人半死半生体三十五人

東川田村　家十七軒内十四軒流三軒潰

小出村　川除押払　田畑川欠　石砂埋リ申候

保科村　家数百三十一軒流潰　流死七人内男二人女五人　山抜数ヶ所　漆御
用木過半流　大小御用木千七百本余流　御竹藪少々砂入申候　道堰
五百間程損し笹藪四ヶ所流

仙仁村　流家九軒潰家三軒〆十二軒　並土場潰申候　田畑砂入川欠

赤野田村　家九軒流潰共　溺死五人内男二人女三人

仁礼村　家四十二軒内三十七軒流五軒潰　田畑水押溺死一人　道橋崩諸処多
田畑砂入道五十間損し堰諸処損

福島村　家六十軒内三十軒流三《マ》十六《マ》軒潰　溺死十二人内九人女

八丁村　溺死六人内男四人女二人　家四十三軒内流家二十七軒潰家十六軒
田畑諸処砂入欠山抜

小沼村　溺死十八人内男三人女十五人　家二十七軒内流家二十軒潰家七軒

大熊村　潰家七軒　諸処山抜道二百間抜申候　田畑不残水入砂入り

佐野村　家十七軒流潰家十四軒〆三十一軒　高百石余水押砂入道五百間程押
払

湯田中村　潰家三軒　高三十石余田畑共ニ山抜川欠　道千百間程損之申候

沓野村　家十一軒潰流共渋湯屋敷押払（名主助次郎訴之）

資料12　須坂領内の被害概要（「須坂領内　水損届」から）

	石高	被害高	率	永荒	泥砂入	当年損耗
綿内村（須坂）	3044	2870	94.3	284	680	1906
野辺村（須坂）	868	31	3.6	31	0	0
灰野村（須坂）	609	125	20.5	27	98	0
坂田村（須坂）	388	122	31.4	11	81	30
小山村（須坂）	1206	455	37.7	78	195	182
高梨村（須坂）	331	305	92.1	70	119	116
五閑村（須坂）	115	100	87.0	25	41	34
八重森村（須坂）	337	298	88.4	0	105	193
塩川村（須坂）	602	252	41.9	18	234	0
沼目村（須坂）	438	396	90.4	0	161	235
小島村（須坂）	884	797	90.2	221	259	317
須坂村（須坂）	1259	269	21.4	29	181	59
日滝村（須坂）	2028	360	17.8	25	112	223

資料13　飯山領の被害概要（「長野県史　資料編」等から）

	死者	建物被害	石高	被害高	率(%)
上今井村（飯山）		66	1217	886	72.8
替佐村（飯山）		56	973	654	67.2
笠倉村（飯山）		25	230	184	80.0
穴田村（飯山）			761	235	30.9
蓮　村（飯山）	1	110	1274	623	48.9
静間村（飯山）			1449	250	17.3
飯山城下（飯山）	15	373	2580	997	38.6
新町	(1)	(71)			
上町	(6)	(144)			
本町	(1)	(77)			
鉄砲町	(6)	(45)			
肴町	(1)	(31)			
有尾之内河原		(5)			
奈良沢村（飯山）		23	585	229	39.1
上倉村（飯山）			636	315	49.5
山口村（飯山）			260	20	7.7
藤木村（飯山）			404	9	2.2
四屋村（飯山）			120	10	8.3
南条村（飯山）			696	7	1.0
顔戸村（飯山）			462	65	14.1
小境村（飯山）			710	376	53.0
五束村（飯山）			257	59	23.0
下柳沢村（飯山）			221	120	54.3
瀬木村（飯山）			227	123	54.2
堀之内村（飯山）			224	154	68.8
小泉村（飯山）		9	291	203	69.8
尾崎村（飯山）			418	71	17.0
戸狩村（飯山）		56	806	663	82.3
大坪村（飯山）	（飢人）		380	308	81.1
水沢村（幕府）	285	73			
大塚新田村（幕府）	175	36			
上野新田村（幕府）	103	21			
大倉崎村（幕府）	270	64			
柳新田村（幕府）	112	25			
戸隠新田村（幕府）	264	67			
三ツ屋村（幕府）	4	9			
小沼村（幕府）	580	99			
上境村（飯山）			316	12	3.8
下境村（飯山）		18	66	53	80.3
平出村（飯山）			283	110	38.9
三才村（飯山）		93	286	268	93.7
田子村（飯山）			272	157	57.7
吉　村（飯山）			430	178	41.4
南郷村（飯山）		97	526	526	100.0
石　村（飯山）		42	893	893	100.0
神代村（飯山）		51	1325	1180	89.1
浅野村（飯山）		65	953	903	94.8
大倉村（飯山）			666	361	54.2
蟹沢村（飯山）		21	675	414	61.3
東柏原村（飯山）			515	81	15.7
舟竹村（飯山）			567	30	5.3
荒瀬原村（飯山）			242	30	12.4

水沢村以下の飢人は、死者ではない。幕府領の判明分も加えた。

資料14　「書留帳」○寛保二戌年八月二日大満水之事

八月朔日雨ふり出し急満水同日暮方押切より水土橋へ支候
夜半時松川満水松村小布施町之上ミへ押かけ中条六川北岡へ押かけ
福原新田大島飯田別府小島一面に押かけ申候
其節之水ニテ当村高札場より下村迄道弐三尺より六七尺迄押ほり申候
二日夜明方ニハ松川之水ハ所々へ押出し候故水勢よはくなり申候
左候へ共千曲川水心之外ふへ西村残らず東村にても中村之中より下も水入ル
上ミ村ニテも松川の水は入申候
羽場押切両村ハ屋根のぐし隠れ候家数多く有之　然共流死いたし候もの無之候
二日潰家流れくる事夥し然る所朝五ツ頃
山王嶋の西より屋根の上へに人四五人乗り流レ来り
押切の宮の裏を北東へ押出し小沼の前へ流出候処
夜間瀬川押かけ候ニ付き大熊桜沢の前を南へながれ申候
水風のかげんか又押切の宮の前へ来り夫より羽場のうらへかかり
当村田場を通り山王島村の北へ参り候所
又々山王嶋村西水先ニ懸り水土橋之方へ流れ来り候所
水土橋の南山王嶋村押切村地境の当りニ並柳沢山ニ在之
暮方ニ其柳の木江かかり候　大水ニテ候へば致方も無之候
それより其者共こへを立テ北岡ニ伝右衛門徳左衛門有之哉たすけくれと夜中申
候
三日夜明待兼　大島村より当村ニテ舟をかり迎ニ参り連来り承候得共
牛島之者と申し候　それより徳左衛門方ニ二三日も留置返し申候（後略）

資料15　旧長野市域の寛保の洪水の被害

（「長野市誌　第八巻　旧市町村史編」などから）

▽長　野　善光寺町では二十九日夜、湯福川があふれて町へ押し出した。

▽芹　田　裾花川の諸所が押し切られたため、南俣村・千田村では田畑が残らず水や砂で埋まった。中御所村は居屋敷まで浸水した。市村は高四五〇石のうち、一三二石が川欠荒地となった。

▽古　牧　北高田村では潰れ家一四戸に泥砂が入り、湯福川・中沢・古川・八幡川が出水し所々の田畑が泥水につかり、上高田の田八〇石が砂地となった。

▽三　輪　宇木村は、一九三石余が石砂で埋まり、荒れ地分が一七石余で、合計二一九石余の被害。同村の石高四〇五石余の四割にもなった。

▽吉　田　「押鐘村用水堰五〇間（九一メートル）、深さ二丈（六メートル）抜け、下堰二五〇間（四五〇メートル）、深さ八丈（二四メートル）」などの被害。

▽柳　原　太田村（当時下越村）石高二四六石余のうち一二七石の被害、押鐘村は石高二三五石余のうち一三三石の被害。
「松代満水の記」によれば、小島村は水が急に家に流れ込んで家財を流し、布野村は流れ家七軒、潰れ家十一軒、流死三人、土手四五〇メートルと橋を流し、道二七〇〇メートル余を破損。

水損は、小島村五〇三石、中俣村四二八石、布野村二八三石、里村山村四七一石、村高との割合でみると、最高は里村山村の七七・五%、最低で中俣村の六五・六%。

▽浅　川　西条村の記録では、駒沢川の氾濫で、土堤一〇〇間（一八〇メートル）が流され、郷倉も流失、下流の耕地は土砂が入った。取り除かれてできた石塚は今も残っている。

▽朝　陽　千曲川の氾濫は、しばしばだった。

資料16　寛保の洪水時の小布施町の被害
（「小布施町史」などから）

村名	死者	流失	潰家	半壊	水位
押切	—	15	14	4	
羽場	—	—	18	8	
北岡	—	—	7	15	2～3丈
山王島	—	—	28	3	3丈3尺5寸
飯田	—	5	1		
松村	—	3	37	6	
六川	—	—	5	13	
中条	—	—	—	7	
中子塚	—	—	—	5	
矢島	—	—	3	8	
清水	—	—	4	3	
大島	—	—	2	22	

資料17　「寛保二戌年水害御届書」（矢沢家文書）

真田豊後守（信安）
寛保二年八月二十一日
先達申上候通私共在所信州
松代従去月二十七日雨降候間
二十九日夜中大風雨当朔日従
未之刻千曲川犀川其外川々
満水千曲川定二丈五尺
増水仕城内並侍屋敷町家
損失之覚

一、本丸二丸三丸並居宅床上三尺
　所により四五尺泥水押込申候
一、御用米蔵城下迄泥水入用立不申候
　但随分防候得共急水押懸
　不申候右之通御座候
一、本丸東之方石垣孕出二間
　四間余崩申候
一、同所南之方桝方石垣孕出一間
　三尺
　……
一、城付武具蔵江砂泥押込武具
　過半用立不申候
一、侍屋敷百十三軒泥砂押込及大破候
一、城下町大小橋流　五ヶ所
一、同流家　七十五軒
一、同潰家　百六軒
一、流死人　男十六人
　　　　　女二十三人
一、流死馬　十五疋
右之通城内並侍屋敷町家
損失流死仕候間御届申上候
以上
八月廿一日　真田豊後守

これは、松代城下分の被害速報で、松代藩の被害報告は、一一〇ページの矢沢家文書を参照。

資料18　地蔵尊造立由来

銘文

寛保二壬戌年八月二日
数千人之流死埋此所
其上建卒塔婆今年延享
五戊辰八月及七回忌仮
造立石仏弥陀仏以回向
右之魂　南無阿弥仏

（台座正面）

念仏施主十七人　柳新田村
海野郡右衛門
同　九郎兵衛
井出勝右衛門
木ノ内七之助

（台座左側面）

回向導師　萱山恵舜

（台座右側面）

資料19　渋湯屋押払い

乍恐以口上書御訴申上候御事

一　今月朔日より同二日迄満水仕渋湯家屋敷押払申候覚
一　長十五間横三間之家　渋湯家主　清左衛門
一　長十八間横三間之家　同　家主　輿　市
一　同　断　同　家主　喜左衛門
一　同十八間横四間之家　同　家主　藤兵衛
一　同十六間横六間之家　同　家主　荘治郎
一　同十間横三間之家　同　家主　三左衛門
一　同十五間横三間四尺　同　家主　八之丞
一　同十二間横四間半之家　同　家主　為左衛門
一　同十三間横二間半之家　同　家主　伊野左衛門
一　同　断　同　家主　吉左衛門
一　同十六間横三間之家　同　家主　勘　七

軒数計十一軒家屋敷不残押流し申候御事

一　長十六間横三間之家　是ハ半分押払申候御事　右　家主　杢左衛門
一　長十八間横三間之家　是ハ半分押払申候御事　右　家主　小左衛門
一　長十八間横十二間之家　右同断　家主　甚太郎

〆三人之家半分押流申候

右之通渋湯屋家敷押払申候　右之外田畑之分
山抜川押御座候得共先ツ御訴申上候以上

戌八月四日

沓野村
肝煎　助次郎
組頭　藤兵衛
長百姓　新次郎

「寛保の洪水」では、夜間瀬川の氾濫被害も大きかった。上流の渋温泉（山ノ内町）では、湯屋敷がそっくり流された。「長野史料」（信濃教育会蔵）に記録がある。

参考文献

千曲川工事事務所「千曲川治水誌」（復刻版）１９８６年
千曲川工事事務所「千曲川犀川三十年のあゆみ」１９８０年
建設省北陸建設局「信濃川百年史」１９７９年
千曲川工事事務所「信濃の巨流　千曲川」１９９３年
千曲川工事事務所「信濃の青竜　犀川」１９９４年
（社）北陸建設弘済会「千曲川の今昔」２００１年
信濃川工事事務所「信濃川の氾濫――江戸時代」１９８３年
大谷貞夫「江戸幕府治水政策史の研究」１９９６年
高崎哲郎「天、一切ヲ流ス」２００１年
信州地理研究会「地図に見る長野県の風土」（改訂版）１９９９年
長野県町村誌刊行会「長野県町村誌　東信編」１９３６年
長野県町村誌刊行会「長野県町村誌　北信編」１９３６年
長野県「長野県史　通史編　第五巻　近世二」第二章第三節　開発と災害「千曲川の戌の満水」１９８８年
長野県「長野県史　近世史料編　第一巻（二）」東信地方（寛保の大洪水関係分）上田領・災害　５７８～５８６頁　１９７２年
長野県「長野県史　近世史料編　第二巻（二）」東信地方（寛保の大洪水関係分）小諸領・災害　２４５～２５８頁、高野町知行所・災害　６３６～６４２頁　１９７９年
長野県「長野県史　近世史料編　第七巻（三）」北信地方（寛保の大洪水関係分）松代領・災害　１５０～１７３頁、飯山領・災害　４８７～４８９頁、幕府領・災害　９５２～９５３頁　１９８２年
長野県「長野県史　近世史料編　第八巻（二）」北信地方（寛保の大洪水関係分）飯山領・災害　１０４～１０９頁、須坂領・災害　３１８～３２０頁、幕府領・災害　７４４～７４７頁　１９７６年
長野県教育委員会「千曲川（歴史の道調査報告書）」１９９２年
長野県立歴史館「千曲川歴史紀行」２０００年
東信史学会「千曲」第39・40号「千曲川の水害」１９６４年
東信史学会「千曲」第１０７号「寛保の大水害について」２０００年
長野郷土史研究会「長野」87号　１９７９年
南佐久郡役所「南佐久郡誌」（復刻版）１９７９年
南牧村誌編纂委員会「南牧村誌」１９８６年
鷹野一弥「小海町志　川西編」１９６８年
八千穂村誌今昔編編纂委員会「八千穂村誌　今昔編」２０００年
八千穂村誌自然編編纂委員会「八千穂村誌　自然編」２００１年
沖浦悦夫「山窓記」１９９１年
佐久市志編纂委員会「佐久市志　歴史編（三）」１９９２年
平賀村誌刊行委員会「平賀村誌」１９６９年
北佐久郡役所「北佐久郡誌」（復刻版）１９７３年
小諸市誌編纂委員会「小諸市誌　自然編」１９８６年
小諸市誌編纂委員会「小諸市誌　歴史編（三）」１９９１年
望月町誌編纂委員会「望月町誌　第四巻　近世」１９９７年
立科町誌編纂委員会「立科町誌　歴史編・上」１９９７年
北御牧村誌編纂委員会「北御牧村誌　歴史編・一」１９９７年
小山真夫「小県郡史」１９２２年
小県郡役所「小県郡史　余編」１９２３年
上野尚志「小県郡年表」１９４９年
小県上田教育会「上田小県誌　歴史編・下」１９６０年
藤沢直枝「上田市史　下」１９４０年
長門町教育委員会「新編長門町誌」１９６１年
東部町誌編纂委員会「東部町誌　自然編」１９８９年
東部町誌編纂委員会「東部町誌　歴史編（下）」１９９０年
丸子町誌編纂委員会「丸子町誌　歴史編・上」１９９２年
真田町誌編纂委員会「真田町誌　歴史編・下」１９９９年
埴科郡役所「埴科郡志」１９１０年
埴科郡役所「埴科水害誌」１９１２年

更埴市史編纂委員会「更埴市史　第二巻　近世編」１９８８年
坂城町誌刊行会「坂城町誌　上巻」１９７９年
坂城町誌刊行会「坂城町誌　中巻」１９８１年
戸倉町誌編纂委員会「戸倉町誌　自然編」１９９１年
戸倉町誌編纂委員会「戸倉町誌　歴史編（上）」１９９９年
（財）長野県埋蔵文化財センターほか「上信越自動車道埋蔵文化財発掘調査報告書６　松原遺跡――縄文時代」１９９８年
信濃史料刊行会「新編信濃史料叢書　第10巻　日暮硯」１９７４年
信濃史料刊行会「新編信濃史料叢書　第19巻　松代満水の記」１９７７年
大平喜間多「松代町史　下巻」１９２９年
北信郷土叢書刊行会「北信郷土叢書・朝陽館漫筆」１９３４年
松代藩文化施設管理事務所「城下町　松代」１９９９年
松代藩文化施設管理事務所「善光寺地震――松代藩の被害と対応」１９９８年
更級郡役所「更級郡誌」（復刻版）１９７３年
更級埴科地方誌刊行会「更級埴科地方誌　近世編・上」１９８０年
御幣川区誌編纂委員会「御幣川区誌」１９９８年
上中堰土地改良区「上中堰の歴史」１９８６年
上山田町史編纂委員会「上山田町史」１９６３年
塩崎村史刊行会「塩崎村史」１９７１年
長野市篠ノ井公民館東福寺分館「千曲川瀬直しにみる村人の暮らし」１９９４年
長野市誌編纂委員会「長野市誌　第八巻　旧市町村史編」１９９７年
長野市誌編纂委員会「長野市誌　第九巻　旧市町村史編」２００１年
長野市立博物館「長野盆地の一〇万年」２００１年
長野市立博物館「千曲川」１９９１年
上水内郡役所「上水内郡誌」（復刻版）１９７４年
信州新町史編纂委員会「信州新町史　下巻」１９７９年
長沼村史編集委員会「長沼村史」１９７５年
豊野町誌刊行委員会「豊野町の歴史」２０００年
豊野町誌刊行委員会「豊野町の自然」１９９７年
上高井郡教育会「上高井郡誌」１９１４年
上高井誌編纂会「長野県上高井誌　歴史編」１９６２年
須坂市史編纂委員会「須坂市史」１９８１年
小布施町史編纂委員会「小布施町史」１９７５年
市川健夫ほか「小布施学叢書　千曲川の風土と小布施」１９９９年
小布施町教育委員会「小布施町の石造文化財」１９８９年
牛島区誌編集委員会「輪中の村　牛島区誌」１９８５年
古島敏雄編「割地制度と農地改革」１９５３年
下高井郡役所「下高井郡誌」（復刻版）１９７３年
中野町役場「中野町誌」（復刻版）１９７６年
中野市誌編纂委員会「中野市誌　歴史編・前編」１９８１年
中野市「中野市千曲川水系治水史」１９９４年
北信ローカル出版センター「水とむら」１９８７年
金井明夫「むらの歴史」１９８３年
木島平村誌刊行会「木島平村誌」１９８０年
下水内郡教育会「下水内郡誌」（復刻版）１９７３年
飯山市誌編纂専門委員会「飯山市誌　歴史編（上）」１９９３年
宝月圭吾「村史ときわ」１９６８年
江口善次「木島村誌」１９７２年
新編瑞穂村誌刊行会「新編瑞穂村誌」１９８０年
東筑摩郡・松本市・塩尻市郷土資料編纂会「東筑摩郡・松本市・塩尻市誌　歴史・下」１９６８年
明科町誌編纂会「明科町誌　上巻」１９８４年
高橋裕「国土の変貌と水害」１９７９年
高橋裕「水のはなし」１９８２年
高橋裕「都市と水」１９８８年
高橋裕「河川にもっと自由を」１９９８年
高橋裕編「図説　危険な川」１９９２年
信州大学自然災害・環境保全研究会「治水とダム」２００１年
池谷浩「土石流災害」１９９９年

小島圭二「自然災害を読む」１９９３年
柳田邦男「災害情報を考える」１９７８年
中島暢太郎「気象と災害」１９８６年
大熊孝「洪水と治水の河川史」１９８８年
富山和子「川は生きている」１９７８年
水谷武司「水害対策一〇〇のポイント」１９８５年
畠山久尚「気象災害」１９６６年
東京府社会課編「日本の天災・地変　下巻」１９７６年
「寛保洪水記録」（日本庶民生活史料集成　七巻）１９７０年
「徳川実記　第九編」（有徳院殿御実記　巻五六）１９８２年
続群書類従完成会「泰平年表」１９７９年
山田啓一・田辺淳「千曲川における寛保2年（１７４２）8月大洪水の考察」第五回日本土木史研究発表会論文集　１９８５年6月
寒川典昭・山下伊千造・南志郎「千曲川下流の歴史洪水の復元と考察」土木史研究、第12号　１９９２年6月
丸山岩三「寛保2年の千曲川洪水に関する研究（1）～（4）」水利科学、34巻第1号～第4号　１９９０年4月～10月

あとがき（初版所収）

かつて、水害や火災を調べている研究者から「新聞に載っている数字は当てにならない」といわれたことがある。焼死者や焼失面積などを指摘したものだ。燃え盛る火事場の混乱している中で、正確な数字をつかむことは難しい。新聞には分かっている範囲のこと、時間に間に合った情報しか載らず、不十分な内容となる。

阪神大震災やニューヨークの同時多発テロの死者数も、正確な数字が分かるまでには、長い時間がかかった。今回、千曲川の「戌の満水」を調べてみて、やはり同じだ――と思った。死者の数字が史料により、いく通りもあるのだ。行方不明者がきちんと把握されていないのだろう。災害の規模が大きくなるほど混乱も大きくなる。

今回は、死者の数を中心に被害をまとめよう――とした。そこで、痛感したのは、江戸時代は、米経済で、米がすべての中心にある――ということだった。被害報告も、まず田畑の被害。次いで建物被害で、その次に、流死者が流死馬と一緒に登場してくる。各村ごとの田畑の被害は○石○斗○升○合○勺まで細かく報告されているのに、流死者はその数も当てにならないのだ。米がすべての中心だったのだ。

江戸時代中期以降は、水害が頻発、米経済に大きな影響を与えたと思うが、その割合には、各市町村史・誌の中に占める、災害の記述は少ない。中には、年表で簡単に済ませているものもある。さすがに最近は、生活環境や災害に対する危機管理が叫ばれ、重点のおき方も変わりつつあるが、まだまだ災害史への取り組みは弱い。

平成14年は、「戌の満水」から260年、昭和の連続水害から20年になる。そこで、国土交通省千曲川工事事務所から、「千曲川の寛保の大洪水をまとめられないだろうか」と話があり、この本ができあがった。1年足らずの取材・執筆で、不十分だが、この本を手がかりに、今に残る土石流跡の雑木林や地形の変化、供養塔や寺の石垣、新たに建てられた水位標や宝篋印塔などを訪ね、どうして、ここに被害が集中したのか、地理的な背景を考え、「戌の満水」に少しでも関心が集まり、万一への備えになれば、ありがたい。

執筆にあたっては、丸山岩三先生の「寛保2年の千曲川洪水に関する研究」、東信史学会の研究誌「千曲」第

107号「寛保の大水害について」をはじめ、長野県史、各市町村史・誌を利用させていただいた。また、多くの研究者に快く取材に応じていただいた。特に、「千曲塾」の講師のみなさんの協力を得た。国土交通省千曲川工事事務所調査課には、貴重な写真、航空写真、図を大量に提供していただいた。東京都立大学大学院・三上岳彦教授の気候学研究室グループには、「歴史天候データベース」により「戌の満水」前後の全国の天気を提供していただいた。「寛保2年の千曲川大洪水『戌の満水』を歩く」が形になったのは、多くの方々の協力によるもので、改めて感謝したい。

なお、取材・執筆は元・信濃毎日新聞編集委員　黒岩範臣が担当した。

信濃毎日新聞社出版局

2002年6月

特別収録　2019年10月
台風19号
災害の記録

千曲川堤防の決壊で浸水した長野市豊野町石や赤沼一帯の工場やリンゴ畑＝10月13日午前8時53分

西暦年のない写真説明文の
日付はすべて「2019年」です

長野
千曲川堤防の決壊は昭和58年の飯山市以来
田園が一面濁流に 新幹線車両基地も浸水

大雨による増水で千曲川左岸の堤防が決壊（中央左）し、濁流にのまれた穂保付近。右方は小布施町
＝10月13日午前8時15分、長野市穂保（共同通信社提供）

北陸新幹線の車両10編成が浸水した長野新幹線車両センター。本線上（中央）も水に漬かった＝10月13日午前7時35分、赤沼

千曲川の堤防が決壊した現場付近で、水に漬かる体育館や民家＝10月13日午前8時10分

ボランティア男性のゴムボートで救助される女性＝10月13日午前10時53分、大町

千曲川の氾濫で浸水した地域は県内を代表するリンゴの一大産地。収穫を待つ果実も広範囲に被災した＝10月13日午後0時26分、豊野町石

長野

避難所となった豊野西小に身を寄せた住民たち。毛布にくるまって寝たり、電話で連絡を取り合ったりした＝10月13日

決壊現場に近い長野市穂保の住宅地では、電柱が倒れ、建物がつぶされていた＝10月15日午前9時2分

ボランティアによるラーメンの炊き出し。温かい食事を求めて長蛇の列ができた＝10月13日午後5時半、豊野西小学校

浸水で濡れた家具や寝具などを市民が次々と集積所に運び入れた＝10月15日午前10時15分、篠ノ井塩崎

上田・東御・千曲

増水した千曲川が堤防を削る　橋の崩落多数

北国街道海野宿に通じる橋が崩落。段丘も大きくえぐられて道路や駐車場が消滅、しなの鉄道（左）も運行に影響が出た＝10月17日午後0時17分（小型無人機から撮影）

増水した千曲川が霞堤から浸水、市街地が水に漬かった＝10月13日午前6時、千曲川杭瀬下

千曲川に架かる東御市の田中橋が10月12日に陥没。県道を走っていた車3台が転落し、1人が亡くなった＝10月13日午前6時半すぎ

上田市街地に近い千曲川左岸の堤防が広範囲に削られ、上田電鉄別所線の鉄橋が橋台部分から崩れ落ちた＝10月13日午前8時12分

東御市北御牧の鹿曲川に架かる切久保橋が崩落。水道管も敷設されていたため、周辺の地域が断水した＝10月13日

増水した激しい流れで堤防が削り取られ、土がむき出しになった上田市諏訪形の千曲川左岸＝10月13日

佐久地方

千曲川支流が猛威
急濁流が住民のみ込む

ガードレールがひしゃげマンホールがむき出しになった道路を見つめる男性＝10月13日午後2時40分、佐久市常和

谷川の急流で流された鉄骨製の橋が、下流の橋に引っかかった＝10月13日午後0時35分、佐久市入沢

浸水被害に見舞われた住宅の片付けを進める支援者ら＝10月14日午前10時1分、佐久市中込

飯山・中野・須坂

千曲川狭窄部で増水　支流は氾濫し市街地浸水

千曲川（上方）支流の内水氾濫で市役所（右）など市中心部が浸水した飯山市街地＝10月13日午後4時31分（小型無人機から撮影）

冠水した千曲川流域の道路には、収穫を控えていた多数のリンゴが浮かんだ＝10月13日午前8時52分、須坂市小島

千曲川狭窄部の中野市立ヶ花では、あふれた川の水が倉庫や住宅から物を押し流して散乱させた＝10月13日午前9時53分

復興への槌音

生活・経済の再生へボランティアの力
復旧工事も徐々に進む

うずたかく積まれた災害ごみの分別作業に精を出すボランティア＝10月16日、長野市松代温泉

がれき除去などの活動先に向かうボランティアの列＝11月3日午前10時50分、長野市津野

堤防の修復工事が進む長野市穂保の千曲川の決壊現場＝2020年12月17日

被災し半年間休業した農産物直売所アグリながぬま。色とりどりの盆花が並んだ＝2020年8月12日、長野市穂保

被災したリンゴ畑。1年後には赤い実が付いた＝2020年9月28日、長野市津野

被災から1年。農産物アグリながぬまには旬を迎えた地元特産のリンゴが並んだ＝2020年10月10日、長野市穂保

崩落した上田電鉄別所線の鉄橋は1年5ヵ月ぶりに復旧へ。レールの敷設作業が進む＝2021年2月15日

千曲川狭窄部で始まった河床の掘削工事。増水時の水量を増やして水害の危険性を低下させる＝2021年2月22日、長野・中野市境

2019・10台風19号
千曲川流域に甚大な被害

大型で非常に強い台風19号が2019年10月12日夜に伊豆半島に上陸、翌13日にかけて東日本を縦断した。長野県内にも強烈な風を伴って12日夜に最接近。気象庁は大雨特別警報（大雨・洪水警戒レベルで最高の5に相当）を発表し、県民に警戒や避難を求めたが、長野市で千曲川の堤防が決壊して広範囲の浸水被害をもたらすなど、千曲川流域の東北信地方を中心に、大きな被害となった。千曲川の決壊は1983（昭和58）年の飯山市以来の発生。

長野市の千曲川の堤防決壊は、北部の穂《ほ》保《やす》地区で発生し、左岸の約70メートルが失われた。流れ込んだ濁流は住宅やリンゴ畑、商店や工場などをのみ込み、長沼、赤沼、豊野など市北部の広範囲に広がった。さらに下流の中野市では狭窄部の立ヶ花地区で増水による浸水被害が出たほか、飯山市では支流が千曲川に流れ込まない内水氾濫で、市役所のある市街地一帯が水浸しとなった。

上流の上田市では市街地に近い千曲川の増水で左岸堤防が削られ、大正時代に架けられた上田電鉄別所線の鉄橋の橋台が流されて落下。さらに隣接する東御市と合わせ、橋の崩落が多数発生した。佐久地方では千曲川本流のほか、急勾配を流れ下る支流も猛威を振るい、犠牲者も出た。

また、長野市の浸水では、赤沼地区にある北陸新幹線の車両センターも被害に遭い、留置中の10編成120両が水に漬かる前代未聞の事態に。後日、JR東日本は被災した全車両を廃車処分と決めたが、定期ダイヤが通常に戻るまでに半年を要した。収穫間近のリンゴの落果・浸水、流域の下水道施設の浸水による処理停止など、経済や暮らしにも大きな影響が出た。避難所に身を寄せた住民は、流域全体で千人近くにも及んだ。

災害後は直ちに、住民のほか県内外から駆け付けたボランティアらの力もあり、生活や経済の復興が進められた。大規模浸水した長野市の国道18号沿いの商業施設なども徐々に再開、上田電鉄別所線の鉄橋は、被災から1年5ヵ月で復旧にこぎつけた。しかし、被災地では地域全体としては人口の流出も深刻化。堤防の修繕などは徐々に進められているが、復興はまだ道半ばだ。

10月12～13日 ドキュメント

12日

15・10 佐久市の下越、塩名田の両水位観測所で氾濫危険水位に到達

15・30頃 気象庁が長野市、東御市、上田市、小諸市、佐久市など県内11市町に県内初の大雨特別警報を発表。県が災害対策本部設置

15・40 上田市の生田水位観測所で氾濫危険水位に到達

18・10 千曲市の杭瀬下水位観測所で氾濫危険水位に到達

19・00頃 千曲川に架かる東御市の田中橋近くで道路が陥没し、車3台が転落。3人が救助され、1台の3人が行方不明との情報（のちに少なくとも1人と判明）

20・10 国土交通省が上田市国分で越水を確認

20・23 長野市篠ノ井横田で越水を確認

21・27 長野市篠ノ井塩崎庄ノ宮で越水を確認

21・30 南佐久郡佐久穂町大日向地区で停電により断水

21・34 県が陸上自衛隊に災害派遣を要請

21・43 千曲市雨宮で越水を確認

21・50 小県郡長和町大門四泊地区で道路決壊による水道管露出のためバルブを閉栓し断水

22・15 国交省が長野市篠ノ井小森で越水を確認

22・50 東御市の北御牧地区、佐久市の常和地区で水道管破断などによる断水

23・05 佐久穂町余地地区で停電により断水

23・18 長野市松代町柴で越水を確認

23・40 中野市の立ヶ花水位観測所で氾濫危険水位に到達

13日

0・55 国交省が長野市穂保で越水を確認

1・45 須坂市北相之島、上高井郡小布施町飯田で越水確認

2・35 佐久穂町畑ケ中地区で断水

2・58 小布施町山王島で越水を確認

3・00 長野市穂保の堤防の欠損を確認

3・20 下高井郡野沢温泉村の市川橋水位観測所で氾濫危険水位に到達

3・25 中野市栗林、立ヶ花で越水を確認

長野市穂保の千曲川の堤防決壊。同市北部ののどかな田園地帯は一面、茶色の濁流にのまれ、10月13日、間一髪で救助されたり避難所へ逃げたりした住民たちは、その時の恐怖と不安を震える声で振り返った。

「玄関から川のようにすごい勢いで水が流れてきた」。穂保の農業吉村多香子さん（71）は、自衛隊ヘリで救助され、同市の南長野運動公園にたどり着いてこぼした。

自宅で迎えたこの日早朝、外でいったん5センチほど水が引いたと感じた直後、家に濁流が流れ込み、「あれよあれよという間に1階の天井近くまで水が来た」。119番通報で救助を求めたが「すぐには難しい」。荷物を持てるだけ持って夫と中2階へ。窓からシーツを振り続け、助けを待つ間、都内にいる子どもたちに携帯電話で励まされた。救助されて「本当にうれしかった」。だが、ヘリから見下ろすふるさとには、育ててきたリンゴの木が水に漬かり、実が浮いていた。

臨時ヘリポートとなった同市の長野運動公園。同市赤沼の自宅から静岡市消防局のヘリで救助された男性（75）は、妻（70）と2人で隊員らに深々と頭を下げた。

12日深夜、雨が強くないうちに妻を車に乗せ、避難所へ向かった。途中で渋滞が発生。車列が動かない間にみるみる周囲の水かさが増した。後ろにも車が続き、引き返すこともできない。「このままドアが開かなくなるのでは」。怖さを感じ、膝丈の水の中を妻と歩いて家に戻った。

間一髪…恐怖に震えて　長野の千曲川決壊

暗闇の中を木片や農業用コンテナなどが流れてくる。「テレビで見たことがある災害の光景」の恐怖。自宅も膝下まで浸水していた。夜が明け、上空のヘリを何機も見送り、助けを待った。「一瞬の判断の遅れで怖い思いをした。早い避難がどれだけ大事が分かった」と話した。

避難所になった長野市古里小学校。同市下駒沢の主婦（69）は13日午前5時半ごろ、自宅外が30センチほど冠水しているのに気付いた。夫と2階へ。ベランダからヘリにバスタオルを振り続ける間に家の中に水が流れ込み、みるみる水位が高くなった。生きた心地がしなかった。午後1時前、ボランティアのボートで救助された。ただ、今後の生活を考えると、「もう何もかもだめそう」とうつむいた。

「体育館の中はたくさん人がいるし、寝る場所もない」。同市豊野町豊野の建設業大川実さん（45）は、避難先の同市豊野西小学校の外で友人とたばこを深く吸った。12日は車の中で一晩を過ごしたといい、「（13日も）車の中。多分寝れないですけど」。少し疲れた表情で話した。　（2019年10月14日本紙掲載）

消防隊員の舟で救助される人たち
＝10月13日午後3時9分、豊野町豊野

5・30 長野市穂保で堤防が決壊したもようと確認
5・55 千曲川流域下水道下流処理区終末処理場（長野市赤沼）が冠水
6・00 県が被害状況を発表。重傷2人、軽傷6人
6・15 県が第9管区海上保安本部に救援要請
6・30 国交省が上田市諏訪形の堤防の欠損を確認
6・32 県が緊急消防援助隊に応援要請
6・45 長野市穂保や篠ノ井横田などで自衛隊ヘリコプターが救助開始。県警ヘリが現場の状況把握のため映像撮影
7・10 長野市穂保の堤防決壊箇所にブロック投入を開始
7・30頃 捜索中だった佐久市中込の男性（81）の遺体を発見
7・34 飯山市の皿川が氾濫。市街地の一部が冠水
8・00前 上田市の上田電鉄別所線の鉄橋が崩落。県警には8時までに計29件78人から救助要請
8・08 経済産業省が、県内の停電戸数は約6万380戸（午前5時現在）と発表
8・45 県警ヘリが救助開始
10・10 東御市が災害対策本部会議
10・20 県が第4回災害対策本部員会議。県警への救助要請は計55件126人に
11・00 国交省が非常災害対策本部の初会合。赤羽一嘉国交相は「人命救助を最優先に被災者の救出、救助の支援に全力で当たる」
13・00 長野市が災害対策本部会議
13・10 千曲市が災害対策会議
14・00 須坂市の三木正夫市長が記者会見し「ボランティアセンター設置を検討」
14・07 武田良太防災担当相が県内被災地をヘリで視察後、長野市篠ノ井東福寺の県消防学校に到着
14・21 武田防災担当相と阿部守一知事、加藤久雄長野市長が面会
15・36 加藤市長が記者会見。「被災規模を正確に把握し、被災者が（普段の）生活に戻れるようにする」
20・39 北陸新幹線が東京―長野間の臨時列車で一部運転再開
21・16 県が第5回災害対策本部員会議

被害額 (2020年9月18日現在・県まとめ)

総額	2766億7400万円

(内訳) 単位：百万円

農業（農作物被害、生産施設等）	66,928
林業（治山、林道）	4,685
公共土木施設（河川、砂防、道路）	70,861
都市施設（下水道、公園）	40,433
商工業	81,744
学校・教育施設	3,526
医療・社会福祉施設	6,536
自然公園	123
上水道・浄化槽	384
廃棄物処理施設	47
公営住宅	1,258
県有施設（警察等）	149

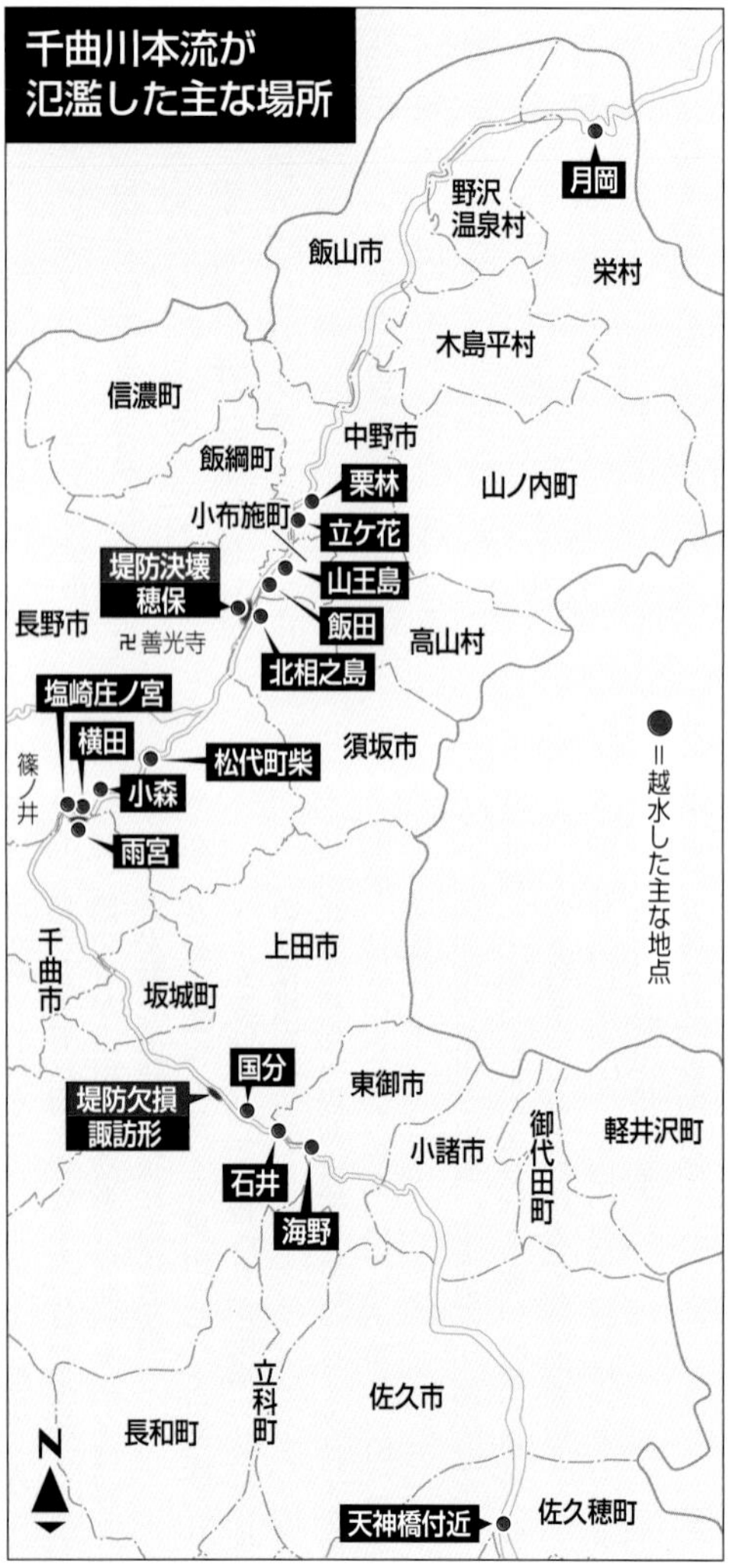

県内の被害 (2020年12月15日現在、県まとめ)

人的被害

市町村	死亡	重傷	軽傷	計
長野市	15 (13)	8	92	115
上田市		1	5	6
須坂市			7	7
中野市		1		1
飯山市	1 (1)	1	4	6
佐久市	2		18	20
千曲市			5	5
東御市	1		1	2
川上村		1		1
佐久穂町			2	2
軽井沢町			1	1
箕輪町			1	1
坂城町		2		2
小布施町	2 (2)			2
合計	21 (16)	14	136	171

(注) 死亡のかっこ内は災害関連死

住宅被害

市町村	全壊	半壊	一部損壊	床上浸水	床下浸水	計(世帯)
長野市	1038	1805	1720			4563
松本市			5		20	25
上田市	2	10	461			473
岡谷市			4			4
須坂市	1	228	107			336
中野市	8	67	39			132
飯山市		174	365			539
佐久市	18	147	124		740	1029
千曲市	1	350	619	5	702	1677
東御市			32		2	34
小海町		4	10			14
川上村			1		4	5
南牧村			1		2	3
南相木村		1			5	6
北相木村	2	3	5			10
佐久穂町	12	53	5		72	142
軽井沢町		2	7			9
御代田町			1			1
立科町		3	34			37
青木村					1	1
長和町					26	26
辰野町		2	39			41
箕輪町			13			13
飯島町			1			1
南箕輪村			1			1
麻績村					3	3
筑北村					4	4
坂城町		1	52			53
小布施町	5	28	24			57
高山村					1	1
木島平村			1			1
野沢温泉村					27	27
信濃町		1	11			12
飯綱町			4			4
栄村		2	2			4
合計	1087	2881	3688	5	1627	9288

台風19号をめぐる県内の主な動き

2019年	
10·12	県内に台風19号接近、県内11市町に県内初の大雨特別警報
10·13	長野市穂保で千曲川の堤防が決壊。東北信を中心に広範囲で氾濫
	上田電鉄別所線の鉄橋「千曲川橋梁」が一部崩落
	長野市赤沼の長野新幹線車両センター水没
	県内は1人死亡、4人行方不明(その後死亡を確認)。床上・床下浸水相次ぎ、避難者多数
10·15	上田電鉄別所線の下之郷―上田間で代行バス運行開始▶11·16 城下―上田間に
10·20	南箕輪村の国道361号権兵衛トンネル入り口付近で土砂崩落が見つかり、南箕輪村―木曽町間で通行止めに。
10·23	しなの鉄道上田―田中間の運休対策で、北陸新幹線による通学者対象の代替輸送開始▶11月14日まで
10·25	北陸新幹線、本数減の暫定ダイヤで全線再開
10·30	長野市穂保の堤防決壊現場で仮堤防を囲う「締切堤防」完成
11·6	JR、浸水した北陸新幹線車両10編成120両を全て廃車にする方針
11·15	長野市、若穂地区の一部に出していた避難指示を解除し、県内の避難指示が全て解除
12·3	長野市、避難所をまとめた「統合避難所」に避難者が移る動き始まる
12·4	国の有識者委、決壊した長野市穂保と欠損した上田市諏訪形の千曲川堤防の本格復旧方針を了承
12·19	権兵衛トンネル手前の崩落現場に1車線分の仮橋設置、片側交互通行で通行再開
2020年	
1·24	上田市議会、上田電鉄別所線の鉄橋含む区間の市有化議案を議決
1·31	国土交通省北陸地方整備局が「信濃川水系緊急治水対策プロジェクト」発表
3·10	県が千曲川上流部の県管理区間(川上村―上田市)について1000年に1度の降雨による浸水想定区域図公表
3·14	北陸新幹線の定期ダイヤが全面復旧
3·26	長野市、災害対策本部を廃止。県内35市町村の災害対策本部は全て廃止。県も廃止
4·2	長野市、災害復興計画を正式決定
4·14	飯山市、70代男性を災害関連死に認定。県内で初の認定
5·上	長野市穂保の決壊した千曲川左岸堤防の復旧工事がほぼ完了
6·16	長野市、4人を災害関連死に認定
7·13	小布施町、1人を災害関連死に認定
7·14	長野市、2人を災害関連死に認定
8·27	千曲川河川事務所、千曲川の観測所3カ所で「氾濫危険水位」「避難判断水位」を引き下げたと発表
8·31	上田電鉄、21年3月28日に別所線全線運行再開を目指すと発表
9·8	長野市、2人を災害関連死に認定
9·8	千曲川河川事務所が、中野市立ヶ花狭窄部と戸狩狭窄部の掘削を21年2月に始めると発表
10·8	権兵衛トンネルの対面通行再開
2021年	
2·22	千曲川河川事務所、中野市立ヶ花狭窄部の掘削開始
3·28	上田電鉄別所線の千曲川橋梁復旧し全線再開

主な河川被害

(信濃川・千曲川水系、県まとめ、2019年10月21日時点)

川上村	千曲川(2ヵ所)	橋梁被災、護岸崩落
南牧村	千曲川	護岸崩落
佐久穂町	千曲川(2ヵ所)	越水、護岸崩落
佐久市	千曲川	護岸崩落
	志賀川	**堤防決壊**、護岸崩落
	滑津川	**堤防決壊**、越水、護岸崩落
	片貝川	越水、護岸浸食
	大沢川	越水、土砂流出
	雨川	護岸陥没
	吉沢川	越水
	中沢川	越水
	谷川	護岸崩落
	田子川	護岸崩落
	霞川	護岸崩落
	小宮山川	護岸崩落
	千曲川	護岸崩落
小海町	相木川	護岸崩落
軽井沢町	泥川	越水
東御市	千曲川(田中橋など2ヵ所)	道路洗掘、越水、護岸崩落
	金原川	護岸崩落
上田市	千曲川(国分など3ヵ所)	堤防越水、堤防欠損、落橋
	神川	護岸崩落
	依田川	越水、護岸崩落
	大門川	護岸崩落
	湯川	護岸崩落
	武石川	護岸崩落
	産川	越水、冠水
	尾根川	越水
千曲市	更級川	越水
	沢山川	越水か漏水
	千曲川	堤防越水
須坂市	千曲川	堤防越水
	八木沢川	越水
小布施町	千曲川(山王島など2ヵ所)	堤防越水
	松川	堤防損傷
長野市	千曲川(穂保)	**堤防決壊**
	千曲川(篠ノ井横田など4ヵ所)	堤防越水
	岡田川	堤防越水、護岸崩落
	赤野田川	堤防越水
	蛭川	堤防越水
	浅川	堤防越水
	三念沢	**堤防決壊**
信濃町	古海川	堤防越水
中野市	千曲川(立ケ花など2ヵ所)	堤防越水
飯山市	千曲川	内水氾濫
	広井川	内水氾濫
	今井川	内水氾濫
	皿川	内水氾濫、越水後**堤防決壊**
栄村	千曲川	堤防越水
麻績村	麻績川	**堤防決壊**

「緊急治水対策プロジェクト」始動

流域連携、堤防強化や遊水地整備流域

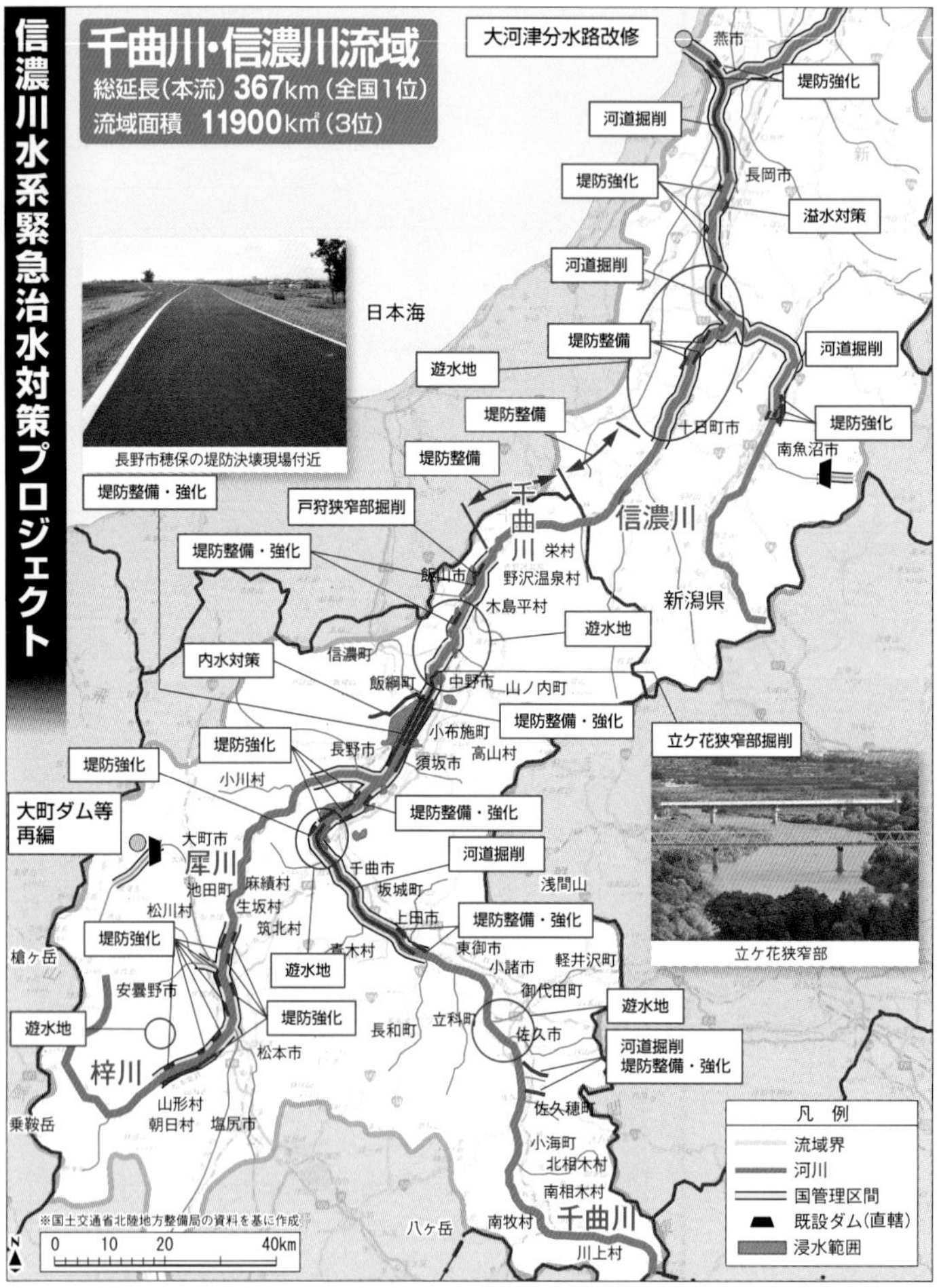

台風19号災害を機に、国と県、千曲川（信濃川）流域の自治体が、「信濃川水系緊急治水対策プロジェクト」を2020年1月に立ち上げた。台風19号と同規模の大雨が降っても、24年度までに台風19号の被災区間での越水、27年度までに千曲川全体の越水を防ぐことを目標とする。総事業費は1768億円に上る。

今後も大雨により川の水があふれることを想定し、台風19号で越水した地点の堤防はコンクリートで補強。越水が起きても決壊しにくくする。氾濫した水を一時的にためる遊水地も新たに整備。飯山市、中野市、長野市、千曲市（2ヵ所）、佐久市、支流の安曇野市の計7ヵ所で新設する。どの程度の貯水量になるかはまだ決まっていない。

川幅が狭くなり、上流の水位が上昇する要因となる中野市の立ヶ花狭窄部、飯山市の戸狩狭窄部では川底を掘削し、水を流れやすくする。決壊した長野市穂保の堤防は立ヶ花から5キロほど上流に位置しており、その影響が指摘されていた。

ただ、河川整備は下流から行うのが基本。上流で先に整備が進むと、下流に多くの水が流れ、氾濫する危険が高まる。国は、立ヶ花と戸狩の掘削を21年2月から始めるとしているが、その下流で計画する遊水地が設置されないと大規模な掘削はできない。

この他、少しでも千曲川に流れる水量を減らすため、学校や公園、各家庭に雨水貯留施設を設置する。ため池や田んぼの活用も進める。「大町ダム等再編事業」では、大町市の大町ダムや東京電力の高瀬ダム、七倉ダムで発電のためのダム容量の一部を洪水対策に使い、大雨の際に貯水できるようにする。

行程表によると、第1段階として災害復旧を行い、21年度までが期間。第2段階は22～24年度とし、堤防強化や「大町ダム等再編事業」の完了を目指す。第3段階は25～27年度に立ヶ花狭窄部などの掘削や遊水地整備を終える計画だ。

（2020年10月11日本紙掲載）

小諸の「大崩れ」鮮明に

「戌の満水」新たな絵図見つかる

江戸時代の１７４２（寛保２）年に千曲川流域で起きた大水害「戌の満水」の状況を伝える新たな絵図が小諸市の旧家で見つかり、ＮＰＯ長野県図書館等協働機構がウェブサイト「信州地域史料アーカイブ」で公開している。これまで地元伝承だけだった土石流とみられる「大崩れ」の様子などが鮮明に描かれ、小諸市古文書調査室は、水害の全体像を知る上で貴重――としている。

絵図は、斎藤洋一・市古文書調査室長らが２０１６年９月、小諸市与良町の庄屋だった小山家の古文書類に紛れていたのを確認。縦１・15ｍ、横２・３ｍで、市内の千曲川やその支流、川沿いの道や集落、地形を丁寧に描写している。

中でも千曲川左岸の袴腰山から千曲川に向けて描かれた、灰色の濁流が勢いよく下る様子が目を引く。「かさはや大くつれ」（風早《かざはや》大崩れ）と書かれており、斎藤室長は土石流とみている。「風早」は現在もある地名だ。

土石流は東側に記された西浦村（現西浦区）などの集落を外れており人的被害はなかったらしい。斎藤室長によると、この土石流に関する文献記録はこれまでに見つかっていないといい、「絵図は保存状態も良く貴重だ」とする。

一方、絵図では土石流の西側に当たる小諸市大久保で生まれ育った自営業の依田雄さん（60）によると、地域には「戌の満水でため池が決壊し、風早に流れ下った」との伝承があるという。新発見の絵図について「地域の防災意識を高めるためにも、絵図から災害を学び直したい」と話している。

絵図には他に、千曲川河畔の田畑が土砂に埋まった様子も描かれ、裏面にもびっしりと書き付けがある。千曲川右岸の小諸城下で多数の死者が出た様子や、当時の与良町の庄屋・小山藤吉が幕府の役人に復興支援を願い出た記録……。斎藤室長は「役人に対する粘り強い交渉の様子が書かれている。筆者は藤吉で、絵師に絵図を描くよう頼んだのではないか」とみている。

機構は16年度、県内で約３千人の死者を出した戌の満水の史料をデジタル化。「信州地域史料アーカイブ」では、この絵図を含む22点の古文書などを解説付きで無料公開している。アーカイブ名で検索できる。

（２０１７年４月12日本紙掲載）

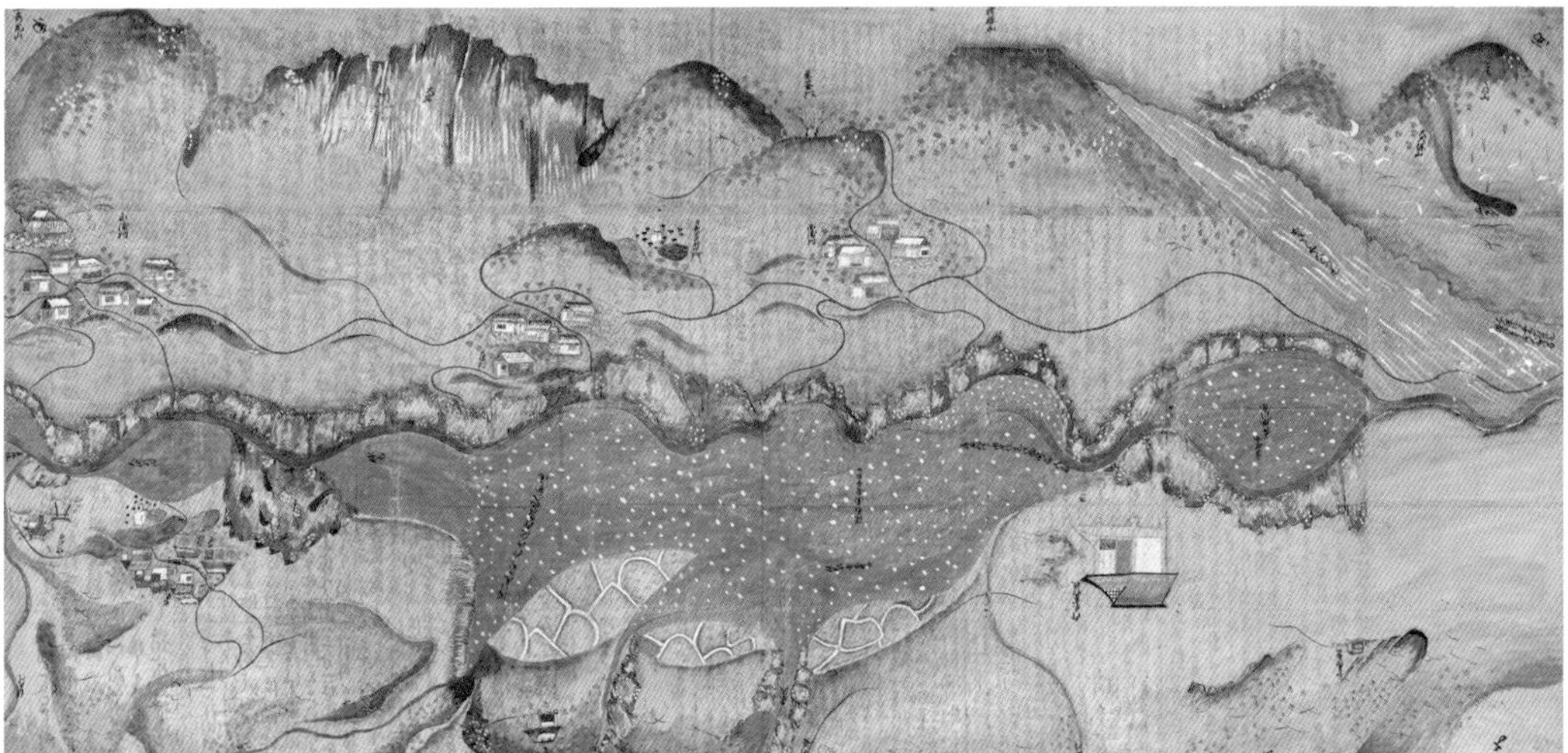

「戌の満水」時の千曲川沿いを描いた新発見の地図（小山隆司家文書・NPO長野県図書館等協働機構許諾）

＊おことわり
初版は「信濃毎日新聞社出版局編、国土交通省千曲川工事事務所協力」として刊行しましたが、その後の改組・改称に伴い、この増補改訂版は現在の組織名での刊行としました。

写真協力――――――――――――武居雅弘
作図・イラスト――――――――吉沢正之
編集協力・レイアウト――――安藤典明
（以上、初版）
装丁・ブックデザイン――――酒井隆志
（初版・増補改訂版）

寛保2年の千曲川大洪水
「戌の満水」を歩く［増補改訂版］

2002年8月1日　初版発行
2002年8月15日　第2刷発行
2021年6月30日　増補改訂版初版発行

編　者――――信濃毎日新聞社出版部
協　力――国土交通省千曲川河川事務所
発行所――――――――信濃毎日新聞社
〒380-8546　長野市南県町657番地
☎ 026-236-3377
印刷所――――――――三和印刷株式会社
製本所――――――株式会社渋谷文泉閣

ISBN978-4-7840-7381-8 C0020